国家出版基金项目
NATIONAL PUBLICATION FOUNDATION

唐山大地震

救援史料整理类编

上海卷（口述卷）上

中共上海市委党史研究室课题

金大陆 主编

上海文化出版社

图书在版编目（CIP）数据

唐山大地震救援史料整理类编. 上海卷. 口述卷：上下册/金大陆主编. —上海：上海文化出版社，2020.9
ISBN 978 - 7 - 5535 - 2106 - 0

Ⅰ. ①唐… Ⅱ. ①金… Ⅲ. ①大地震－地震灾害－史料－唐山－1976 ②抗震－救灾－史料－上海－1976 Ⅳ. ①P316.222.3

中国版本图书馆 CIP 数据核字（2020）第 172174 号

出 版 人：姜逸青
责任编辑：罗　英　张　彦
封面设计：王　伟
版式设计：华　婵

书　　名：唐山大地震救援史料整理类编·上海卷·口述卷（上下册）
编　　者：金大陆
出　　版：上海世纪出版集团　上海文化出版社
地　　址：上海市绍兴路 7 号　200020
发　　行：上海文艺出版社发行中心
　　　　　上海市绍兴路 50 号　200020　www. ewen. co
印　　刷：苏州市越洋印刷有限公司
开　　本：710×1000　1/16
印　　张：34.25
印　　次：2020 年 12 月第 1 版　2020 年 12 月第 1 次印刷
书　　号：ISBN 978 - 7 - 5535 - 2106 - 0/K · 233
定　　价：150.00 元（全二册）
告 读 者：如发现本书有质量问题请与印刷厂质量科联系
T：0512 - 68180628

编 委 会

主 任
徐建刚

副主任
严爱云　曹力奋

委 员
（以下按姓氏笔划排）

华霞虹　刘世炎　刘永海　刘红菊　刘明兴
刘惠明　李洪亮　李清瑶　沈　芝　张　鼎
林　斌　罗　英　金大陆　姜海纳　钱益民

序

　　社会主义建设时期，根据中央关于支援国家重点项目建设和"全国一盘棋"的战略要求，"上海支援全国，全国支援上海"，成为新中国史的重要篇章。为此，中共上海市委党史研究室曾组织课题组，联络辽宁、贵州、甘肃等多省区同行展开研究，并于2011年出版了《上海支援全国》的文集。

　　正是延续着这条思路，考虑到2016年是"唐山大地震"40周年，为了更好地还原上海驰援唐山抗震的历史，丰富上海的城市文脉，传承救援精神，我们委托上海社会科学院历史研究所金大陆研究员（上海市委党史研究室特约研究员），以党史和史志部门的青年力量组成课题团队，上唐山、下基层，寻求线索、爬梳资料，成功地完成了《上海救援唐山大地震》（口述实录卷、档案文献卷和影像卷）的系列研究。记得当时上海各大传媒以及中央电视台、《河北日报》等都跟踪报道课题组的采编成果，2016年7月28日，中共上海市委党史研究室和上海文化出版社联手在上海图书馆举行了新书发布会，上海电视台联线直播，产生了热烈的社会反响。此后，本课题入选国家出版基金项目，再经修订打磨，现以中共上海市委党史研究室课题《唐山大地震救援史料整理类编·上海卷》的成果问世。

　　"上海是全国的上海。"当年唐山一震，举国同悲。正值危难时刻，上海的"工农兵学商"勠力同心，众志成城，前赴后继地奔赴唐山。大批的医务人员第一时间到达现场，在废墟中搭帐篷，在帐篷中做手术，克服余震、酷暑、断水等重重困难，以高超的医术和人道精神，抢救伤员，转运伤员，防疫除害；上海建工、钢铁等工程技术人员，驻扎在工地，为唐钢和开滦煤矿的复工流汗出力；上海的城市规划和建筑专家，在唐山实地勘测、设计，为重建"新唐山"贡献智慧。上海后方的交通运输、医药配制、商业服务等全都鼎力相助。本书口述卷中许多生动的细节和故事，档案卷中许多详细的数据和报告，充分体现了上海人民的大勇和大爱。今天，本课题不仅是向成百上千上海救援唐山大地震的参与者致敬，更是需要传播、发扬这种"抗震"的精神。

唐山大地震已过去四十多年了。这属于上海人民光荣而骄傲的一页，除了有些零星的表达，大量可歌可泣的事迹没有得到采访；更多的档案史料处于沉睡之中。据课题组反映，当年开赴前线的组织者、带队人多已年迈或谢世了，当年的年轻人多已六七十岁退休了。课题组的采访使他（她）们既惊讶又惊喜：四十年了，还有人记起我们。课题组的工作很有成效，不仅开掘了一系列感人的故事，还通过上海电视台的多次联线，寻找到了参加唐山大救援的"上海兵"，且陆、海、空兵种齐全。原来这些"上海兵"多是去外地插队的"上海知青"，入伍后随部队驻扎在北方而进入唐山灾区的。在上海市档案馆、唐山市档案馆等相关单位的主持和支持下，课题组还以"上海救援唐山大地震"为主题，搜集和汇编了大量的开放档案，以求口述采访与档案文献互补互证，多角度、立体化、全方位地复原那段历史。从这个角度说，本研究真正具有"抢救"和"填补空白"的价值。

"没有哪一次巨大的历史灾难，不是以历史的进步为补偿的。"艰难困苦，玉汝于成。突如其来的灾难，就是对一座城市、一个国家、一个民族成长的特殊磨炼。自救援唐山大地震始，上海共经历了十二年前的汶川大地震和今年的湖北战"疫"三次大救援。其间，有许多问题值得研究和探讨，许多经验和教训值得总结和记取；且灾难史、救援史、医疗史和环境史等，恰是当下历史学研究的新视野。前事不忘，后事之师。我们希望这项研究在如此厚实的资料基础上，能够联系上海的三次大救援继续深入下去，在党史、新中国史和改革开放史的方向上，取得新的成绩。

中共上海市委党校常务副校长

徐建刚

中共上海市委党史研究室原主任

2020 年 6 月

目　录

医务篇

＊基本以唐山大地震发生后救援者出发去唐山救援的时间先后为序排列。

又到 7 月 28 日

——余前春回忆

    2016 年 4 月，为纪念唐山大地震 40 周年，上海交通大学医学院组织编纂《上海救援唐山大地震》一书，并委托医学院档案馆馆长刘军老师联系身在美国的余前春教授，余教授欣然答应，并开始收集准备资料。此时，余教授已身患癌症三年，由于身体状况不佳，进展较慢，刘军馆长得知后不希望再增加他的额外负担，但余教授说："交大医学院是我的母校，这份情结是终生不渝的。能为母校做任何小事都是一份责任，更是一份荣耀。"随后，余教授寄来了《抗震救灾小记》、个人简介、照片，还把保留 40 年的《战地小报》、中央慰问信等珍贵实物托人从美国带回来。

2015 年 2 月，余前春患病后与他心爱的电子显微镜告别

余前春，1975 年毕业于上海第二医学院医疗系，并留校任助教。1980 年考取教育部首批赴美博士研究生。1987 年 7 月获马里兰大学医科哲学博士。后任宾夕法尼亚大学爱博生癌症研究所细胞学实验室主任、爱博生癌症中心组织病理学实验室主任。1999 年起，任上海交通大学医学院客座教授。1976 年 7 月，作为第一批医疗队员赴唐山抗震救灾。

7 月 28 日是个难忘的日子！我从上海第二医学院毕业那年（1975 年）的同一天，恰遇上海暴雨成灾。那天中午，学校在大礼堂为毕业班放电影，突然电闪雷鸣，倾盆大雨疯狂地泻下来，大礼堂里顿时变得一片漆黑。时间不长，校门口的重庆南路上就水深过膝。我从未见过这等奇观，便涉水走到淮海路去观奇。几乎所有的商店都半淹在水中，平日车水马龙的淮海路成了名副其实的小河浜。

第二年（1976 年）的 7 月 28 日，唐山发生了 7.8 级的大地震。那段时间我正在瑞金医院病理科做住院医生。中午时分我接到医学院的通知，要求我回院本部去参加"紧急会议"，内容就是组织救灾医疗队，前往灾区抢救灾民。上海市卫生局为大队，由卫生局何秋澄担任大队长。我们医学院为一个医疗中队，由李春郊担任总支书记，每个附属医院为两个小队，由我临时负责中队部的文书工作，并兼任内科医生，配合高年资医师开始工作。当晚我睡在医学院办公室的电话旁，随时统计、汇总各附属医院送来的医疗队名单及设备数量，写成报告，连夜送交市委，半夜又和后勤部门赶到市里领取压缩饼干和长大衣。说来奇怪，当时正是夏天，我根本不理解为什么需要过冬的棉大衣。等我们到了目的地才知道，华北地区即使在夏天也需要棉衣。

7月29日凌晨时分，我们医学院系统的一百多名医护人员由上海北站出发，向北驰去。那情景真有点"风萧萧兮易水寒"的味道。说心里话，当时我是有一去不复返的思想准备的，所以我特地不告诉远在老家的祖母和父母亲，怕他们担忧。

我们出发时，还不知道地震的中心在哪里，只知道在河北省。差不多火车过了徐州，才从列车广播中知道震中是唐山、丰南一带。7月30日下午，我们到达天津附近的杨村车站。因为天津到唐山之间的铁路已被地震破坏，我们只好赶到杨村机场，临时改乘军用飞机前往地震灾区。听说要坐飞机，我心里忽然兴奋起来。

那是我有生以来第一次乘飞机，别人紧张，我却感到新奇。小时候在汉中老家，我每每看着天上的飞机胡思乱想，梦想自己有一天也能造一架"铜飞机"，坐在它的背上，飞上天去。我那时只骑过黄牛和山羊，以为飞机也是要骑的，不知道人应该坐到飞机"肚子里"；我还以为飞机都是铜做的，因为铜在乡间颇为值钱。小伙伴们取笑我，送我一个颇带贬义的外号"铜飞机"。谁能料到，20年之后，我竟是在这样的情况下第一次坐到了飞机"肚子里"！临上飞机前有人警告说，唐山的供水系统已经被毁，没有水喝，要尽量带些水去。机场跑道的一头有个临时挖掘的水坑，我便用随带的烧饭锅盛了一锅，小心翼翼地端上飞机。那是一架苏制的安-24飞机，座位不多。等我进了机舱，别人已经将座位占满。我因为打水迟到了，只好坐在过道

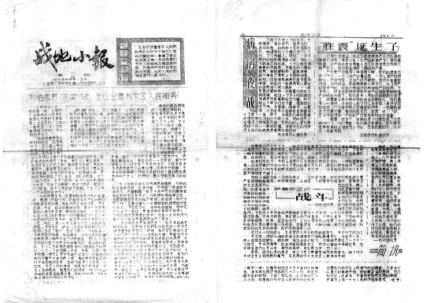

上海第二医学院赴唐山地区医疗队主办的《战地小报》

里。飞机一起飞，半锅水就洒了。

到达唐山机场时，已经是傍晚。只见一片混乱，到处是临时帐篷，到处是救灾人员和大卡车。上海医疗队的队长是刚刚"解放"不久的何秋澄老先生。陈永贵副总理率领的中央代表团的帐篷就设在上海市医疗大队部的附近。我们向大队部报到后，被告知第二天去郊区的丰润县，可是谁也不知道丰润在哪里，也没有地图可以查阅。经过在火车和飞机上两天两夜的颠簸，人已经疲惫不堪。领了帐篷，吃两块压缩饼干，就抓紧时间休息。许多上海人是第一次出远门，更多的人从未睡过帐篷，一直难以入眠。我曾经睡过几年帐篷，毫不陌生，也来不及去想明天等待我们的是什么，很快就进入梦乡了。

午夜时分，我们忽然从梦中被人叫醒，命令迅速离开。原因是我们睡觉的那块地面可能在几小时之内就会沉陷，必须尽快离开。"地陷"这个可怕的字眼，我是听说过的，但没想到会发生得这样快、这样巧。还没为灾区人民服务，自己就先葬身地腹，岂不是"出师未捷身先死，长使英雄泪满襟"！大伙儿如惊弓之鸟，拆除帐篷，匆忙上车，催促司机赶紧发动，尽快逃离那随时可能发生的灭顶之灾。不巧分配给我们的司机，也是临时从外地调来的，对唐山地区的道路根本不熟，大家边开边问，提心吊胆。有一段路正好经过重灾区唐山市路南区，到处是断壁残墙，到处是堆积如山的废墟；时而晨风吹过，浓郁的腐尸气味便扑鼻而来。随处都能看到：部队的官兵通宵达旦抢救伤员，路旁临时搭起来的简易帐篷，衣衫不整的灾民，也有倒塌的楼层上挂着的遇难者。差不多凌晨时分，我们的车队在废墟之间爬行，终于穿过了闹哄哄的唐山市区。

盛夏时节冀东平原的清晨，凉风习习，将我的睡意完全赶跑了。晨曦之中，公路两旁都是笔挺的白桦树。地震之后，路面损坏很厉害，我们的车队朝着丰润慢腾腾地开着，不时有老乡赶着马车从边上擦过，一甩马鞭儿，那清脆的鞭响在平原上传得老远老远。我生平第一次来到华北平原，颇感新奇，脑海里一会泛出电影《青松岭》里"长鞭一甩叭叭地响"那情景，一会又极力在公路两旁寻找"青纱帐",不知不觉就到了我们的目的地——丰润。我伸伸懒腰,准备收拾东西下车。忽然听到有人在地上大声吼叫:"不准停车,马上开走!"司机不敢怠慢,一踩油门将车开出几十米方才停下来。回头一看,原来我们的车刚好停在一堵摇摇欲坠的残墙脚下。后来那堵墙在余震发生时轰然倒下了。

跳下汽车,我们就在县医院门口的那块地上,搭起了抗震篷,建起了上海医疗队的"抗震医院",接收了唐山转来的第一批伤病员。大约两星期之后,更为结实、实用的芦席棚逐步取代了八面透风的帆布帐篷。最初抗震医院没有供电,也没有备用发电机,我们只能用手电筒照明,靠高粱米、压缩饼干充饥,开始了为期一年、终生难忘的"非常"生活。

那段时间,每天都有直升机在天上飞过,或空投救灾物资,或撒下中央、国务院、河北省的慰问信。因为地震灾区邮政瘫痪,医疗队的所有信件都集中起来交给信使,带出唐山,免费寄往各地。佩戴"医疗队"袖章的医务人员,被授权在公路上拦截任何车辆,紧急运送伤员。河北革委会

1978年,余前春在病理学教研室

1972年，余前春在第二医学院老红楼前留念

第一书记刘子厚还率领河北省慰问团到医院慰问。颠簸不平的临时公路上则不断有救护车飞驰而来，几乎抬下来的每一个病人都是"急诊""危重"患者。

当时抗震医院连战备发电机也没有，急诊手术台上就用好几把手电筒代替无影灯进行急诊手术。在短短两个月之内，我见到了几乎全身各部位严重骨折的伤员、截瘫伤员、严重感染的伤员；也见到了平时罕见的急性结核，甚至烈性传染病"炭疽"。因为地震外伤造成不少截瘫病例，许多伤员发生严重的尿潴留，痛苦不堪，而当地的所有医疗部门都无法提供导尿管。医疗队不得不用输血袋上的软滴管代替导尿管，为伤员缓解痛苦。伤员一旦解除了生命危险，就派人送到附近的火车站，转到全国各地的医院继续治疗。

地震灾区的供水系统普遍受到严重破坏，抗震医院没有自来水供应。我们在院里挖了一口临时水井。井里的水煮沸以后用来消毒手术器械，而医护人员自己却没有足够的干净饮用水。临时医院里没有合格的卫生和通风设备，附近又临时掩埋着因重伤死亡的伤员，苍蝇老是飞来飞去。不少医生、护士、医学生夜以继日地连续工作，所能吃到的只有压缩饼干、水煮高粱米和缺盐的白菜汤。而一日三餐供应的缺盐白菜汤，被大家戏称为"抗震 1 号汤"。当时能吃到一顿饺子，那简直就是梦寐以求的享受。因为过度疲劳、缺乏睡眠、缺乏营养，不少人先后病倒了，但还是不顾领导的劝阻甚至"警告"，依然坚持在病房里值班。

面对这场前所未见的特大灾难和医院的紧急情况，医疗队领导命我立即搭乘当天去上海的三叉戟飞机，赶回上海。我连夜向医学院领导汇报灾区的情况，然后从医学院的食堂拿来十斤食盐，请附属医院火速送来 200 根导尿管，第二天一早我又匆匆飞回唐山，立即搭乘一辆运伤员的救护车，奔回抗震医院，解救燃眉之急。就在简陋的抗震棚里，我们不仅收治了大批来自唐山市的危重病人，建立了近乎完备的临床化验室、药房，还接生了震后的第一个婴儿。我的专业是病理学，最紧急的两个月过去之后，我拿着抗震医院的介绍信到北京，在协和医院的协助下，购买了一套临床病理科必需的设备器材和试剂，在抗震医院开始了第一例稀有病例的病理尸检和临床病理研讨会（CPC）。那个病例的关键标本，后来被带回上海，收藏在病理学教研室。

我们除了各种常规医疗工作，还收集各病区的动人故事，用钢板、铁笔刻印稿件，编辑出一份《战地小报》，用滚筒油印机印刷之后发给全院各个病区。我至今还珍藏着当时的小报。

大地震之后，唐山还频频发生余震。8 月中旬的一天，我们有一位老同学从附近的部队赶到抗震医院来看望我们。那天晚上，我们留校的四位老同学特地请厨房的师傅为我们临时加了几个菜，招待这位大难不死的老同学。饭后我们几个人正在聊天，脚下的大地突然剧烈地颤抖起来，地里还发出隆隆的声响，好像有几百辆大卡车滚滚开来。我们立即意识到是一次大地震来

丰润抗震医院几位青年医生特大余震之后在医院门口留影，
左起：康金凤、余前春、刘锦纷、叶正斌、单根法

临了，迅速手拉着手朝门口奔去。奇怪的是，我们的双脚好像被巨大的磁石牢牢吸引住了，无论如何也迈不出一步了，只能互相拉着，站在原地，准备同归于尽。我的心头被一阵难以名状的恐惧感笼罩着。那时候只听到外面破房子"砰砰砰"倒塌的声音和病房里病人惊叫的声音。地震持续了大约十几秒钟才平静下来。事后知道，那是一次 7.1 级的特大余震。

第二天上午，我们五个震后余生的老同学特地站在医院门口，拍下了一张终生难忘的合影。为了拍好这张照片，我还特地找来一块废木板，拿出我学木工的手艺，给医院制作了一块简易的门牌，再用黑色油漆工工整整地写上"丰润抗震医院"六个大字，挂在医院的"大门口"。我根本没有料到，那块最初仅仅为了拍照而悬挂的简易门牌，居然成了人们在废墟之中寻找"抗震医院"的重要地标。

最艰苦的两个月结束后，抗震医院从救治危重病员逐渐变成诊治当地疑难疾病、培训当地医务人员的教学医院。医院的胸外科教授已经可以成功地从事心脏外科手术，各临床科室也恢复了相当正规的临床教学和会诊活动。不久，第一批医疗队换班，我则回上海参加抗震救灾报告团，然后作为留守的"老队员"，从上海带领新一批医护人员前往丰润抗震医院。直到今日，我们这些第一批到达唐山地震灾区的医疗队员之间，不仅互相戏称为"唐山帮"，而且还结下了一种十分特殊的生死患难之谊。

谱写生命的赞歌

——邱蔚六口述

口述者：邱蔚六

采访者：徐　英（上海第九人民医院党委专职宣传员）

严伟民

吴萤深（上海第九人民医院宣传科副科长）

时　间：2016 年 4 月 28 日

地　点：邱蔚六院士办公室

邱蔚六，1932 年生。1955 年参加工作。曾担任上海第二医科大学口腔医学系主任、口腔医学院院长，上海第九人民医院院长，中国抗癌协会头颈肿瘤外科专业委员会主任委员等职。2001 年当选为中国工程院院士。1976 年曾赴唐山参与抗震救灾医疗援助工作。

准备出征

40 年前，我当时是九院口腔颌面外科的主治医师。当天，还没有上班，我从收音机里听到了这震惊世界的消息。我的第一反应就是：作为一名医生，我应该马上向组织表达想要参加医疗队的强烈愿望，第一时间赶赴地震灾区——那里有自己的用武之地。

当时，"文革"还没有结束，大字报形式的决心书仍然是表达思想、决心和愿望的主要工具之一。这天早晨，我一到医院上班，就看见到处都贴有想要去唐山抗震救灾的决心书。我和很多同事一起，走进医院党总支办公室，找工宣队、军宣队领导表决心，积极争取第一批参加抗震救灾医疗队，赶赴唐山地震灾区。

当时，上海市卫生局下达文件，要求上海第二医学院系统每个附属医院组织1—2个赈灾医疗队（**每个医疗队分两个组，每组15人**）。我当即报名，我妻子王晓仪，当时担任口腔内科医生，也不甘落后，态度非常坚决地向领导表示，请求和我一起赶赴抗震救灾第一线。但两个人家里总要留一个，所以就我去了灾区。

医院领导经过全面考虑，九院很快组成了两支共由30位医务人员组成的赴唐山地震灾区医疗队，队员以外科系统为主，兼有内科医师、护士、检验师和药师。主力队员都是即将毕业的1976届工农兵大学生实习医生。我和内科杨顺年医师分任队长，院党总支副书记祝平和工宣队邱春华为指导员。我们立即开始了出发前紧张的准备工作，药品、干粮（**主要是由市里调拨的军用压缩饼干**）、饮用水以及简易帐篷等，一应俱全。平均每位队员要负重30公斤左右，既要从当地较差的供应情况考虑，也要能拿得起、走得动，不能因为装备超重而影响救治行动。一切准备工作就绪，抗震救灾医疗队全体队员心急如焚地在医院内待命。

途中见闻

我们到唐山很慢，所以那次抗震救灾有两个大问题：一个就是运输的问题，堵得很厉害；第二就是后勤补给没跟上。

7月29日清晨，出发命令终于下达。我和杨顺年立即率领九院医疗队，带着价值三万多元的药品器械，由几辆解放牌大卡车送到老北站，登上运载上海八百多名医务人员的专列，一路北上。这是上海赶往灾区的第一批医疗队。据事后统计，从全国各地赶到唐山的赈灾医疗队共两万余人。

专列从当天上午7点20分出发——这时离地震发生刚过去28个小时。说是专列，其实就是那种装货的火车，没有什么座位，大家就铺了几张草席，席地而坐。列车开开停停。当时列车的运载水平，即使畅通时也难以达到每小时100公里的速度。为此，队员们个个如坐针毡，唯恐许多脆弱的生命经不起这一分一秒的拖延。一路上，指导员带领队员们学习当时的报纸社论，大家争相表决心。火车颠簸了一天一夜。30日上午，医疗队到了天津郊外的杨村。由于天津也受到地震破坏，从天津到唐山沿途道路崎岖难行，上海医疗救援队伍打算从杨村机场转军用飞机到唐山。我和救援人员一起，随即转乘汽车，1小时后到达杨村机场，那里并无飞机等候，全是候机的人。那时候不像现在，飞机很少。因空运能力限制，只能等待，时值盛暑，气温高达35℃，队员们只好找树荫躲避太阳，以干粮充饥。经过将近12个小时的待命，我们在下午5时登上苏制安-24飞机——30个座位正好可以容纳九院医疗队的人数。由于是低空飞行，透过机窗，我看到了唐山地震后满目疮痍的景象：塌房、残壁、断垣……后来我进一步了解到，唐山市的地面建筑物近96%毁于地震。

辗转37小时，我们终于到达了唐山。当晚，我们就在唐山机场郊野短暂露营休息。当时，唐山机场是地震灾区的指挥中心，时任抗震救灾副总指挥、国务院副总理陈永贵就在那里坐镇。耳畔飞机起降声不断，据说，每26秒钟就有一架飞机起飞或降落。到处是等待的人，有医疗队，有运送救灾物资的，有解放军，还有"人定胜天"等大幅标语以激励人心。与指挥部联系后，我们上海九院医疗队工作地点设在离唐山几十公里的丰润县。当时的想法，就是要确保维护这个地方。上世纪六七十年代，我国属于促生产时代，不是抓革命时代，所以大家的精力都放在业务上面。我当时觉得这种事情应该去，对自己也是个锻炼。因为唐山市区的主要任务不是医疗，而是从废墟中救出活人。这项工作主要由解放军担任。所有被救出的伤员则一律转送到唐山市区外的各临时医疗点救治。为此，我们九院全体医疗队员必须再从机场赶到丰润县，第一时间赶赴救灾最前沿，开展紧急救治工作。

丰润县在唐山市的北面。次日凌晨2点多，我们九院医疗队员与一些被转运的伤员一起随车从市内向市外行进，颠簸、狭窄的公路上车水马龙，三四十公里路程汽车竟开了6个小时。至此，从上海出发算起总共用了48个小时，我们才到达丰润县。事后，1976 年 9 月，我用诗词（**注 1**）记录了这一段历程的艰辛。

当时，我最深刻的印象就是，整座城市都没有了。医疗队部分队员依次乘着军用卡车进了唐山市区，离目的地还有 5 公里，就能闻到空气里的尸臭味。那座城市已经没有任何地标了。除了个别电线杆和树还立着外，什么都倒了。空气里都是漂白粉的味道，整座城就是一片巨大的废墟。所有人的记忆中，都有这个共同的画面：马路两边堆放着一排排用黑色塑料袋或布包裹起来的尸体，街面上有许多戴着防毒面具的军人，在尸体被拖走之后，喷洒漂白粉消毒。

唐山大地震伤亡惨重，人类在自然的强蛮面前，微弱得就像顽童手下的蚂蚁。

救援工作

上海九院医疗救治点设在丰润县人民医院旁不远处，因为是独立救治，我们与丰润县人民医院没有联系。这里就是我们拯救生命的战场，三天的时间，已经有许多转移过来的伤员积压了，都等待着救治。伤员们都集中在一个用竹子架起来的大棚中。当我进入大棚时，看到伤员好几百人，都直接躺在地上，伤病者一片呻吟声，夹杂着呼救声，那是个很让人动情的场面……如今，40 年过去了，这些声音仍常盘旋在我的耳畔。

大多数伤员都是从泥土瓦砾中被抢救出来的。医生就我们这些人，我们下车整了一下东西，就开始包石膏。在地震救援过程中，解放军不但出动了 10 万以上的兵力，还调动了各种抢险器械。因为没有大型起重机、挖掘机等，很难掀开那些倒塌的建筑。一旦发现有人被掩埋在瓦砾下，解放军战士们不得不手工操作，以保证伤员在安全、不加重伤情的情况下被解救出来。这些从瓦砾中被救出的伤员，创口直接与污物接触，几乎 100％的开放性创口都已感染。那时候北方白天很热，但是 7 月底 8 月初晚上还是很凉，白天炎热的气候（**通常为 37℃—38℃**），由于伤员在现场被发现得迟，加上卫生条件不行，所以创口都感染了。许多伤员送到医疗队时已历经七十多个小时，因此发生肢体坏死、坏疽。为了保证他们的生命，我们不得不实施截肢手术。

由于地震造成绝大多数房屋倒塌，伤员中 90% 以上是压伤或挤压伤的骨科患者。其中，约 70% 为骨折，且主要发生在四肢；还有约 10% 伤员为截瘫。头颈、颌面部创伤多伴颅脑创伤或高位截瘫。这种创伤患者的高度集中和骨科患者的高构成比例，是"震灾"创伤救治工作的一大特点。首先，伤员的处理是以救命为主，特别是要防治压榨伤的并发症——肾功能衰竭的发生；其次，是处理感染引起的肢体坏死、坏疽和处理好因脊髓损伤而导致截瘫的患者。上海九院医疗队突然收治这么多伤病员是我始料不及的。伤员来的头三天，我和大伙一点觉都没睡，72 小时没合眼。主要是那么多重伤员，都需要手术，需要治疗，还要分出轻重缓急，我们根本没时间休息。三天以后，我开始每天上午查房，下午处理病房里的工作，换药、牵引，床边透视，下达医嘱，夜里做手术。

记得当时有个大约 20 岁的小伙子，他的小腿开放性骨折，由于伤口外露又没有缝合，苍蝇也可飞进去，有时候，蛆就在创口爬进爬出。由于当地卫生条件差，缺少消毒和缝合的能力，震后三天，许多伤员的伤口都已经溃烂流脓。消毒水是最缺的物资之一。因为消毒水用量大，我们也没有多带，只能用粗盐兑上开水，用棉花蘸着清创。由于条件有限，大家只能这样紧急处理。伤员看到上海九院医疗队到了，非常高兴，其中一个 70 多岁的老大爷，当场跪在地上对我说："赶快救救我的儿子！我的儿子是重伤。"所以医疗队员到了以后，没有任何休息时间，大家不顾疲劳，快速展开救治，涌现出许多感人的故事。

当时，医疗条件十分艰苦，没有手术室就支个帐篷，没有手术灯就多打几支手电；没有血浆，我们医疗队的医生们撸起袖管抽自己的血……限于条件，各种手术都只能在局部麻醉下进行。尽管在医疗队里配备有麻醉师，但毕竟是杯水车薪，想实施全身麻醉几乎是不可能的。医疗队员背去的包括局部麻醉药在内的药物几乎在半天内即已告罄，手术不得不在针刺麻醉的辅助配合下进行。在后期，临时医院筹建起来后，搭建起医疗救护点，安排医务人员24小时值班，进行救治工作，每天多时可诊治一百多名患者。我还在针刺麻醉和局部麻醉的配合下，为一例颞下颌关节强直病例完成了颞下颌关节成形术。之前，我为了感受针刺麻醉，曾用自身做试验，有过"针麻确具有镇痛作用，但镇痛不全"的初步体验。通过那一次抗震救灾第一线的实践，我感到针刺麻醉在特定条件下还是有很大作用的。

　　紧急救援阶段持续了四天四夜，截至8月4日，上海九院医疗队一共接收、救治、转移了五百多人。由于交通拥挤，后勤物资没能及时到位，我不禁想起了电影中反映淮海战役等大战役的后勤工作场景：小车推送，人接人，十分艰辛。好在一周之后，后勤补给工作很快就跟了上来，医疗队很快得到了药品和医疗器材的供应，从而保证了日常医疗工作的正常进行。

九院医疗队在地震灾区合影

　　对一些在医疗点上无法进一步治疗的患者，如截瘫，以及还需要进一步手术治疗的伤员，也开始被转入上海等地的定点医院进一步做"阶梯治疗"。医学界都知道，截瘫的完全恢复是很难的，据后来的资料统计，唐山大地震后侥幸存活的截瘫病员有三千八百多名；至2006年，也就是地震30年后，还有一千六百多名截瘫病员健在。其中，最大年龄者已88岁。他们中有的可能就是在上海医生和全国其他地区医生的"圣手"中转危为安的。

急救的任务完成后，我们要完成的第二个任务就是防止疫情暴发，这两点都非常重要。前一阶段是创伤，后一阶段是传染病，饮食、饮水都要注意，那个时候遇难者就埋在旁边不远。随着伤员病情的稳定，医疗队的工作重点逐步转向预防肠道传染病。地震后的天然污物、被摧毁的工厂废弃物、一些被埋在震塌建筑下未被清除的人畜尸体，这些都成了污染源。而这些污染物的清理又不是短期内可以完成的。为此，我到唐山市区指挥部去参加会议，接受抗震救灾总指挥部布置的防病任务。沿途，我看到到处是断垣残壁，空气中还弥留着异味。抢救任务已经基本结束，解放军战士已经开始喷洒消毒剂，加强后期防病工作。

上海九院医疗队员大多具有上山下乡、防病治病的经验。在搭建临时厕所、定期喷洒消毒、控制饮水的来源和煮沸饮用等环节，做得非常严密仔细。所以，除个别发病患者外，医疗队所在的地区没有发生过疫情。第一次发生地震后，紧接着发生了多次级别相对较低的余震，我们的一切救治活动，都是在余震中进行的。冒着余震在帐篷中救治伤员，这里就是我们拯救生命的战场。

在唐山的60个日日夜夜里，上海九院医疗救援队16次遇到5级以上的余震，我真真切切地感受到了什么叫地动山摇；遇到过狂风暴雨，帐篷里成了水塘……尽管生活条件十分艰苦，但我没有听到过一声抱怨和叫苦，大家工作时总是充满激情。因为大家都有共同的信念，都想多为灾区人民做些力所能及的事；因为每个人心里都明白："这里就是我们的战场，救死扶伤是我们神圣的职责。"突如其来的灾难，让唐山这座城市满目疮痍，一夜之间变成了繁忙混乱的救灾枢纽，空地上挤满了简陋的帐篷，救护车呼啸而过，送来一批又一批从各地刚挖出来的幸存者。生命在突如其来的灾难面前就是如此脆弱，似乎有太多不可承受之重。然而，每当我看到一个个重伤员经抢救成为幸存者时，我感动于这些生命的奇迹，折服于生命的坚韧和厚重。他们有的已经在黑暗的废墟中坚持了超过一百个小时，超越了生命的极限，只因为有求生信念的支撑；有的体征早已极度虚弱，却依旧不可思议地保持着清醒的神智，不断同自己对话，鼓励自己勇敢地活下去。那满面的尘土，分明是他们同命运搏斗留下的印记；那微弱的呼吸，分明是顽强的生命力不屈的呐喊；那热切的眼神，是如此的滚烫，直入人心。生命在灾难面前又变得如此强大。

在唐山的 60 个日日夜夜里，我们医疗救援队员都在自己的岗位上超负荷地忙碌着，气氛是那样的紧张、凝重、庄严，没有人抱怨，没有人放弃，更没有人退缩。灾难，只会让每个队员的使命感更加灼热，大家不顾自己的安危，把对生命的热爱，凝聚成医者仁心的职业操守，升华成对所有人守望相助的大爱。

1976 年 8 月底，九院抗震救灾医疗救援队来到唐山大约一个月之后，在抗震救灾现场搭起了临时医院。说是医院，其实就是由大棚变成了几个病区，而这些病区也都是竹棚，依然十分简陋。我们所在的医疗队分为五个病区，仅按内科和外科分类。与此同时，一间简易手术室也随之建成，用来开展一些简单手术。就是在这样的手术室里，我为伤员进行颞下颌关节强直等手术。初到时，在帐篷里面，可同时开展三台手术，从当天早晨到达以后一直持续到第三天中午 12 点。手术不断，一台接一台，像整形外科的俞守祥医生，他连续做了 20 台手术，除了患者下手术台这段时间外，他没有任何休息时间。他做完第 20 个患者以后，已经极度疲劳，昏倒在岗位上。一位工农兵学员在极度劳累时，就靠在帐篷外面抽支烟，驱散一些疲劳，但是烟还没抽几口，叼在嘴上就睡着了。当地患者家属看了以后，含泪把烟拿掉。帐篷外面躺了很多伤员，伤员因为伤痛不停叫唤呻吟，但是一看到救护人员如此疲劳、如此辛苦，他们硬是忍着，把痛苦忍住。见此情景，我也为我们医疗队员感到骄傲，他们为了抢救人民群众的生命不怕疲劳、连续作战。还有我们的护士长潘佩华，三台连着的手术，对她来讲格外辛苦。在医院正常手术情况下，一般一个手术台，护理人员是 2—3 个人。但是护士长潘佩华一个人同时管三台手术，当然还有其他同志帮忙，不过主要的护理工作还是她管。到了极度疲倦时，她就让其他同志用手拍打她脸部，保持清醒。大家都不忍心下手，于是她就自己动手。手术的医生看到这个情况，是一边手术，一边眼含泪花。

不久，条件简陋的临时医院开始接纳非震灾受伤的患者，包括内、儿科等各类疾病的患者，这也是出于解决当地群众求医的迫切需要。8月的一天晚上，突然下起滂沱大雨，而且持续了五个多小时，这在北方十分罕见。水漫过临时病房和医疗队员们的临时宿舍，我带领队们全体出动，齐心协力开展排水工作，除了加筑遮雨挡雨篷外，更重要的是开渠排水。好在都是泥地，挖掘起来并不吃力。经过一夜苦战，积水开始消退，保证了病员们的安全。我当时也写了一首诗（注2）反映当时的情景。

我们医疗队中，除在职医务人员外，还有八位上海第二医学院口腔医学系1976届毕业的工农兵学员。他们是当时在九院各科实习的年轻医生王华新、刘淑香、步兵红、刘家华、陈志兴、高寿林、郑如华和盛意和。可不能小看这批医学院毕业的工农兵学员。由于他们都有社会经验，无论是医疗工作还是其他后勤工作都积极肯干，因此他们各项工作都完成得非常出色。为了固定骨折，他们自制夹板；学员步兵红的舅舅在唐山工作，他也顾不得前去打探其安危；不少队员还自己掏钱去资助一些有经济困难的伤员；所有的宣传工作也都由他们包干。我也写了一首小诗（注3）来描述这批工农兵学员的具体形象。

在上海九院医疗队赴唐山抗震救灾的两个月里，我们无处不在书写大爱的篇章。我看到了全国人民和灾区人民心手相连、守望相助；看到了万众一心、众志成城；看到了无数解放军和武警官兵不顾个人安危奋勇抢救灾民的生命和财产的崇高精神；看到了无数白衣战士争分夺秒地与死神赛跑、抢救伤员的忘我精神……

生活情况

上海九院医疗队到了唐山丰润县以后，没有地方住宿，没有任何地方可以遮风避雨。次日，帐篷到了以后，我们才解决了住宿的问题。我们九院医疗队住的帐篷旁边二三十米处就是一个尸体坑，而且余震不断，很不安全。当时电、通信都因遭到破坏而中断了，没有电，手术开展很困难。

当时每个医疗小分队都有几顶军用帐篷，每个小分队住在一起，男女分开。没有床，队员们就捡两块砖垫垫，在砖上搁上门板，或是直接铺条芦苇席就睡。如果有块塑料布铺着，就是最好的待遇了。余震在接下来的二十多天中一直不断。

吃饭吃到一半，地面就开始震动，大家也不怕，还笑着调侃："又震了，又震了。"晚上睡觉，身下就跟开火车一样，轰隆轰隆。

其实，当时唐山灾区情形挺乱的，国家的救援力量不如现在，根本没有瓶装水，只能把池塘的水烧开后来喝，稍有不慎就会拉肚子。震后第七天，北京驶来几辆水车，车上挂着"毛主席送来幸福水"的标语，大家才有干净水喝。吃的东西很少。缺水使得脸没法洗，胡子没法刮，大小便都成问题。

开头一周是最苦的。我记得约一周后，我们吃到了小米粥，领导对我们很照顾，因为知道南方同志吃面食不习惯，所以经常会给我们一点米。那个时候是最艰苦的，后来条件缓和了。医疗队的队员出发时，带了几箱压缩饼干，这几箱压缩饼干从出发开始一直吃了近一个星期。一下雨，压缩饼干全都潮湿变烂了，根本就咽不下去。后来我们一见到压缩饼干就受不了。再说，一直吃压缩饼干造成大便困难，人非常难受。一直到七天之后，当地的老百姓才从废墟中挖出了粮食来支援医疗队。老百姓送过来的吃的用布盖着，我们一看，那布上一片黑，一掀起来才发现，全是苍蝇。大家吃了这些东西，基本上都会闹肚子。长时间的劳累和腹泻，兄弟单位救援队的一些医生发起了高烧。听说当时有一位医生，因为高烧引起并发症，后来就牺牲在了唐山。肠道感染是地震半个月之后最严重的问题。天气炎热，尸体迅速腐烂，加上公厕倒塌，粪便污染河水。许多老百姓舍不得他们的猪烂掉，就烧来吃，结果肠道感染非常严重；还有一些人是因为喝了被污染的河水。

队员们轮休时都睡在帐篷内的芦席上，由于不必担心受伤，加之劳累，哪怕是余震引起滚翻也能酣睡。第一周的高强度工作，睡眠少。吃压缩饼干也影响了排泄习惯，没有正规的厕所，要方便只能去远离驻地的高粱野地，完全过的是类似战地的紧张生活。

灾区的蚊虫尤其厉害，即使躲在帐篷里也不能幸免。我们常常在早晨醒来时发现自己已经被蚊虫叮得"遍体鳞伤"。大家不由得边赶蚊虫、边戏谑地说："我们是与天斗、与地斗，还要与蚊子斗。"

1976 年，这一年被认为是不祥之年。除唐山地震外，共和国的几位领导人也相继辞世。继周恩来总理、朱德委员长之后，一代伟人毛泽东主席也在 9 月 9 日逝世。电台在播出这一讣告时，我正在唐山临时手术室内做手术，是从广播喇叭中得知这一噩耗的……

与当地联系

当时我们跟当地的县医院没有任何联系，我们都独立工作。临时医院跟唐山市人民医院也没有具体组织上的联系，业务上有没有交往我记不清了，那个时候全是独立的，我们的领导是地震指挥部。实际上我就去指挥部开过一次会，就是大概两三个礼拜以后，那一次去也是比较后期了，空气污染很厉害，那场景简直惨不忍睹。

群众开始都是伤员为主，后来登记好了以后，我们要走之前，有不少当地人来找亲属，这个也是让我们非常感动的。当然有的找到了，有的找了很多地方找不到，找不到肯定是不行了。从这里边我感觉可以跟他们聊聊，父母找子女的，子女找父母的，当时就跟他们交谈了很多。因为不知道会有地震，当时有的人出差了，出了唐山市了，也有外地人来唐山的，当时我记得有一个剧团，刚刚到唐山演出，地震时，有的住在楼上的人往下跳，跳下去摔死的也有，存活的也有。有的不跳倒没事，有的跳了以后房子塌下又把他压在下面，所以真的不是能预料的，而且这种决策都是几秒钟之内的事情。

撤离回沪

从 1976 年 7 月 31 日抵达唐山至 9 月 30 日返回上海，我们上海九院抗震救灾医疗队队员在唐山丰润县整整工作和生活了两个月，随即来接班的九院第二批医疗队在当地工作的时间相对更长。

人生影响及感悟

两个月抗震救灾的工作和生活，给我的医学生涯留下了非常深刻的印象。这次医疗救援之行，带给我太多震撼、感动和对生命的感悟。地震，给国人一种刺心的悲凉，更把人性的光辉真实地展现在国人眼前。只有亲历灾难现场，才能真实地目睹灾难带给我们的一切。我庆幸自己能成为抗震救灾医疗队的一员并担任队长。上海九院的抗震救灾医疗队队员中，有的是家中稚子嗷嗷待哺无人照料的母亲；有的是妻子抱恙需要爱人陪护的丈夫……然而，在国殇时刻，他们都义无反顾地选择奔赴灾区一线。此时，大家只有一个身份，那就是救死扶伤的医生。虽然，从上海出发辗转 48 小时来到灾区，人很累。但那时那刻，我更感到责任与光荣，因为我们代表的不仅是医生，不仅是九院、是上海，更代表党和政府派去救灾救伤员的英雄。我们就是政府的手臂。想到这些，我感到这两个月过得很值。我庆幸当初选择做一名医生。

地震发生后，我邂逅了一位曾经做过十多年医生的朋友，三年前改行当了公务员，生活一直很安逸。直到这次唐山地震发生，他开始后悔。他说："在这样的灾难面前自己显得无能为力。是啊，此时此刻如果能作为一名医生，能在抗震救灾第一线履行医生的职责，心中一定感到无比自豪。"生命在大灾面前是如此脆弱，生命在大灾面前又是如此顽强，因为全民族守望相助。生命在大灾面前又是如此值得反思，大灾面前医者更应思索如何科学有效地救治生命，保持生命的完整，体现生命的价值。大灾面前需要更多的白求恩式的好医生。何谓白求恩式的好医生？如果不是冒着生命危险来体验，也许我们永远无法切身体会何谓舍生忘死的救死扶伤精神。牺牲自己的生命去救更多人的生命，这原本属于解放军战士才能做的事，在白衣战士的身上却一次又一次地体现了。白求恩同志如此，唐山救灾医务人员也是如此。因为一名成熟的医生是需要经历生死考验的，灾区需要更多白求恩式的好医生……

1976 年，我还没有加入共产党，既不是唯物论者，也不信上帝。作为一个医务工作者，我只相信科学。然而，这一次唐山大地震却给了我"宿命论"的影响。因为我无法解释，为什么有些当地人在地震前一天离开唐山得以幸免于难？为什么有些外地人在地震前一晚进入唐山并死于地震？同样是在大地震时的逃生者，为什么有的人在跳楼后被倒塌物压死，而不跳楼者却能奇迹般存活？科学的解释：这不叫"宿命"，而叫"机遇"。但是这个"机遇"又是怎样降临的，为什么有的人能遇上，有些人却无缘相遇？这一切的一切，都难以解释。看来，在不能圆满解释所有无法解释的问题和现象时，迷信也好，唯心也好，"宿命"的思想是无法完全被消除的。

上海九院医疗救援队员在唐山抗震救灾和救死扶伤的过程，也是每个队员思想不断升华和成熟的过程。许多队员递交了入党申请书。大家在关键时刻不顾个人安危，奔赴抗震救灾第一线的奉献精神，一批队员在生与死的危急关头经受的考验和锻炼，受到上海市卫生局领导的高度赞扬，为上海九院赢得了荣誉。

那次唐山抗震救灾医疗援助的经历，既锻炼了带队的老师，也进一步磨炼了工农兵学员。其中，一位工农兵学员陈志兴在医疗队工作表现优异，后来我在担任九院院长时，就推荐他担任副院长，他之后又被提拔为上海第二医科大学副校长、上海市知识产权局局长。其他七位工农兵学员，如今无论在美国，还是在国内其他省市医院，都已成为业务骨干。除上述工农兵学员外，其他年轻医师、护士等也得到了"实战"锻炼。一位 1975 年毕业、当时还是低年资的内科住院医师简光泽，在我任九院院长兼党委副书记时，就推荐他任党委副书记，后来任九院党委书记。护士长潘佩华，后来也担任了九院的护理部主任。抗震救灾的医疗实践，也成为培养、锻炼和考验人才的大学校。让我自豪的是，上海九院医疗队在这次唐山抗震救灾战斗中，是一支拉得出、打得响、能打胜仗的坚强团队。

一眨眼，40年过去了。如今，回忆唐山抗震救灾的岁月，一切就像还在眼前。我保留着三张珍贵的老照片，照片背后写着"唐山抗震救灾医疗援助"。在20世纪70年代，能"玩"照相机的人不多，无法用镜头记录上海九院医疗队的队员在唐山抗震救灾的各种场景。好在灾后一个多月时，中央慰问团来到唐山，随团记者拍摄了几张最珍贵的历史资料照片，被我收藏了起来。救灾第一线是锻炼人才的大学校，援助唐山抗震救灾的医疗卫生事业，对我和上海九院全体医疗救援队员来说，都是人生的考验。它不仅考验着我们的医术，更考验着我们的人文精神和医德情操。而面对每一次考验，上海九院全体医疗救援队员都毫不含糊地递交了一份份出色的答卷。

唐山地震与汶川地震的"异同论"

在唐山地震32年后——2008年5月12日14时28分，四川汶川发生了里氏8级的大地震。灾情就是命令！5月14日上午11点，上海首批五支医疗救援队飞赴四川地震灾区。其中，四支医疗救援队分别来自上海交通大学医学院附属仁济医院医疗救援队，附属新华医院、附属第九人民医院联合医疗救援队，附属第一人民医院医疗救援队和附属第六人民医院医疗救援队。

一个汶川大地震，一个唐山大地震，时间相隔32年，空间相距几千里。我虽然未去汶川，但这两次大灾难在我的脑海里总是绞在一起，让我有意无意地做些比较。我总是不由自主地想到32年前唐山大地震的一幕幕情景，我当年作为上海九院抗震救灾医疗队的队长，曾在那片废墟中度过60个救治伤员的紧张的日日夜夜。

汶川地震对比唐山大地震有不少相似点。2008年5月12日下午约2点半，手机短信和网络上都有了报道，说四川汶川发生7.8级大地震。我得知消息，当时情不自禁地叫了一声："又是一个 7.8 级！"这让我自然而然地想到了唐山大地震，想到那一个个惨不忍睹的场面。5 月 18 日，国家地震局发布消息说，综合国际上多家地震台站测得的数据，将原来发布的震级 7.8 修正为 8.0。这一修正，意味着汶川地震相当于 4 个唐山地震，实在太可怕了。因为震级增加一级，意味着强度扩大约 32 倍。一个 8 级地震释放出的能量差不多等于 32 个 7 级地震能量的总和。增加 0.1 个等级，能量扩大 1.40 倍以上。8.0 级比 7.8 级增加 0.2 个等级，则意味着能量差不多扩大 4 倍以上。同样都造成了巨大破坏和惨重损失，但唐山地震死亡人数差不多是汶川地震的 4 倍。据民政部报告，截至 5 月 22 日 10 时，汶川大地震造成死亡 51151 人，还有 29328 人失踪，看来最终死亡人数可能在 6 万左右。唐山地震在短短 23 秒内共夺去 24.2 万条生命。为什么汶川地震比唐山地震的震级大，而死亡人数却少得多呢？

我认为明显的原因有三个方面：一是与地震发生的时间有关。唐山地震发生在凌晨 3 点 42 分，是人们熟睡的时候，而汶川地震发生在下午 2 点 28 分，有许多人在户外劳作和活动。二是与震中区地形特点和人口密度有关。唐山是华北著名的工业重镇，当时人口近 100 万，周围是人口稠密的平原地带，而且北方的村庄也都是动辄几千上万人，而汶川处于四川盆地的边缘地带，人口不算最多，震中地区则是高山峡谷，人烟相对稀少，村落分散。三是与地面建筑坚固程度有关。唐山地区在有记载的历史上没有发生过大震，人们防震意识极为薄弱，城市楼房不仅没有整体浇筑，而且许多水泥预制板就搭在墙体上，连固定措施都没有。农村建房更是马虎，而且为了防雨水渗漏，一般房顶都加了沉重的沥青与泥沙混合层。这种建筑当然经不起大震。汶川地区的建筑大都在唐山地震后建的，应该说多少考虑到了抗震因素，而且这三十多年中，地方经济有了很大的发展，城乡房屋都比较结实。据我 2006 年对四川老家的印象，沿途房屋，即使是村舍，都好过三十多年前的唐山地区。从电视画面看，这次除了北川县城和汶川映秀镇等一些地方外，大多没有发生像当年唐山 96％房屋倒塌的情况。汶川灾区救灾工作空前复杂、艰难，有许多新课题、新挑战，将为我国抗灾救灾积累新经验。唐山地震使解放军在人民心中竖起了一座巨大的丰碑；这次汶川地震，军队在人民心中又竖起了一座巨大的丰碑。充分发挥军队的作用，是中国历次抗灾救灾高效和成功的一个重要举措。两次抗震救灾的组织工作都十分出色、成功，堪称一流，而汶川地震抗灾救灾组织工作更高一筹。

我以自己参加 1976 年的唐山大地震医疗救援工作的亲身经验，分析了汶川地震，发现其与唐山大地震有不少相似点：第一，行路难。第一批唐山地震救灾人员，从上海出发到达救灾医疗点共耗去 48 个小时。相比唐山地震，汶川震中及波及地区大多为山区，致交通阻塞困难程度远超唐山。第二，次生灾害，特别是因山体垮塌、滑坡、泥石流等所形成的堰塞湖（**据悉，四川 9 个县市就形成了 34 处**）及其隐藏着的水患也是唐山地震所没有的。第三，伤员高度集中，后勤补给难度大。地震均发生在几秒几分钟之间，具有突发性。在人口集中的地方，霎时伤员即高度集中，被认为比战争时的伤员集中数还要多，因而给急救治疗带来了相应的难度。加上后勤补给困难（**唐山地震时，上海九院抗震救灾医疗队队员携带的医药用品仅半天之内即告罄**），因而和战伤一样，经紧急处理后应该逐级后送，即"阶梯治疗"。第四，压榨、挤压伤占多数，以骨科患者为主。地震伤主要为房屋倒塌所造成的压榨伤或挤压伤（**长时间的挤压，后期多发肾功能或多器官衰竭**）。唐山地震伤员 90％以上为伤骨科患者，仅约 10％为其他损伤。在伤骨科患者中，70％为骨折，且主要发生在四肢；还有 10％伤员为脊柱损伤造成截瘫。口腔颌面部创伤多伴颅脑创伤或高位截瘫，因而在急需救治的伤员中比例不高。

汶川地震与唐山地震迥然不同的地方，我认为，主要表现在下述七个方面。

第一，相比唐山地震，汶川地震是落实应对突发事件预警机制的一次成功实践，把抗灾救灾的组织工作提高到了一个新水平。唐山地震时尚没有"应对突发事件预警机制"的概念，可以说，那次抗震救灾是在无准备的情况下仓促上阵的。临时搭班子，现抽调人员，现筹措物资，现组织运力，难免匆忙、混乱，影响效率。而汶川地震的发生虽然也同唐山地震一样无法预知，但"应对突发事件的预案"（**包括地震**）从中央到地方政府以及相关部门、机构早就有了，灾害一发生，立即启动预案，从容上阵，各项工作紧张而有序地进行。建立应对和处理重大突发事件的预警机制，是近些年来中国政府努力提高执行力的一项重要内容。这次中国政府在抗震救灾中的反应如此迅速，应对如此自如，与此密不可分。

第二，相比唐山地震，汶川地震的强度更大，波及面更广。唐山地震主要破坏、影响京津唐地区，而此次除四川西北部外，还波及陕西、甘肃、重庆、云南、贵州等9个省市。并且，余震发生的强度大（**高达6.4级**），次数也较唐山地震更多。

第三，相比唐山地震，汶川地震救灾活动中大量应用了先进科学技术，诸如卫星摄像、卫星通信、电视直播、手机通信；废墟中用于救人的各种生命探测仪；能冲顶上吨的液压、气压工具等，限于20世纪70年代的水平，这些技术都是在唐山地震时所不完全具备的。

第四，相比唐山地震，如今的医疗条件更好，特别是心理专业人员的参与，卫生部甚至派出了国内最大规模的心理危机干预专家组去灾区，可以说，这种医疗人性关怀在我国是史无前例的。

第五，相比唐山地震，汶川抗震救灾是敞开大门，而唐山抗震救灾则是关起大门。这是两次抗灾救灾的一个明显区别。唐山地震后，尽管当时的国际大气候对中国并不有利，但仍有许多华侨、华人、友好国家和一些国际机构表示要对中国灾民提供捐助和人道主义援助。但当时领导片面强调"自力更生"，拒绝一切外援。抗击大的自然灾害，主要立足于国内，靠自己的力量克服困难，是对的，但不应把接受外部捐助和支援对立起来。不接受外部支援，还落得人家抱怨，效果并不好。从唐山地震后，我国逐步摒弃了这种偏激态度，开始接受海外对大灾的人道主义援助。汶川地震后，国际友好、关爱的反应特别强烈，各国领导人纷纷给中国领导人致函致电，或亲赴中国使领馆，表达对中国受灾人民的哀痛和慰问，有的国家还设立了哀悼日。许多国家政府和有关机构纷纷捐助钱款和物资，有些国家还派出紧急救援队、医疗队飞赴地震灾区。港澳台同胞和海外华侨、华人，更表现出了对受难同胞血浓于水的真情，慷慨解囊相助。中国政府共计接受捐款 214 亿元人民币，其中有不小一部分来自国际捐助。

第六，相比唐山地震，汶川地震新闻报道的充分放开，与唐山地震新闻报道的严格控制形成了鲜明对照。从汶川大地震发生那一刻起，国内从中央到地方各类媒体无不开足马力对地震和抗灾救灾情况进行及时、充分、生动的报道。打开电视，所有频道都聚焦地震主题，全天不间断地滚动播放；打开广播，也都是关于地震的声音；打开报纸和网络，关于震情和抗灾救灾的文字和图片，占据着大部分版面。中外记者可以到震区随意采集新闻。信息发布如此开放、公开、透明，是前所未有的。媒体与灾区人民和全国人民脉搏的共同跳动，对凝聚民心、鼓舞斗志、增强政府公信力、增加全国和全世界对地震情况的了解，发挥了巨大作用。唐山地震的报道，实在片面性太大，教训太深。当时，只允许报道军民"公而忘私，患难与共，百折不挠，勇往直前"的抗震精神，而不允许报道国内外人民普遍关心的人员伤亡、房屋倒塌、财产损失等灾情，有关这方面的数字、画面和细节一律不得见报。死亡 24.2 万余人的数字，直到三年后经新华社记者的努力争取才得以发布。汶川地震后，中国人的人性中美的一面得到了充分张扬，痛与爱的感情得到了充分表达。这也是唐山地震难以完全做到的。

第七，在 2008 年 5 月 19—21 日这三天里，全国下半旗深切哀悼汶川地震遇难同胞。19 日 14 时 28 分，也就是地震后整整七天，笛声齐鸣，胡锦涛总书记率全体政治局常委肃立中南海：全国停止工作，人人肃立默哀三分钟，以寄托哀思，彰显了一个国家、一个政府和全体人民对生命的尊重和以人为本的情怀。这不仅在唐山地震中没有，在中国的历史上也应该说是第一次。这一举止，也得到了国际社会的高度评价和广泛支持。

对灾害医学的思考

从唐山地震及汶川地震中，我深刻体会到灾害医学在我们的医学界没有得到很好发展。灾害医学（Disaster Medicine）是医学领域中的一门特殊学科。对火灾、水灾、冰雪（冻）灾，以及地震、山体滑坡、泥石流等所有天灾所造成的人员伤亡的现场救治，以及后期继发病的防治等都应属于灾害医学的范畴。各个科室都应该总结这方面的经验，从总体来看不同的灾害：水灾、火灾、雪灾。水灾也不得了，我在皖南的时候，工厂建在山坳里面，我见过一次山洪暴发，真的很厉害，跑得慢了来不及，洪水猛兽，快得很。火灾有一个慢慢烧过来的过程。灾害医学有个特点，骨折病人占绝大多数，有一点我觉得很重要，搬运脊椎损伤的病人有一套方法，不是随便拖着就走了。现在有人统计在搬运过程中造成瘫痪不能恢复的伤员情况，这些都需要骨科医生仔细研究。有时候情况紧急，谁都搬运，没有这种知识，二次骨折很多，二次骨折容易造成瘫痪。瘫痪的人不少的，到现在存活的做过统计也有的，我记得我看过一本书，我查过这个资料。有时候我们看国外的救援，像救火队员，他们有很多小朋友和年纪轻的人，都经过这样一部分训练，我觉得这个很好。像颈托，以前的人都不注意这个，没概念，没有几个人戴颈托，甚至连医生处理都不注意颈椎的问题，现在这情况就好多了。对外伤病人而言，特别是脑创伤与颌面颈部创伤，颈托很重要，从业务知识扩张面来讲，也是很重要的。我曾经说过，虽然这类病人不是那么多，但是这一套东西有特点，各个科室都应该搞自己有关灾害医学的内容，而且这个灾害不光是地震的灾害，一般医学知识也需要。后期传染病的预防，就是卫生学与内科的问题了。只管前面不管后面也不行，整个要成系统。每年都有灾害，医学需要进一步发展。在我国，目前还缺乏专门的组织或学术团体专门对灾害医学展开研究；缺乏对执业医师进行有关灾害医学的继续教育；缺乏一支训练有素的灾害医学队伍；当然，也更缺乏口腔颌面灾害医学了。

由于各种原因，我未能去汶川救灾，但我的同行、四川大学华西口腔医院以及第四军医大学口腔医学院口腔颌面外科的同仁们积极参与了这次救灾，他们一定会比我学习到更多更新的救灾经验。从报道和信息中，我也学到了更多有关震灾的知识。我国是一个地震多发的国家，今后对高发区的防震科普教育也是十分重要的。比如，亟须建立口腔颌面地震伤灾难应急专家系统，亟须在医学院教学中设置灾难医学课程，以及亟须在灾难救治系统中普及口腔颌面部创伤的早期处理，等等。

注1：

其一：出征

电波传噩耗，华北大地震；药材仓促备，寅夜上征程。

心向灾区去，步向唐山行；身负有六十，为救手足亲。

车上誓师会，衷诉人间情；苦死皆不怕，战地炼红心。

列车飞向前，犹恨转不勤；黎明东方晓，车停是杨村。

烈日当空照，仰首望雄鹰；夕阳已西下，才得登机门。

廿四*窗虽小，俯见大地清，阡陌尚完好，颓墙断垣存。

夜宿机场边，子夜再前进；历过唐山市，满目尽酸辛。

来车如流水，去车如蚁行；历时四十八，始得到丰润。

* 指安－24飞机

其二：卜算子·露营（于唐山机场）

月晕众星沉，地湿野草青；已是酉时人未静，充耳满机声。

就地卧郊野，雨露喜滋润；到处但闻酣睡音，梦惊催登程。

其三：沁园春·抗震

八级地震，唐山土崩，丰南地裂。及市内近郊，屋塌壁断，瓦砾尚存。子伤女残，夫失妻散，不幸人作古天国。恨天公，竟生灵涂炭，毁我大业。

国人咸信马列，不从天命不信鬼邪。动全国人民，人定胜天，八方支援，龙江风格。自力更生，家园重建，看灾区辈出英杰。与灾斗，重建新唐山，战火正热。

其四：救治

遍地尽闻大夫声，人民受灾吾心疼；腰折肢断比比是，休克感染恨迟临。

固定换药是中心，剖腹截肢救生命；洗面擦身送温暖，送水赠金阶级情。

注2

十六字令·战雨

雨，瓢泼殃及席棚里，等须臾，水深盈胫齐。

雨，狂风助虐水更急，与天斗，堵漏抗洪齐努力。

雨，滂沱已至芦席底，惊呼叫，干群同心筑水渠。

雨，困难面前何所惧？齐围坐，且听英雄欢笑语。

注3

工农兵学员赞

冀东抗灾是先锋，缘尽来自军工农；

炉火纯青把钢炼，医疗队中数英雄。

请看：

小陈（志兴）宣传打头阵，毛泽东思想送春风。

小刘（家华）号称老黄牛，鞠躬尽瘁力无穷。

小步（兵红）置私于度外，不问娘舅问工农。

小刘（淑香）赠金又问暖，阶级情深手足同。

小盛（意和）人皆呼"老表"，医疗工作称先锋。

小王（华新）处处挑重担，热情洋溢火样红。

小郑（如华）事事来争先，任务从来不放松。

还有小高（寿林）个虽小，螺钉事儿见心胸。

正是：

震区九院战鼓隆，陋习旧貌一扫空。

喜看今日接班人，莺歌燕舞拂东风。

我们与唐山在一起

——刘志仲、王国良等口述

口述者：刘志仲　王国良　沈逢英　单凤英　薛琦禄　季关鑫
　　　　李福来

采访者：金大陆（上海社会科学院历史研究所研究员）

　　　　刘世炎（中共上海市虹口区委党史办公室主任科员）

　　　　张　鼎（中共上海市静安区委党史研究室综合科科员）

　　　　奚　玲（上海市宝山区档案局局长）

　　　　朱晓明（上海市宝山区档案局副局长，区委党史研究
　　　　　　　　室副主任）

　　　　臧庆祝（上海市宝山区档案馆征集编研科负责人）

　　　　李清瑶（上海市宝山区档案馆征集编研科科员）

时　间：2016 年 3 月 31 日

地　点：上海市宝山区淞宝路 104 号宝山区档案局 3 楼会议室

口述成员合影左起：季关鑫、王国良、李福来、
刘志仲、薛琦禄、沈逢英、单凤英

刘志仲，原吴淞医院（现上海第一人民医院宝山分院）医疗队队长，静安区卫生局退休，时任院党总支副书记、院革委会副主任。

王国良，原医疗队队员，吴淞医院退休，时任外科医生。

沈逢英，原医疗队队员，吴淞医院退休，时任伤科医生。

单凤英，原医疗队队员，吴淞医院退休，时任妇产科医生。

薛琦禄，原医疗队队员，吴淞医院退休，时任手术室护士。

季关鑫，原医疗队队员，吴淞医院退休，时任检验科检验员。

李福来，时任杨浦区革命委员会教卫组成员，杨浦区房管局退休。

刘志仲：

首先，借唐山地震40周年纪念的契机，"上海救援唐山大地震"课题组的采访，对我们这些当年的亲历者来说，非常有意义。

唐山大地震造成的严重后果，在世界范围也是很少见的。进入灾区后，我们亲眼看见了现场的惨烈，唐山第一人民医院本是一幢五六层楼的高楼，震后在地面上只是两三层的废墟了；唐山最高的一家八层楼的宾馆，我们只看到四层倒塌的废墟，下面几层都被掩埋在地下了。客观上这是一场大的

"天灾"，但"天灾"之外还有"人祸"，当时国家的政治背景是"文革"后期，我们拒绝了一切外援，否则可以救出更多的生命！汶川大地震时，俄罗斯、日本包括我国台湾地区的救援队都飞过来了！

当然，唐山地震后开展了全国的大救援，这种团结一致和艰苦奋斗的精神意志，对我们亲历救援的人来说，是一次深刻的教育和洗礼。之后在工作、学习与生活中，无论遇到什么样的困难，我们都可以咬紧牙尽力克服。

唐山大地震发生后，我是从收音机中的中央台听到消息的。当时，我住在医院的集体宿舍里，刚到医院办公室上班，便接到我们吴淞医院党总支书记的通知，要我立即赶到杨浦区卫生局革委会开会，领受前往唐山地震灾区进行医疗救援的任务。区里是非常重视的，区委书记、各级分管领导全部到会，明确由杨浦区中心医院和吴淞医院各组建一支医疗救护队，由区革委会教卫组副组长郝恩同志担任总领队，由吴传恩（**杨浦区中心医院外科主任**）和我（**吴淞医院党总支副书记、院革委会副主任**）分别担任赴唐山抗震救灾医疗救护队队长。同时，会议要求我们立即返回医院组建每队15人的救护团队，并要求各科医疗救护人员、医疗救护物资、抢救器械、急救药品、检验设备以及生活用品等均要配齐，做到抵达唐山以后能独立自主地开展救护和生存。

返回医院以后，我们遴选了内科主任邵友明，外科王国良、过守建，骨科蒋守宝，耳鼻喉科丁祖兴，妇产科单凤英，内科吴扣珍，伤科沈逢英，眼科吴全芝，急诊室许淑云，检验科季关鑫，药剂科忻玲娣，手术室吴金瑛、薛琦禄，一共15名各科医疗、护理、医技年富力强的骨干。全体队员接到通知后，立即在医院待命，随时准备出发。同时，我们在第二军医大学长海医院的支持下（**长海医院当时是我们的上级医院，技术上对我们进行指导**），按照野战医疗救护队的要求，配齐、配全各种抢救设备和生活保障物资，比如手术包、急救药、显微镜、500cc的葡萄糖软塑袋（**一般葡萄糖都是玻璃瓶装的，但是考虑到队员们的负重，另外也考虑到路途中瓶子容易被打碎，故选择携带轻便、安全的软塑袋**）、消毒锅、消毒炉以及压缩饼干、大帐篷、行军大铁锅等等，要求达到自给、自主，独立运转。每名队员负重80斤，15个人一共携带装备1200斤。大家意识到，多带一份急救物资，就可多抢救、多挽回一条唐山重伤员的生命！由于带的都是救命的东西，每位队员自身的生活用品带得很少，穿的仅是上班时的一身衣裤鞋袜，用的是一条毛巾和一个杯子（喝水、吃饭、洗漱都用它）。事实上，一听说是去唐山参与灾区救援，根本用不着做思想工作，大家都非常自豪能够去一线救援！

在医院待命一天之后，7月29日早上，我们从上海北火车站乘专列出发。当时上海第一批医疗队共有两列火车，记得我们这列在常州火车站停留了许久，而另一列直接走了。当时大家都心急如焚，不知出了什么问题，后来得知是列车的火车头出了故障，从戚墅堰机车厂里调来火车头接上，这才重新启程，一路顺利地到达了天津杨村火车站。

从杨村到唐山的公路十分拥挤，并受到严格的交通管制，只有解放军军车和运送紧急增援物资的车辆才能放行。我们看到增援灾区的解放军，都是徒步急行军前往唐山的。

过了一阵子，我们接到抗震救灾指挥部的指令：从杨村火车站徒步前往4公里外的杨村机场。这一段路是我们遇到的第一个考验！因为队员们都十分清楚，对被埋在废墟中的重伤员来说，时间就是生命，我们越快赶到灾区，就越可能抢救更多的伤员。尽管背包里就有压缩饼干，但为了尽早到达目的地，队员们饿着肚子，每人背着80斤的装备，立刻步行赶往机场。

我们到机场时已是傍晚，没有休息，立刻就上了空军130运输机。这架飞机本是用来运送坦克的，机舱内全空着，我们的行李集中放在机舱当中，人就背靠着机舱壁站立在那里。好在听说从杨村飞到唐山机场只要半小时，我们的心也就随之安定下来。谁知随着飞机狂呼着升空，发动机轰鸣的噪声大得不得了，耳鸣得厉害，说话声音一点都听不清楚，我们隔了好久才恢复听力。机舱密不透风，一时间造成舱内严重缺氧和闷热，许多人开始出现了晕机反应。后来，机组人员不得不打开前面驾驶舱的窗户，同时打开机舱尾部放行坦克的两扇大门，这样机舱内前后通风，才缓解了队员们的晕机反应。

当飞机到达唐山机场上空准备降落时，我们从敞开的机尾后舱向外看，一点也看不到机场的灯光，弄得心里很纳闷。不一会儿，运输机就在唐山机场安稳地着陆了。我们从机尾后舱大门下来，发现四周一片漆黑。后来才知道，唐山机场所有的导航设备，全都在地震中被毁坏了！原来在不知不觉中，我们体验了一次"盲降"。要知道，我们乘坐的可不是相对轻巧的直升机或客机，而是自重、负重都很重的运输机。全靠空军飞行员高超的驾驶技术，我们才有惊无险地度过了一关。

7月29日晚上，我们到达唐山机场时已是深夜，没有人来接待和安置我们。我们吴淞医院15名救灾队员在机场的水泥地上席地而坐，嚼着几块压缩饼干，也没有水喝。夜深人静，寒气袭人，疲惫不堪的队员们就在从上海带来的大帐篷内和衣而睡了。

第二天，天蒙蒙亮，大家就起来跑步取暖。没有水洗脸，我们就用毛巾在机场旁的青草丛上晃来晃去，用草上的露水沾湿毛巾擦一擦脸。当日，接到唐山地震救灾指挥部的通知，我们与上海其他四个医疗队被安置在唐山机场灯光球场周围（**其他四个队分别是上海第一人民医院、杨浦区中心医院、国际妇婴保健院、虹桥医院**），分别搭建帐篷，负责整个唐山灾区重伤员的中转检查、临时处理、甄别以及随飞机护送等医疗救护工作。我们的转送目的地主要是山东，还有上海。印象中上海的瑞金、华山等三甲医院都接收了唐山转去的重伤员。

我们是从第二军医大学长海医院借来的军用帐篷，它的特点是大、厚实、牢固。我们队七男八女，把随队的行李放在当中，男女各一边，每人一顶小蚊帐，一个简易"宿舍"就建好了，休息时和衣而睡，直至20多天后返回上海。这对男同志来说或许还可以尽力克服，对女同志来讲，可能是一生之中从未遇到过的生活困难。平日里，医疗队都是24小时全运转，只有在中转伤员的间隙，才去打个盹。在唐山近一个月的时间里，从未有哪一位队员提出过洗澡、休息等要求。回来后，将这些情况讲给未去唐山的上海同事听，他们都很感佩。

驻地的周边没有厕所，我们自己临时挖一个坑，用芦席、塑料布简单围一下。大家也没有开水喝，全是喝井水。当时，我们队有个制度，每天上午8点开始学习半个小时《人民日报》社论。结果，我发觉在这半小时的学习过程中，全队人员轮流上厕所。这是怎么回事呢？我队检验科的季关鑫把喝的井水拿来化验，发现原来这水当中大肠杆菌每毫升达到200—300个！这是因为下过大雨后，很脏的地表水浸透到井水中去了，难怪要拉肚子了！从此，我们每天用从上海背去的大铁锅烧开水喝，这才解决了集体拉肚子的问题。

关于我们的主粮压缩饼干，开始吃时还蛮有味道，一个星期还可以坚持，但再吃下去就食欲不振了，这样会严重影响队员们的体力。于是，我就去抗震救灾物资指挥部，申请到一麻袋（一百斤）的大米，这都是全国各地送来支援灾区的。改善一下伙食非常不容易，当我把它背回来时，队员们商量是烧饭还是烧粥。经过讨论，大家一致决定烧粥，因为在此救灾可能还有很长时间，一百斤米烧饭很快就要吃光的。正在这个时候，我们的总领队郝恩同志来了，他一听情况立刻建议说：将一百斤大米分送给灯光球场五个医疗队共同分享。如此一分，我们就只剩下二十斤了，但重要的是我们的行为受到了其他四个医疗救护队的好评。当队员们喝到第一口粥的时候，我清晰地记得他们讲的话。有人说，从未吃到这么好吃的粥；有人说，这碗粥胜过所有山珍海味；还有人说，我永生永世都不会忘记这全国人民送来的第一碗粥。我作为队长，听了非常感动。

关于在唐山开展救援工作的情况，当年返回上海后，我曾代表医疗救护队在全区的欢迎大会上作了汇报，并专门撰写了一份汇报提纲，上面详细记载了医疗队救援的总体情况和数据。这份汇报稿我曾经一直保存着，但在这四十年中我搬了三次家，这次听说要回忆救援经历，我翻箱倒柜地找，每个地方都翻遍了，还是很遗憾没能找到它。所以关于救援的更多情况，要请各位队员一起来回忆了。我们留下的资料是一面锦旗和一张合影，在我们和杨浦中心医院两个医疗队的这张合影中就举着这面锦旗；还有一枚"人定胜天"纪念章，它们一起承载了吴淞医院医疗队抗震救灾工作的回忆。（队员补充：每人还发了一支纪念笔。）

"人定胜天"纪念章

参加唐山抗震救灾的吴淞医院医疗队与杨浦中心医院医疗队合影（原吴淞医院医疗队队长刘志仲、队员王国良提供）
前排：薛琦禄（左二）、吴金瑛（左五）、许淑云（左六）、吴全芝（左七）、吴扣珍（左八）、忻玲娣（右三）、单凤英（右二）
中排：刘志仲（左七）、邵友明（右三）、沈逢英（右一）
后排：季关鑫（左二）、过守建（左五）、蒋守宝（右五）、丁祖兴（右四）、王国良（右一）

这里，再谈点在救援工作中亲身经历的几件事。我当时是队长，除了负责全队的召集工作，也参与一些接送重伤员上飞机的转运工作。其中，有一位上海小姑娘让我很难忘。这位上海小姑娘才 7 岁，她是趁暑假到唐山姨妈家探亲游玩的，不幸遇到了大地震。送她来的可能是隔壁邻居的一位老伯伯。听老人讲，小姑娘姨妈家里的人都在地震中死去了，只有小姑娘从二楼炕上震飞弹出窗户，摔到了室外，手臂骨折，万幸活了下来。这个小孩很清秀、很坚强，既不哭也不叫疼，给我留下了很深刻的印象。当时唐山机场已经开通了上海至唐山每天一班的三叉戟飞机，来的时候从上海运送救援物资，回的时候从唐山机场接运地震重危伤员去上海治疗。我想，这个小姑娘今年应该 47 岁了，经受了唐山大地震的洗礼，一定成长得更好。我们医疗队员都很想念她。如果能寻找到她，对唐山地震 40 周年的纪念会很有意义。

我还经手过一个直升机从丰南运过来的重伤员，这是一个 18 岁的姑娘，胸椎骨折，高位截瘫，身体动不了。我亲自将她抱上了转运的飞机。负责转运的飞机将伤病员就近送往邻近省份，远的则北到哈尔滨，南到上海，我们医疗队员都会跟机护送，当把这些危重病人交接给当地医院后，我们再返回唐山机场继续开展救援工作。

在唐山抗震救护中，我们首先看到的是全国人民对唐山抗震救灾的大力支持。我在接转唐山市、县送来机场的重伤员的同时，看到全国各地通过飞机送来的各种救援物资，比如上海送来的毛毯、急救药品，李福来就参与这个工作，他负责搭乘三叉戟在上海与唐山之间来回送物资和伤员；我们还看到充饥的大饼，北到黑龙江、南到广东、西到新疆、东到京津沪江浙等各省市的都有，还有各种衣、裤、被、毯，使我们深深感受到全国人民力量的伟大。同时我还感受到中国人民解放军是当之无愧的第一功臣！他们全靠军用小铲和双手挖掘抢救被埋的人。不少战士双手流着鲜血，依然坚持在第一线。另外，我们从转运的重伤员的脸上，感受到他们无比坚强，无论男女老少，从未看到流泪、听到叫疼。全国人民众志成城、解放军的英勇无畏和唐山人民的坚强忍耐，使我们这些参与现场救护的医务人员深受教育。

最后，我们最想说的一句话就是：要永远牢记唐山大地震的历史教训，做好抗震救灾的防范工作，决不让唐山大地震的历史悲剧在我们中国大地上重演！

王国良：

我记得唐山发生地震那天，一位同事通知我：去北京参加针麻会。我赶到会议室坐下来一听，发现并不是针麻会，而是要参加唐山医疗救援的工作。会上领导关照我们，因为随时可能要出发，人就等在医院里面，家里也没法通知了。我回到科室收拾出两套手术室开刀衣，穿了一套，带上一套。钞票钞票没有，粮票粮票没有。我就这样和大家一起出发了。

刚才讲到压缩饼干。我记得每人是有控制量的，每一天、每一顿吃多少都是算好的，因为都吃光了就没有东西吃了。压缩饼干的味道刚开始是蛮好的，不过因为没有其他副食，吃下去肚皮也不饱。吃到后来就不行了，一看见压缩饼干就犯难，实在吃不下去，这个只有身在现场的人才有体会。

刘志仲：

当时，我们准备的抢救物资和医疗设备的用量是一个月，口粮储备是一个礼拜。所以都算着吃，每顿吃两块压缩饼干，从营养的角度来说够了。

王国良：

我们在机场时，吃的是井水，一杯水有半杯是烂污泥浆。等上头沉淀一下，捋一捋污泥，我们就把水喝了。不喝没有办法，不喝就干死了，但喝的结果是腹泻，泻得厉害，还发烧，虽然我们有药，但是舍不得吃。因为药是带给灾区人民吃的，自己就得坚持到底。我记得第一次吃到的飞机空投的食品是一种小的麻球，上海叫做"开口笑"。尽管因天热这麻球有一股馊的味道，但是因为有油水，我们还是吃了。

薛琦禄：

我接到支部书记的通知去开会，知道是要去参加唐山抗震救灾，感到非常光荣。我也是穿在身上的一套开刀服，再带一套工作服，也回不去通知家人了，就在医院里待命出发。我们医疗队所带用于救护的药品、器具等东西确实很多，7月29日早上，吴淞医院派车把我们15名队员送到了上海火车北站。

在唐山的时候，条件是很苦的。我们的帐篷是刘队长搭的，他当过兵，很会干这个。队员们几乎都遇到了身体不适的问题，轮着拉肚子、发高烧，但还是坚持在岗位上。我们平时除了在机场接收、医治、中转病人，后来还到机场附近巡回医疗，给当地老百姓看病送药。

有一次，刘队长给我们派任务，说抽调几个队员转送重伤员去山东德州，是我和王国良、邵友明、许淑云随飞机一起去的。记得机上有一名重伤员，因伤势过重，经抢救无效，在转送途中就死亡了。等我们到德州的医院交接好病人以后，天色已经很晚了，我们就被安排在空军的一个招待所里住了下来，住的是一楼。临睡前房门也关好了，灯也关掉了。那个时候余震是很频繁的。半夜里，不知道是哪一个队员做梦，突然高喊"地震啦！地震啦！"我们一下子全被吓醒了，飞快地从床上跳起来，也顾不上穿鞋子，看着门是关上的，光着脚就直接从房间窗户跳了出去！那天晚上，德州又下着倾盆大雨，我们就这样"逃"出来了，这真是我永远不会忘记的场景。

刘志仲：

德州我没有去，队员们回来都讲这件事。我们的内科副主任邵友明，是近视眼，也是半夜里跟着大家从窗台跳出来的，刚好窗台下面有个水塘，结果跌在水塘里，弄了一身泥水，把自己的眼镜给跳没了，在那里摸索了半天。

薛琦禄：

因为住的是空军招待所，第二天早上，队员们就在那里吃早饭，那里有白煮鸡蛋。我们就想到唐山的战友，这才体会到为什么叫"战友"！就想装一点鸡蛋带回去让他们分享。我们就跟招待所商量，讲明了情况，问可不可以多带几个鸡蛋回去给队员们，他们很爽快地答应了，我们真是高兴极了。

刘志仲：

我还听到一个细节。开始的时候队员们心里念着同事，但做起来都还不好意思，偷偷摸摸地藏着鸡蛋。结果邵医生把鸡蛋放在裤袋里，鸡蛋刚刚烧出来时是很烫的，隔着一层薄薄的裤袋，烫得邵医生走起路来一跳一跳的。

单凤英：

我们和第一人民医院、国际妇婴保健院的医疗队驻扎在一起。我是妇产科医生，那时候年纪小，他们医院的医生年资高、经验足，因此手术多是分给他们做。但是我们医疗队的器械设备带得多，准备得充分，药房里拿了一抽屉的药，我还带了三个手术包，所以重得背不动。后来，经常是用我们的手术包，一起来接生、开刀。我们接生的小朋友是不少的。

薛琦禄：

地震时接生的小朋友，都叫医疗队给他们起名。小女孩一般就叫"震英"，英雄的英；小男孩就叫"震海"，上海的海。现在去查一查，肯定有这两个名字的。

单凤英：

我印象很深刻的是唐山人的勇敢和坚忍。经历了那么大的灾难，基本所有幸存下来的人都失去了亲人，但是，我没有看到唐山人流泪的，他们都很坚强。

季关鑫：

我记得当时有个小孩伤情很重，要想办法从他父亲身上抽 200cc 血输给孩子，不然他是很危险的。这孩子是先送到甘肃医疗队的，他们没法解决，想着我们是上海的医疗队，医疗水平总归要高一点，就送到我们这里了。其实输血要求很高，搞不好要出人命的。前面说过我们医院与二军大野战医院的关系，所带的抢险物品特别全，我就带了一台显微镜和手摇离心机，其他医疗队多没有这个设备，所以整个检验是我做的，输血是杨浦中心医院的医生操作的。输血后，这个小孩子马上有了好转。

薛琦禄：

唐山老百姓对上海医疗队很好的，问我们是哪里来的，一听说是上海的医疗队，都说了不起，很感激我们。

季关鑫：

我记得我送过一个受伤的小女孩上飞机。这飞机是飞江苏常州的。送来机场时，这小孩是由母亲陪着的。当时指挥部有规定，飞机只载病人，不载家属。因此这个小女孩上了飞机后，按规定母亲是要下去的，因为带了母亲就要少带一个病人。那位母亲在旁边哭，很想一起去。我们看着这个小女孩，才10岁左右，一个人太可怜了，就帮着一起向空军指挥员求情，最好母亲可以一道去。负责开飞机的是一位脾气很好的飞行员，他也觉得这小女孩情况特殊，就和我们一起向上级领导求情。空军指挥员对我们上海医疗队的意见很重视，说明我们的求情很管用，指挥员同意了这个请求。我们在场的医护人员都很开心，我就马上去和这位母亲讲："上级领导同意了，你可以和女儿一起去了。"结果，令我感动的是，刚开始这位母亲恳求要去，因为女儿这么小实在不放心；但没想到领导同意之后，这位母亲反而主动下来了，她说，还是多让一个伤病员去吧。

刘志仲：

我们的救援人员也好，飞行员也好，唐山人民也好，在这个大灾难的环境里，都发扬了无私的精神品质。

沈逢英：

有一次，我送两个病人去西安，是乘直升机过去的。病人是严重的外伤，伤到大腿那里，一直在流血。我们不知在哪里找了两条毛巾，为他包扎起来。到达机场后，西安人民医院的救护车已经等在那里了。我们交接好后，就跟着直升机回来。

季关鑫：

还有就是唐山的"空投"。北方白天的天气很热，空投的馒头啊、糕点啊，都是附近省市做好的，又没有真空包装，在太阳暴晒之后就馊了。但灾区艰苦，这些东西都是稀缺品，很多人都等着拿。我记得很清楚，拿食品的人太多了，机场乱糟糟的。我们的总领队郝恩，是一位很有气派的老革命，他上前振臂一呼，指挥大家优先给妇女和小孩子。乱七八糟的人群立即就听话了。

薛琦禄：

当时条件很差，不像现在有矿泉水、方便面。在唐山一个月，我们一点菜都没吃过。后来飞机给我们运来大米、水果，生活状况就好多了。记得上海送来的东西，都是不要钞票的，统统免费。

刘志仲：

机场任务是很重的。但是应该承认，相比进入市区的医疗队来说，我们的居住环境、生活条件应该是最好的。我们回上海前，去市里看了一下，马路不是开裂，就是翘起来，瓦砾成堆，真可谓是地无三尺平，累了只能歪倚在残砖破瓦堆上打个盹。

沈逢英：

不管平时在医院里面，还是带我们到唐山抗震救灾，刘队长都是我们的书记，他处处以身作则，以军人的姿态要求我们。当时乘坐的运输机，机舱内真的很闷热，舱门打开他站在最危险的地方。一开始吃压缩饼干，口很干。我们五官科一位医生平时很活络的，他说看见机场那边的树上掉下很多苹果，晚上去捡了一点，给我们每人一个，偷偷地放在被窝里。后来刘队长知道了，很严肃地召集我们开会进行教育。还好这些苹果都没吃，大家就赶紧把苹果拿出来，还到了原来那个地方。对这件事，我的记忆很深刻。

刘志仲：

40 年过去了，你们课题组来采访，我们当年的救援者非常感动。确实要重视历史、承认历史、尊重历史，不能忘记历史。再说唐山大地震的严重程度、死亡比例，大概在世界的灾难史上也是典型的，许多经验教训应该总结。

薛琦禄：

40 年了，我们很想去新唐山看看。

李福来：

我当时是杨浦区革委会教卫组的成员。我区的中心医院和吴淞医院两支医疗队出发以后，我领受的任务一是通知区中心医院和吴淞医院领导：根据市里安排，近日要组织运送一批救灾物资去唐山，要求尽快落实；同时要求医院联系医疗队队员家属，给队员们捎上一些个人必需衣物（**当时医疗队员走得匆忙，就穿着白大褂踏上了北上的列车**），由我们统一送到唐山。二是采购食品，我带着区革命委员会的介绍信到上海市第一食品商店采购压缩饼干，当时还是很紧俏的商品呢。

我接到的押送任务也是非常紧张的。那天午饭后，领导突然通知我：赶快回家拿点衣服和洗漱物品，直接去火车站搭乘下午 2 点多的 14 次列车押运救灾物资去唐山；物资另由后勤部门负责送上列车的邮车，挂在客车车厢后面。这项工作是由市卫生局革委会直接领导组织的，十个区统一行动，各区革委会教卫组派一名人员押运，我负责杨浦区两个医院的医疗队物资押送。市里已把我们的车票都买好了，是 8 月 4 日的 14 次列车，卧铺。我们在上海火车北站上车之前，每人还打了一支预防针。车上除了我们这些押运救灾物资的人员，还有上海《解放日报》《文汇报》以及新华社上海记者站等单位派出的记者，记得有十五六人吧。

列车到了天津以后，铁路有关人员叫我们下车换乘去唐山的专列，我们下来逗留了两三个小时，坐上邮车继续向唐山进发。由于地震，路基松了，车的时速控制在 10 公里左右，还开开停停。由于烈日当头，闷罐似的邮车里既无厕所更没一滴水，大伙坐在邮车上，汗水直淌，口渴难忍。午夜，列车在一个大池塘边临时停车，我们几个男青年拎着一只脏兮兮的水桶跳下火车（没有台阶，女同志无法上下）直奔池塘打水。突然听到奔跑声和拉枪栓的声音，两个民兵边跑边大声呵问："什么人？"我们大声回答道："上海医疗队的，要舀水喝。"一个民兵回答道："不能舀，这水污染了，不能喝。因发生地震，这水塘里已经捞起了好几具尸体。"

第二天下午 2 点多钟，我们的专列终于停靠在了唐山火车站。一下车，我就吓了一跳，车站旁边的电线杆上，绑了一个 50 岁左右的老头，头戴皮帽，身穿皮袄，被捆得结结实实，已呈半昏迷状态。周围的人告诉我，这人趁火打劫，抢东西被逮了个现行。

我到达吴淞医院医疗队的驻地时，巧遇上海市救护大队驻吴淞医院救护队的老李司机，他是市救护大队派来救援的，连人带车一起来到了唐山。他说："小李，你怎么也来了？"我说："我是押送物资的，刚刚到。"他说："我现在空着没事，带你去兜一圈。"因为任务已经完成，我就乘着老李的救护车兜了一大圈。这时唐山主干道已经作了清理，不过不少路段还是只能一车通过，不能交会。一路上看到的都是倒塌的房子，建筑物损毁率达 96%，有些墙壁还没倒塌，但家具都被甩出来了，掉得七零八落，时而能看到未倒塌的残壁上还歪歪斜斜地挂着一些镜框，有浓妆艳丽的结婚照、和蔼慈祥老人的合照、活泼可爱的儿童照及全家福。当时我心情非常沉重，我想这些照片上的人有多少已阴阳两隔，这场地震毁了多少个幸福美满的家庭！

在经过机场大道时，道路两边有数不清的大土包，老李很沉重地告诉我：这里面埋的都是死尸，头两天大多是完尸，后来整尸越来越少，挖掘时碰一下胳膊就掉下来了……真是惨不忍睹。老李还告诉我，现在大部分尸体基本都被掩埋掉了，重伤员也大都转运到大城市去了。后来我听说，当时用了一个团的兵力专门挖掘掩埋尸体的大坑，毕竟死了24万多人啊！唐山地区的土质很松，我不是搞体育的，体质不够健壮，但是在医疗队驻地旁，我用铁铲一会儿很轻松地就挖了好大一个坑，可想而知一个团能挖多少坑。

一圈兜回来，在驻地碰到了杨浦区医疗队总领队郝恩同志。他跟我说："我知道你们这次是专程运送救灾物资来的，明天一早就要赶到北京乘飞机回上海了，我这里人手蛮紧张的……"我感觉到领导有留我的意思，我说："这里人手缺的话，我就留下来。"郝总队长说："这里条件很差，非常艰苦哦，你要考虑清楚。"我说："这点苦算不了什么，我自愿留下来和大家一起干，为抗震救灾出把力。"我就这样留下来了，其他区的9名同志第二天按原计划返回了上海。

这个时候医疗队的主要工作是：第一，继续转运病情恶化的伤员。第二，就地接诊。每天有百多个病号涌来驻地看病，有感冒发高热的、有上吐下泻的、有患心血管疾病的，各种病人，医疗队还为孕妇接生了几十个新生儿……这里简直就变成医院了。第三，外出巡诊。每天上午、下午各一次，为伤员换药，问病送药，安抚受伤的心灵。我们刚开始在机场附近村庄里，后来越兜越远，我曾跟着他们到了丘陵地带的农村。我看到唐山的老百姓，都很呆漠的样子，有的吊着受伤的手，有的躺在地上。一看到医疗队来了，就喊"上海医生来了，你们辛苦了"。

我还有一个体会，就是唐山人民对上海医疗队的感情真是很深。在这么困难的情况下，在医疗队撤离的前一天晚上，唐山有关部门在机场附近组织了一个规模很大的欢送演唱会，台下面坐满了人，前面是老百姓、医务人员，后面是部队官兵。这台节目非常精彩，表达了唐山人民感激的心意。第二天正式出发时，历经灾难的当地老百姓，本是七零八落很难集中的，但是他们都赶到火车站欢送我们，有几十名少先队员戴好了红领巾，敲着队鼓，吹着号子，喊着口号，让我们感动得都掉下眼泪。一直到我们的专列缓缓启动以后，他们还在那里挥手欢送。我对那个场面一直记忆深刻。

我在唐山的峥嵘岁月

——姚笃卿口述

口述者：姚笃卿

采访者：钱益民（复旦大学校史研究室副研究馆员）

　　　　刘悦安（复旦大学外国语言文学院学生）

时　间：2016 年 3 月 26 日

地　点：复旦大学附属上海医学院明道楼

姚笃卿，1934 年生，浙江诸暨人。1959 年毕业于上海第一医学院（今复旦大学医学院）。上海医科大学药学院药事管理学教授，硕士生导师兼红旗厂顾问、总工，创制新药 6 项，重大工艺改革 4 项，享受国务院特殊津贴，被评为上海医科大学优秀教育工作者、上海市优秀科技工作者。1976 年，唐山大地震发生后，作为第一批上海第一医学院医疗队队长带队奔赴唐山参与抗震救灾。

戎旅归来，求学从教

我是浙江诸暨人，1950 年在绍兴参加中国人民解放军，准备参加抗美援朝，经过战地救护及师团二级（医疗、卫生队）军药、器材供应管理培训，并任卫生员、调剂员、司药等职。1956 年由部队考入上医学习，照理该 1960 年毕业。1959 年学校准备让我去苏联留学，就把我送到复旦大学放化系学俄文及放化（放化系 1958 年成立，属于物理三系之一），有苏联专家来授课，一半时间学俄语，一半时间学习放化专业知识。学了两三个月，我们国家和苏联的关系破裂，留学计划也就成了泡影。于是1959年毕业后，我留在上医的药学系当助教，后来又调到了教务处。

"文化大革命"以前，上医分医院管理处、科研处、教务处三个处：教务处管教学，科研处管科研，医院管理处管医院。"文化大革命"以后，这三个处合并，科研、医院管理都属于教务处管，我是负责人之一，由解放军、工宣队和我共同负责（**后改成教育革命组**），但负责搞业务的主要还是我，其他人则"监督"我的工作。

当时处于"文化大革命"期间，出现了"革命委员会"这种特殊的政权组织形式，简称"革委会"。上医的革委会由各派代表构成，当时主要有两派，再加上工农兵学员代表和工宣队的解放军代表，叫"工军革"三方代表。我们学校里面是工宣队领导一切，这次救援唐山工宣队也去了一个负责人。当时我们书记跟我讲，一定要和工宣队代表搞好关系，尽量尊重他，不要在外面搞出矛盾。我跟他关系还可以，他跟我讲：老姚，这个事情我们外行，有什么你看着办。

组织安排，奔赴唐山

1976年唐山大地震发生的时候，我已经在上海工作好几年了，但爱人刚从外地调来，刚到上海安家落户，没有其他亲戚，也算当时的"新上海人"。那个时候没有电视，我有个习惯就是听收音机，特别是中央的新闻广播。"文化大革命"时期，学校的这一块地方（**即明道楼所在地，以前称中操场**）也有一个广播大喇叭。7月28日早上八九点我到了办公室，就很清楚地听到学校的大喇叭播报28日凌晨3点多唐山发生地震的消息。听到这个消息，我很敏感，知道任务来了。党委办公室告诉我，市里边通知要开会，我们党委副书记冯光已经去了；还告诉我要有思想准备。到了28日晚上大概10点钟左右，我正准备睡觉，突然接到开紧急会议的通知，让医院的领导和中层干部都要参加，并要我立即去卫生局开会。领导说出了大事情，唐山发生了大地震，死了许多人，卫生部通知上海要组织高质量的医疗队过去抗震救灾。

我们一医便以华山医院和中山医院为主组织医疗队，二医以瑞金医院和新华医院为主组织医疗队，六院和中医药大学也组织了医疗队。领导宣布了这个事情过后，就要定下带队的人。我们党委的人年纪都大了，党委书记60岁，党委副书记也60多岁了，我最年轻，42岁，党委便初步商定叫我带队。我说没问题，党员嘛，要服从组织安排。但那时候谣传上海也要地震，我爱人身体又不好，还有两个小孩子，一个8岁，一个14岁，我放心不下。党委就宽慰我，说家里的事情组织会有安排。开会过后，领导给每人发了一套衣服、两天吃的压缩饼干和一个军用水壶。当夜12点左右，我们一行人——分别来自一医、二医、卫生局，大概20人左右——就从机场乘了三叉戟飞机飞往唐山。唐山那边的飞机场是军用飞机场，我们的飞机飞过去不好降落，当时大家都挺紧张的。上面的意见是你们一定要为灾民着想，要不怕牺牲，去克服困难完成任务。

我们去那边主要是去给当地指挥机构打前站的，负责安排分工。一到唐山，那边的人就和我们卫生局的领导商量，商定后再由卫生局给我们几个负责人布置任务，当务之急是安排好赴唐山的救援人员的分工。几天过后，卫生局又跟我商量，要再安排一些人去丰南，因为听说丰南地震比唐山还严重，尽管死的人没唐山多——那个地方小，是个县城。我们考虑不能把华山医院和中山医院分开，当时华山医院以脑外科为主，中山医院以心血管外科为主，都不是综合医院，而救援丰南的时候，最好各种科室——眼科、脑外科、胸外科、骨科等都有。卫生局也同意我的意见。我到丰南看了一下，就每个科室都分了几个医生护士过去。丰南那时有一些人还活着，虽然没死，也受了伤，惨得不得了。

那个时候我们指挥部设在唐山飞机场上的帐篷里。营地里一直都有人来回搬运伤员进行抢救，大家的积极性都很高，没人说一天要排几班，都是干得累了再回来休息一下，有车子又再去。当时不像2008年四川汶川地震抢救时条件那么好，什么都没有，就靠人、靠解放军。有的解放军非常感人，徒手挖掘伤员，挖得满手是血。

医疗队的车走了过后，我就留在营地接市里的电话。这样大概两三个礼拜后，我接到通知，说当地能救的群众基本都救出来了，接下来要办一个医院，叫抗震医院。我们的任务是在玉田县搞一个抗震医院。我先到那边和当地的县政府商量，计划在一个中学大操场上建个医院，又考虑建医院具体怎么办，需要多少张病床，病床怎么弄。那个时候困难很大，操场和我们这里当时的中学操场相似，很挤。玉田那边芦苇特别多，我们都用芦苇席子——医院的顶棚也用芦苇搭起来，医院就这样简陋地建起来了。医院大致建好了，手术室怎么办？由我负责筹备。我先跟医院的人商量，告诉他们首先要准备棉被、垫子；然后再跟卫生局联系。卫生局叫我回上海，在上海解决这些物资。我就又坐飞机回上海，卫生局让上海所有的大医院拿出棉被、枕头、垫子。抗震医院算是搭起了架子，但条件还是很艰苦。我们把芦苇棚用棉被和布隔开，钉起来，就在布棚里动手术。手术室灯不够亮，再用三节手电照着。我还记得有一次医生在抢救病人时，遇到病人的心脏不跳了，他们进行开胸胸内心脏按摩，把病人又救了回来。当时让人感动的事情非常多，报纸也有报道。

9月底以后，大家最怕着火。唐山不像上海，那里9月中旬以后，天气就转凉了，需要烤火。北方人要搭煤炉，支一根铁管子通出去作烟囱，要是一个火花从烟囱里掉到芦苇上，就会烧起来——芦苇这个东西是易燃的，一碰，就着；火烧连营，后果不堪设想。我最担心的便是火烧着伤病员，甚至连这块地方都一齐烧掉。怎么办？我们就想办法，采取24小时值班的制度。我们还挖了一口深井，水很少，但也是一种心理安慰，万一烧起来了还可以汲水救火。

上海第一批去唐山救援的人员，差不多一个多月后就回上海了。我留在当地的时间最长，因为接我班的一个老干部，年纪比较大，生病了。党委跟我做工作，说你再坚持一下。所以第二批的医疗队来了以后，我还留在当地，直到 10 月中下旬我才回到上海，前后在唐山和玉田待了差不多三个月。

抗震救灾，安抚群众

唐山很多楼房都是五层。我们到唐山的时候，看到好多人挂在窗上，有的已经死了，有的还在爬，想爬下来。解放军和当地救护队就设法把他们救出来，然后由我们医疗队在比较空的地方进行抢救。有的伤员手断了，该止血就止血，拿止血棉花压在血管上，还要注意及时放开，否则容易组织坏死；有的给他们截肢，因为拖久了会危及生命。截肢还要用乙醚麻醉。需要截肢的地方我们一般都会给他多留一点，便于以后生活。我们医生水平都很高，中山医院的胸外科是全国最有名的，华山医院的脑外科也是最好的。我是能干就干，他们抢救我也帮忙，反正不管我做得怎么样，总归比不做要好。当时只想着救活一个人是最大的幸福，没空去想自己家里的事情。运输病人的时候，就用解放军的汽车。汽车没有篷，夏天的烈阳下，只好靠四到八个人把棉被拉起来防晒，让病人尽量不要在路上被晒死。

唐山尸体堆积很多，腐烂后散发出很重的臭味。我们当时也担心，如果暴发传染病怎么办？这个主要靠喷洒药水，将各种防疫药装在喷雾器里，一天得喷三四次。那时相当重视防疫，唐山死亡 20 多万人，在天气这么热的情况下还没有引发大规模的传染病，正得益于此，这也是我们很成功的一个防疫经验。

我们还做了很多思想安抚工作。大地震过后，基本上每户家庭都有伤亡的人，有的爱人死了，有的小孩死了，非常惨。有的女同志就不想活了，她说：你们不要救我，我小孩死了，丈夫死了，你留我一个人在这里干什么？我们给她输血，她自己会把管子拔掉。遇到这种情况我们就要开导她。还有一种是夫妻失和。地震前夫妻关系蛮好的，地震的时候丈夫不像男人，只顾自己跑，不顾老婆和小孩，小两口就闹矛盾，出现了很多家庭纠纷。有一个妻子不想见丈夫，丈夫跪下来求她也不见，说你既然不要孩子，我也不要你了。我们也是做工作，去和丈夫谈，有的一谈就承认错了，有的是因为胆子小吓晕了。后来撮合好的也有，离婚的也有。还有一种情况是家庭分散。当时火车站救伤员的车很多，伤员被医疗队救出来过后，有的送到了天津，有的送到了北京，一家人就此失去联系，都不知道在哪里。我们还要帮助他们打听家人消息。

唐山天气热，卫生得不到保障，饭上密密麻麻都是苍蝇；水也没得喝，只能用棕榈皮再加上小沙子小石子来过滤水，过滤后加点消毒剂。在这样的条件下，很多人拉肚子。当时就用一种叫痢特灵的合成药，化学名呋喃唑酮，这是那时治拉肚子最好的药，吃一两片马上就不拉肚子了。在"文化大革命"中去世的我国著名药理学家张昌绍教授，就是陈冲的外公，给我们上药理课提到用痢特灵治拉肚子又便宜又好。那个时候上海还只有我们上医红旗药厂生产痢特灵。红旗药厂正好是我参与搞起来的，是校办厂（**现在已并入复华药业公司**），当时痢特灵的需求量很大，我曾专程回上海联系，让红旗药厂三班倒生产痢特灵，给救治病人作出贡献。现在基本不用痢特灵了，因为有副反应，会引发皮疹。当时，痢特灵可是我们上医为唐山的抗震救灾作的独特贡献，当年生产痢特灵的车间就在明道楼北面。

生活困难，尽力克服

当时生活相当苦，最苦的就是没水，缺到什么地步呢？上海给我们的浓度为95％的酒精，消毒能力不强，需要稀释到75％才能用，但连稀释酒精的水都没有。后来我跟上海卫生局打了招呼，说你要直接给我们75％的酒精，我们才好使用。所以当时水的紧张程度可想而知。每个人每天只供给一壶水，大热天还要洗澡，困难更大。基本上没有剩的水喝。七八月的唐山，中午热得不得了，连洗脸的水也没有。我们提了意见过后，解放军把军车开来给我们送了些水。送来的水也是有限的，需要排队去领，每人一桶，我一个人能提两大铁桶。衣服依旧没法洗，唐山当地提供了一大堆工厂里的工作服，脏了就扔下集中解决，再拿新的去穿。

饮食方面，只能吃压缩饼干。开始觉得压缩饼干很香很好吃，两天以后就不行了，闻到味道就吃不下；时间久了唐山的咸萝卜干也变得难以下咽。其实医生们要求也不高，能吃点泡菜、稀饭就好。我就跟上海市卫生局提出来，能不能想办法给我们改善一下饮食条件？卫生局来考察过后，也不知道怎么办，毕竟唐山这个地方那么热，东西寄过来也坏掉了。后来我动了动脑筋，想到了上海的豆腐乳，物美价廉。卫生局便给我们寄来了一大批豆腐乳，我们给每个医疗队发一大坛豆腐乳。医生们都吃得很开心，说"老姚谢谢你，这个比肉还好吃"。

还有一点就是当时通信很困难，整个唐山都没电，电话局也没了，如果遇上紧急事情要打电话，只能用解放军的电话线。但也不是所有人都能用，需要我先去跟解放军商量，而且也不能经常去麻烦他们，因为电报不好发。当时谣言太多了，说上海也地震啦，有上海学生因为地震时自保跳楼摔伤啦之类的，听得人心惶惶。我们医疗队主要就是担心家里，想打个电话回去问问。我还算好，回过两趟上海，落地就去中山医院和华山医院。他们都认识我，就问我唐山的情况怎么样，担心那边有余震。我说一切都挺好的。

唐山早晚的温差特别大，早上 10 点到下午三四点非常热，没有地方躲太阳；到了晚上又很冷。我们上海人很不习惯这种天气，很多医生因为感冒引发了心肌炎，我们医疗队就有五六个；还有医生从此落下了病根。

生活这么苦，有一点好就是我们的思想好，能吃苦。去的同志大部分是党员，因为党员得带头，在群众中起表率作用。

虽然只在唐山待了两三个月的时间，但是这个艰苦的生活给我们的考验特别不一样，是一种锻炼。我外孙女在美国写了一篇《我的外公》，让我慢慢回忆当时地震救了多少人，我做了些什么，不然我也想不起来这么多细节。

1976 年：永久的记忆

——杨正朝口述

口述者：杨正朝

采访者：盛玉金（上海市第六人民医院院史编纂办公室主任）

　　　　殷　俊（上海市第六人民医院党委办公室人员）

　　　　江荣坤（上海市第六人民医院院史编纂办公室人员）

　　　　屠一平（上海市第六人民医院院史编纂办公室人员）

时　间：2016 年 5 月 17 日

地　点：上海市第六人民医院教学楼 502 会议室

杨正朝，1951年生，高级政工师。曾先后担任上海第六人民医院麻醉师、人事处副处长、监察审计室主任、党支部书记等职务。1976年作为首批上海医疗救援队队员，赶赴唐山参与抗震救灾。

接到出征命令

记得1976年7月28日那天上午，我们接到医院医务科的通知，说有紧急任务，上级要求马上组织救援医疗队。医疗队由党委常务副书记陈高义带队，共31人。由于当时消息比较闭塞，医院领导层也不知道发生了什么，只是说可能在北京附近发生了地震。医院为我们每位队员准备了一个被套、一条床单、一个军用水壶、两斤压缩饼干等，每人还要携带一些药品、医疗器械。医院规定我们那天不能回家，在医院待命。在医院吃完晚饭后，我们还没接到上级要求出发的通知。医院就组织我们进行"实战"练习，像解放军行军拉练那样，每人背着沉重的行李，在南大楼前的草坪上练习跑步。当天晚上我们全体队员睡在老医院行政楼地板上，随时准备出发。

第二天凌晨 5 点左右，急促的电话铃声把我们惊醒，我们意识到那是要出发的铃声了，大家一骨碌爬起来，早饭都没吃就排着队出发了。乘车到了当时的上海火车北站后，大家都低着头急匆匆地上了火车。不一会儿，火车就开了，大概到了早晨 6 点半，火车上的广播报道了唐山、丰南一带发生地震的消息，这时我们确定参加救援的目的地是唐山了。

赶赴唐山途中

在火车上，大家情绪高涨，医疗队员们都纷纷表决心，要在关键时刻经受住考验。当时我入党还不到一年，也向党组织表示要在抗震救灾中经受党组织的考验，为灾区人民多作贡献。火车开到天津附近时，受余震的影响，只能开开停停。到天津后，我们又转车到天津的杨村军用飞机场，这时已经是 7 月 29 日上午 10 点钟左右。机场周围的山坡上已经坐满了全国各地参与抗震救灾的医疗队员。一路上乘车、候机确实也很疲劳，好不容易等到傍晚 7 点钟左右，我们医疗队才上飞机。由于跑得比较急促，我们带的一些碘酒瓶、酒精瓶不小心给打碎了，大家都很心痛，因为那是好不容易从上海带来的救灾药品啊！

那是我第一次乘飞机，我感到很新奇，所以看上去比其他队员精神状态要好。上飞机后，我和手术室的护士宗武兵换了个位子，坐到了靠近飞机窗口一侧（**因宗武兵父亲原来是上海警备区副司令员，她乘飞机的机会很多**）。往窗外看去，唐山已经是一片废墟，太惨了。飞机飞行了半小时左右，就降落在唐山机场了。这时天也渐渐暗下来了。一路上，我们感到又累又饿，吃了点干粮、喝了点水后，就在机场的水泥地上露天而睡了。当时有一个内科年长的女医生觉得很不习惯，想找一个舒服一点的位置，怎么也找不到，还说她怎么找来找去都睡在男人堆里，引起了大家一片笑声。

第二天清晨，大家被较强烈的余震震醒，女同胞发出阵阵尖叫，余震时大家觉得自己好像睡在筛子里，被筛了几下。飞机场没有自来水，很多队员只能在机场旁的长草上用毛巾甩几下，沾草上的露水来洗洗脸。大队部发给我们医疗队半斤食盐，由于汗水流得多，要补充些盐分，因此队里给我们每个队员的军用水壶里放了少许盐。有时倒盐的时候不小心把盐撒在地上，我们有些队员还在手指上蘸些唾液，把掉在地上的食盐粘在手指上，放到嘴里。领导说，进了唐山后可能更没有水了，要求大家做好思想准备。后来大家在机场找到了一口井，把队里带来的塑料盆、塑料桶、锅子等容器都装上备用井水。领导还说，实在没有水的时候，大家只能把小便也留着，还要求我们压缩饼干也要省着点吃。

初见唐山景象

7月30日上午，我们离开唐山机场，乘大卡车前往目的地，一路上看到的景象真是惨不忍睹，马路两旁堆满了尸体，马路上都是一堆堆的瓦砾，高低不平，有塌陷的，还有开裂的，大卡车只能颠簸着慢慢行进。马路两边的房屋几乎全部倒塌，部分未完全倒塌的房屋上甚至悬吊了尸体。一路上，路况不好，卡车颠簸，我们在机场上装满的井水除了喝掉的那一些，已经所剩无几。好不容易到了目的地，只见所谓的工作场所，实际上也是一片废墟，也就是说我们要在这片废墟堆上建立一个诊所，救治伤病员，而我们都是赤手空拳，因此工作难度可想而知。一路上，我们看到的唐山灾民都很坚强，没有一个哭哭啼啼的，他们都勇敢地面对地震这个严酷的事实，甚至相互之间见面时还有开玩笑说"你还活着啊"等等。我们听当地的灾民说，唐山地震太惨了，死的人比淮海战役还多，解放军是吹着冲锋号进唐山救援的。由于唐山地震后天气炎热，雨水又多，尸体腐烂了，我们亲眼看到过解放军挖出来的很多尸体都不是完整的，真是惨不忍睹。

参与医疗救援

在唐山参与救援时遇到的危险和面临的困难，说实话，只有经历过的人才知道，是常人难以想象的。真不敢相信，那里竟是我们将要开展救援工作的地方——明明是一堆高低不平的废墟呀。遍地是腐烂发臭的尸体，我们根本没办法给伤病员治疗。但是，我们没有被这特大的困难吓倒，大家动脑筋，想办法，有条件要上，没有条件创造条件也要上。队里决定要在那里建一个"露天诊所"。要建诊所，必须改变一片废墟的现状。大家说干就干，有的清理场地，有的搬运尸体。我自告奋勇参加了搬运尸体的队伍。

当然说说容易，做起来可不容易了。由于地震后经常下雨，我们四个人抬一具尸体，非常沉重。有时把尸体搬放到一个地方，但离当地老百姓临时居住的地方近了，老百姓有意见。经过商量，我们选中了附近一所尚未完全倒塌的中学内的一个篮球场，准备将尸体搬运至篮球场上。在搬运尸体的过程中，由于要翻过一个较高的废墟堆，抬尸体时前高后低，一不小心，在后面抬尸体的两人身上搞得满是污水。其间，我们搬了无数具尸体，身上也沾满了无数脏水，好不容易才把尸体搬运到远离"诊室"的地方。

尸体是搬走了，但是诊室没有桌子、椅子也不行，怎么办？这时，我们又想到了这所中学。这所中学地震时虽然没有完全倒塌，但也已经是摇摇晃晃了，稍有余震，随时都有倒塌的可能。怎么办？大家感觉到考验的时候到了，纷纷表示要发扬不怕苦、不怕累、不怕牺牲的精神。我们看着教室里的那些桌子、椅子，进行了精心的安排、布置和分工，明确了每个队员的职责，哪个队员搬哪张椅子，哪两个队员搬哪张桌子等。当每个人的任务明确后，"一二三"一声令下，队员们几乎同时以最快的速度冲进教室，以最快的速度把桌子、椅子搬了出来。看着这些桌子、椅子，队员们都露出了胜利的微笑。

记得后来队里给医院写过一封信，医院将其发表在上海的报纸上（**具体哪个报纸记不得了，可能是《解放日报》或者是《文汇报》**），标题是《**给医院党委的一封信**》，报道中还表扬了我。信中汇报了我队参加抗震救灾的情况，其中有一段大概意思是：共产党员小杨，虽然个子小，但干的活比大人还多（因为当时我的体重仅83斤）。我想我能干这些重体力活，得益于我曾经插队落户得到过磨炼。就这样，我们搭建起了一个"露天诊所"；后来又想方设法搭建了一个棚，以防日晒雨淋，以便更好地为灾民服务。

开诊后，来看伤病的灾民络绎不绝，由于队里当时携带的药品有限，我们只能对很多伤病员改用中医针灸治疗。但是一部分有伤口的病人还是必须用药物治疗，为此，大家群策群力，出主意，想办法。当时有人提出，唐山震倒了这么多房屋，一定也会有倒塌的药房。队里决定由金三宝和我，还有黄雪珍医师（**当时是我院的五官科医师，后离开我院在华师大校医院任五官科医师**）想方设法去寻找药品。在当地群众的帮助下，我们终于在驻地附近找到一所已经倒塌的药铺，走到那里一看，房屋基本倒塌，很难进去。沉重的屋顶、房梁压着药品，但如果把里面的药品抽掉，会进一步加剧房屋的倒塌。

想到灾民们急着要用药，我们不能空手而归呀！为此，我们商量决定，必须进去，这也是对我们的考验。药铺里面人是无法站的，只能像猫一样弓着腰进去，有的地方还得爬进去。到了里面一看，液体类的药品如500cc的葡萄糖、生理盐水等都已经没有了，听说是因没水喝被老百姓拿走了。在找药过程中，我们每抽掉一箱药，上面就有一些碎片掉下来。好不容易找到一些急需药品，走出药铺时，我们腰都直不起来了，头上、身上沾满了灰尘及垃圾碎片。虽然很苦、很累，冒着生命危险，但我们心里还是甜滋滋的，至少这些药也能解决一些燃眉之急，为灾民多作些贡献。我们这些苦和累也算不了什么！

克服各种困难

在唐山，要说救援时的艰苦生活，可以说衣食住行、吃喝拉撒等都是摆在我们面前的严峻问题，但我们都一一克服了。

艰苦生活之一：住宿。

第一天到唐山所谓的工作场所，我们 31 个队员，大队部只分配给我队两顶帐篷，由于队员中女性多，男性少，因此一部分女队员只能睡在男队员的帐篷里。队里后来将一部分年纪大的、结过婚的女队员安排在男队员的帐篷里，毕竟是酷暑天，带来了诸多不便，但我们还是一一克服了。由于当时华国锋总理和陈永贵副总理在唐山飞机场指挥抗震救灾，要求将重伤员转送到北京或河北省医院治疗，我们队到工作场所的第一天晚上，我便被安排跟着两位解放军外出巡视病人，发现重病人就发转院通知。实际上我不是一个临床医生，不过凭着自己在医院"721"大学提高班实习学到的一些知识，我也开了三张转院单（**在一张纸上写上：伤重，转院。——上海医疗队**）。我们回到驻地时已经是深夜，队员们都睡了。可能是累了的关系，我倒头便睡，一觉醒来竟找不到我的海绵拖鞋了，一看帐篷搁板下面已是一片汪洋，原来头天晚上下了一场暴雨，我都不知道。

艰苦生活之二：用厕。

在唐山，最大的困难还要数上厕所。当时的唐山已是一片废墟，根本没有厕所。女队员就更不方便了。就是晚上露天上厕所也得小心翼翼，因为经常会碰到当地民兵巡逻，他们手电筒一照，吓得人够呛。后来我们的领队陈书记搞了一个粪桶当马桶。第二天，他带着男队员沈金德带头倒马桶，这事感动了大家，黄雪珍等女队员都纷纷争着倒马桶。好在后来我们的亲人解放军来了，搭建了临时厕所，我们总算也"解放"了。

艰苦生活之三：用水。

在唐山用水很紧张，大热天没有水怎么行？有一个当地的老先生自称曾是"老红军"，说可以带我们去找水源。我因个子小没有被选上。后来队里派了几个相对"人高马大"的男队员，拿着塑料桶等容器去运水。到了目的地一看，原来是一个水库，队员们见了欣喜若狂。由于几天没有洗脸、洗澡、洗头，看到这么多水，大家都想洗洗头，于是一个队员低着头，另一个队员提着水往他头上浇，就这样洗头。当地有个民兵用枪指着我们的队员说，不许这样洗头，吓得他直发抖。这时那位"老红军"马上过去打招呼说：他们是上海医疗队的，已经几天没用水了。那个民兵说，医疗队也不行，现在水这么紧张，不允许这么用。当时水确实很紧张，有时候消防车装来了一车水，当地老百姓马上排着长队去盛水，而我们的队员也不好意思和老百姓一起去"抢水"。

后来我们又打听到离我们住所两三条马路的地方有地下水。当时，我也加入了取水的队伍。说是相隔两三条马路，实际上也都是在高低不平的废墟堆上走。到了那里，我看到马路上面裂开了一条大口子，只能容一人钻下去，下面可以看到像小溪一样流动的水，听说这原来是唐山煤矿洗煤用的水。在下面用水的人很多，有洗衣服的，有取水的，实际上这水是很脏的，上游洗东西流下来的水是脏水，可下游的人又取回去吃了。由于这里的水流很浅，不能用水桶、脸盆直接舀上来，只能用小茶杯一小杯一小杯舀了倒入水桶或脸盆内。好不容易把水都舀满了，但在严重高低不平的废墟上摇摇晃晃地回到驻地时，最多也只剩一半水了。

几天后，我们正在那里取水，突然一个余震，上面的砖块往下掉，下面取水的人马上站起来往洞口钻，我也往那个洞里钻，由于洞口小，结果没有一个人能钻出来。从安全考虑，我们总领队陈书记决定不去那儿取水了。后来我们在较远的地方又找到一口深井，每天排着队到那里取水。

艰苦生活之四：煮饭。

要是在平时，烧饭并不算一件很难的事。但是在地震现场，31人一日三餐，在露天作业、整个城市处于瘫痪的情况下，却并非一件容易的事，正如俗话所说的"巧妇难为无米之炊"啊！地震后，那里是要水没水，要米没

71

米，要菜没菜，要电没电，要火没火。一次，我们的队员走过一片番茄地，奔过去想摘几个番茄带回来炒菜吃，执勤民兵就向天鸣枪了，吓得他马上退回来。说真的，现在回忆起来，也感到后怕，想象不出我们当时是怎么挺过来的。好在我们的总领队陈书记后来联系上了部队炊事班，在那里搭伙，总算解决了吃饭难的大问题。

艰苦生活之五：更衣（**无换洗的衣服**）。

由于我们接到组建医疗队的通知时，连院方都不知道去哪里救援，而且接到通知后又不能回家，所以大部分队员都没带换洗的衣服。唐山地震后，天气异常炎热，雨水又多，加上洗晒都成问题，有时我们一件衣服要穿好几天。所以我们只能整天穿医院带来的工作制服——白大褂，如天气下雨，衣服还换不过来。

好在来唐山参加抗震救灾的解放军 38 军 338 团的领导知道我们的情况后，给了我们每个队员发了一套军装，这真让我们喜出望外，大家非常喜欢穿军装，都高兴极了。事后我们才知道 38 军 338 团的副政委是毛主席的女婿孔令华（**李敏的丈夫**）。我记得当时发给女队员的军装也是男式的，晚上女队员们都把裤子的前门襟给缝上了。

我们快离开唐山时，陈高义书记要求我们把军装洗洗干净，晒干后用纸写上名字，统一还给部队。说实话，大家都很喜欢这套军装，很想留下来作个纪念。但队里已做了规定，最后，大家都只能依依不舍地把军装还了。听部队里的人说，总后勤部都有规定的，给老百姓的东西是不准收回的。1976年 8 月 23 日，我们告别了唐山人民、告别了亲人解放军，回到了家乡上海，回到了六院；过了一周多，部队又将这批军装托运到了六院，发给了我们——真是让我们感动万分！

难忘抗震救灾经历

我所在的救援队是上海首批赴唐山抗震救灾医疗队，第二批救援队到唐山后，我们于 1976 年 8 月 23 日离开唐山回上海。赴唐山抗震救灾之前，我是六院"721"大学提高班的学生，当时正在心电图室实习，回沪后继续实习。

对我们这些曾经参与过救援唐山大地震的人来说，唐山经历真是让人感慨万千，虽然伤痛无法抹平，但人类面对灾难时所展现的公而忘私、患难与共、百折不挠、勇往直前的精神却得到了永恒的传承。参与救援唐山大地震时，我只有 25 岁。虽然 26 天的经历是短暂的，但却让我一生都难以忘记，至今很多细节我都记忆犹新。说实在的，我一直为一生中能有这段经历而感到自豪与骄傲！我们是唐山地震后的首批抗震救灾医疗队！

回忆唐山大地震救援

——徐展远口述

口述者：徐展远

采访者：周　炯（上海市儿童医院退管会主任）

　　　　罗　华（上海市儿童医院党办科员）

时　间：2016 年 5 月 20 日

地　点：上海市儿童医院北京西路院区 2 号行政楼 310 室

　　徐展远，1956 年生，中共党员，上海市儿童医院泌尿外科主治医师。1976 年唐山大地震发生后，作为第一批上海医疗队员，赶赴唐山参与抗震救灾。

　　时间过得很快，唐山地震已经过去 40 年了。唐山是很有特色的城市，有很多特产，有全国最大的煤矿，也是北方的陶都，还有电厂。但是我们去的时候看到的唐山，已经是一片废墟。那个年代信息传递比较慢。我清楚地记得 7 月 28 日下午我还在政治学习，在集体读报。突然，支部书记接到通知说有政治任务，但大家都不知道是什么样的政治任务。支部书记回来给我们布置，有政治任务要组队，但大家都不知道去哪里。书记让我们三小时后到大礼堂集中，其间，我们可以回一次家带一些换洗衣物及准备简要的手术器械、绑带之类的。当时我以为是有战争发生。名单出来后，点到名的那一部分人就回去准备了，不知道发生了什么，所以准备工作也没有方向。

　　儿童医院当时医生比较少，主要还是进修医生。当时要选择政治条件相对过硬、家庭关系简单一些的同志，因为大家都觉得是非常重要的政治任务。我接到通知后就马上赶回家，当时家里人都在上班，我带了一些随身衣物，在家里挂的小黑板上给家里人留了言，说有政治任务要出去一段时间，但去什么地方不知道，什么时候回来也不知道，然后就回到了医院。当时我感觉很兴奋，没有一丝恐惧，对于这样重要的任务很期待。我当时是骨科医生，准备了绷带、夹板等相关的手术用品后，就在办公室里待命。当天晚上我们就睡在医院大厅里，因为是政治任务，非常光荣，所以大家都争着要去。我们紧张是怕不让我们去，有的人没有争取到还不太高兴。

到了晚上9点多钟，医院的领导去卫生局开会，我们当时还有两三个人搭着医院的小吉普一起跟了过去。领导开会我们在外面等消息。在卫生局开完会之后，我们睡了一觉，那个晚上也是辗转难眠。第二天早上五六点钟，公交车送我们到火车北站。当时出发的有两列火车，卫生局组织了一列车，各个区的卫生系统都有医疗队参加。我们出发时还并不清楚是发生了大地震。火车开一段时间之后，才从列车的广播上得知唐山发生了大地震。当时交通条件很差，火车开得很慢，开了二十四五个小时。当时从天津到唐山的那段火车轨道已经损坏，火车到天津后，我们转车到了郊区的杨村机场。大家集中起来待命。当时通信也断了，飞机起飞时靠对讲机和地面通信。杨村机场是个军用机场，起飞得很快，几分钟起飞一架。不光是我们，还有全国各地的医疗队、部队，抢救的物资也源源不断地往唐山运送。

我们都在机场待命，当时的天气非常热，三十八九度的高温，根本没有地方能避开阳光，帐篷里比外面还要热。我们只能在飞机机翼下面避开阳光直晒。大家还在一起政治学习，读毛泽东语录、读文件、读报等。

我们一起去的人员中，除了领导，还有各个科室的工作人员，有内外科、麻醉科、药房、化验室、党办、工宣队，军宣队当时已经没有了，大家组成一个团队。工宣队对我们帮助非常大，除了政治领导，还做后勤保障、烧水烧饭等工作。

我们30日到达机场，31日早晨才进入唐山，进去主要靠飞机，公路都坏掉了，铁路都变形断掉了。我们坐的那种运输机，是从屁股后面打开的，里面有两排长板凳。我们从机场带了一些水果，还带了一些水。

唐山当时已经是一片废墟，飞机降落到300—500米高度的时候，我们就闻到很严重的恶臭，从来没有想象过的臭味，主要是尸体腐烂的味道。地震发生时唐山正在下大雨，大雨之后连日高温，尸体腐烂得很厉害，整个城市已经被污染了。路上很多人都戴着防毒面具。经过一两天的适应，我也不想那么多了，将全部精力投入抢救之中。

唐山完全是战争状态，一片废墟，车子一路开过去，能看到的全是瓦砾、废墟，几根电线杆和几棵大树，没有一幢好房子。我们车子前面由解放军部队开道，有的地方部队都还没进去。唐山是个中等城市，当时一百多万人口，后来报道说死亡人口 24 万多，重伤 16 万多，非常惨烈。当时没有思想上的准备，这个情景超过我们的想象。我们在进唐山市之前，每个人都写了决心书，虽然对里面的情况也不了解，但做好了一切准备，包括牺牲生命的思想准备。

真正进入唐山之后，惨烈的景象让人震撼，毕竟我们生活在大城市，在和平环境中成长，一时之间是非常难以接受那样惨烈的景象的。唐山钢筋结构的建筑很少，两三层的房屋斜塌得非常厉害，而且人口密度很大。我们所去的小山街道，就像我们上海的城隍庙，非常拥挤，所以被压伤、压死的人很多。

解放军部队在前面开道，我们医疗队的卡车跟在后面。到后来车开不进去了，我们就下车走进去。虽然医务人员死亡见得不算少，但是当时场景之惨烈是完全超过我想象的，眼睛所到之处，只要有空地的地方全部堆满了死尸，马路上横一具接一具的死尸，房顶上、墙上挂着胳膊或人腿。

我们到达目的地之后，当地的街道工作人员及部队的同志接待了我们，部队的同志都随身携带枪。我们先找一块空地驻扎下来，毕竟，要抢救病人的话，首先得有个地方。我们只能将尸体暂时推到旁边，空出来一块地搭一个大帐篷。我们二十多个人，先用消毒水喷洒。当时消毒水及塑料布居多，解放军帮忙将一个帐篷支起来。天气非常热，帐篷里面也非常热，我们男男女女晚上都住在那个帐篷里。

当时条件非常艰苦，没有东西可以吃，只有压缩饼干，非常难吃，也没有水可以喝，河里的水散发着一股恶臭味。好几个人都生病发烧了，也就是有中暑的情况，就算再热我们都只能在屋外。重伤病人用担架抬着送了一些出去，但不像现在转运得很快。

我们主要诊治那种搬不动的病人，或是继发病人。当时尸体实在太多了，走在外面一不小心就会碰到尸体。很多尸体家属认领回去了，他们在自己家房屋的废墟上面挖坑掩埋尸体。部队在挖，老百姓也在挖，每家搭了一个塑料棚。

我们去巡回医疗，在瓦砾堆屋顶上找帐篷。我们分成了几个小组，分工分片区地跟着解放军去找还活着的人。我们遇到最多的是拉肚子的病人，外伤患者也特别多。找到伤员以后，我们就地进行包扎、止痛、消炎处理。

外出巡回医疗

救治病人时，一个家属跑来跟我们说，有一个病人，三天多了，一直没有医生去看过。一听，外科、麻醉科的医生都赶紧赶了过去。那是一个四十多岁的女同志，非常胖，二百多斤重，三天就一直趴着翻不动身，腿受伤了，伤口在腹股沟，稍微一动就疼痛难忍。麻醉师给她打了一针杜冷丁，不行，还是止不住痛，只能再打一针，然后我们几个人齐喊"一二三"才合力把她翻了过来。她大腿根部有个二十多厘米长的伤口，肉都翻在外面了，翻过米之后，我们外科医生马上对伤口进行了清创、缝合、包扎。家属当时非常感谢我们上海的医疗队。这件事给我的印象也是非常深。

还有一个非常可惜的病人，是个二十六七岁的体育学院青年教师，个子很高，地震时他被压时间超过了 24 小时。他爬出来之后就马上去挖别的人，挖出来了十几个人，这个人真的是个英雄。但是过了几天，他自己不行了，我们去的时候，发现他是挤压伤综合征，人来得比较晚，已经没有小便了，当时没有条件血透，用了大量的药也没有抢救过来。他救了十几个人的命，是个英雄。小青年力气很大，将人一个一个挖出来，当时他没有感觉到自己的身体不行，四五天后就过世了，非常可惜。

当地的老百姓也非常让人感动，非常坚强，我们在唐山几乎没有听到哭声。几乎每家都有人死亡，但是唐山人民很乐观地面对这样的天灾。人们见面相互说："呀！你还活着！"乐观地面对生活。唐山的老百姓真好。

然而，当我第二年过春节再去唐山时，很多人因为非常想念家人，捱不住，就哭了。唐山大地震是在短时间里有大量的人死去，大量的房屋倒塌，这对人的心理冲击是很大的。唐山人民承受住了这种冲击，他们非常伟大。

当时条件确实太差，非常艰苦。地震之后下了非常大的雨，无电、无煤气、无灯，一般的小手术用矿灯，三个矿灯扎在一起使用。我们晚上出去都非常害怕踏到尸体，晚上去巡回医疗也都是集体出去。医疗队的工作人员都住在帐篷里面，帐篷四周都是尸体，里面都是苍蝇，苍蝇都是从尸体上来的。我们用消毒剂在帐篷里喷，再用簸箕把苍蝇铲出去，每天如此。我们当时只有压缩饼干吃，喝河里发臭的水，吃一口呕一口，军队的压缩饼干太难吃。当时工宣队就给我们打气，一起喊口号："下定决心，不怕牺牲，排除万难，争取胜利。"毕竟吃了才有体力支援灾民。

当时解放军让医疗队将苹果带给灾民，规定医疗队的不可以吃，所以没有一位医生吃这个苹果。出去巡回医疗，苹果都是带给灾民。因为没有水，几天都不能洗澡，不能刷牙，在天气 38℃—39℃的情况下，衣服上都是白花花的盐。有一天凌晨两三点，下起了雨，我们都非常高兴地起来接水，洗衣服，把所有能装水的东西都装满。

当时也没有地方上厕所，男同志就在墙角边方便。有一次我去上厕所，找一个墙边，翻过墙去，突然看到一具尸体，"哎哟"，真是吓人一大跳，主要是没有思想准备。我们经常遇到这样的情况。女同志就只能用塑料布围起来，晚上要上厕所的话都要集体去，非常害怕踏到尸体。

还记得有一次，从死人堆里突然跳出来一只鸡，当时一点思想准备也没有，只看到尸体突然间动了，吓得人魂都要丢掉了。

解放军38军帮我们改善了很多条件，他们挖到的东西给我们派上了用场：挖到商店里的白酒，我们用于消毒，还将白酒倒到口罩上面，这样味道稍微好点儿，因为外面实在是太臭了；还曾挖到过医院，我们就用医院里的葡萄糖或是药来救助灾民；挖出来其他有用的东西也会送到医疗队。

有件事印象非常深，是我这一辈子都不会忘记的。解放军给我们送过两小锅的白米粥，我们三十多个人，虽然每人只分到一点，但那却是我这辈子吃到过的最美味的食物。

解放军纪律严明，处于军事状态。有一次一名士兵在挖的过程中不小心将尸体的头部铲了下来，毕竟当时尸体实在是太多了。当时的解放军领导将这个小兵痛骂了一顿，说："要把每一具尸体当成自己的亲人那样对待，要用手捧上来。"这个小兵年纪很小。军人都是用手把土扒开的，我真的是很感动。部队和医务人员都很重要。

我们在灾区待了大概15天，相对稳定之后，第二批医疗队过来接班，我们就撤了出来，到机场待命。人的身体也吃不消了，瘦得没个人形了。15天以后撤到机场休整，报社、杂志社来采访，我们写总结。

当时我们收到了三样东西：面粉、糖、油，柏油桶很大一桶油，还有一些盐。二十多人轮流烧饭，条件有限，我们就用石头搭一个锅，煮面疙瘩吃，每人吃了大大一碗下去，都要扶着才能走得动，因为两周多都没有好好吃过东西了，实在饿得不行。在上海从来没遇到过这么长时间没有好好吃东西的情况，后来再也没有遇到过。工宣队带着我们写总结，还帮我们稍微调养，在机场待了十来天后，我们回到了上海。

回顾往昔，当地的老百姓对我们医疗队非常好。我还记得有一个人，他说他知道我们什么都没有，他给我们喝了一杯茶。在那样的条件下，能喝到一杯茶，我们非常开心，也都非常感动，给我们一种和当地老百姓亲如兄弟姐妹的感觉。回到上海之后，我们就再也没和唐山有过联系。我今年退休了要坐高铁去唐山一趟，去看一看唐山的新貌。

一个叫"震生"的孩子

——陈群口述

口述者：陈　群

采访者：唐修威（上海市胸科医院党委办公室科员）

时　间：2016 年 4 月 22 日

地　点：上海市胸科医院 2 号楼

陈群，主任医师，教授。主持小儿心外科工作 30 年，荣获 1990—1992 年上海市十佳中青年医师称号，享受国务院特殊津贴。曾任《国外医学》《中华胸心血管外科》杂志编委，现为美国胸心外科医师学会、美国外科女医师学会会员，上海女医师学会理事。1976 年，唐山大地震发生后，作为第一批上海医疗队队员，赶赴唐山参与抗震救灾。

唐山发生地震那天，我一上班，院部就通知我，说有紧急任务，让我与其他十多名医务人员一起待命，参加由市卫生局组织的上海赴唐山抗震救灾医疗队。听说由于震级达 7 级，震区伤亡惨重，断水断电断粮，而且余震还在继续。我们听到后，心里很害怕，但因为长期受毛泽东思想教育，我们毫不犹豫地接受任务，"一不怕苦，二不怕死"，这是异口同声的响亮口号。

我迅速赶回家整理行李，去附近食品商店买了一些压缩饼干，向爸爸妈妈交代了若干事项，也来不及顾及他们的顾虑，还叮嘱了上幼儿园的儿子要听话。我爱人就职于报社，当然知道的新闻比我还多，节骨眼上，记者比什么人都忙，深夜回来，只是对我讲了声："那里形势危急，要多加小心。"

7 月 29 日清晨 6 点 45 分，我们踏上北上列车，经过 20 多个小时的旅程，于 30 日到达天津杨村机场，等候飞机前往唐山震区。

在一天一夜的旅程里，随着列车离唐山越来越近，队员们的心情越来越不平静。车厢里来自各医院的医疗队纷纷开了誓师会、战前动员会，广播里向党表决心的声音此起彼伏，大家表示要向白求恩学习，发扬不怕苦、不怕死的精神，把党中央、毛主席对灾区人民的关怀，把上海人民的深情厚谊，带到灾区人民心坎上。飞驰的列车载着医疗队 880 颗激动的心——他们都希望早一分钟到唐山，这样人民的生命就多一份保证。

杨村机场烈日当空，上海医疗队员在机场灼热的水泥地上休息，等候上飞机。受地震影响，机场已停水停电，断粮食，解放军给我们送来了水，大家轮着分享。汗水湿透了衣服，晒干后又湿透了，发出难闻的气味，但我们个个精神饱满，斗志昂扬，就地开起了战地动员会。领导要我们做好连续作战的准备，准备几天不吃饭、不喝水、不睡觉。医疗队中的共产党员、共青团员首先表决心：为了唐山人民，牺牲生命也在所不惜。

一架架小型飞机一次次来回，将一批批医疗队员送往唐山震区。终于在夜幕降临时，轮到我院医疗队上机，飞机小小的机舱仅能容纳 30 人。我坐在小座位上，通过侧面小窗往下看，只见唐山周边一片漆黑，没有灯光，偶见

医疗队在灾区，前排左二为陈群

解放军救援的汽车灯光，点缀着　片废墟。我们大多数人第一次坐飞机，又是在这种危急情况下乘坐小飞机夜航，心中不免十分害怕。我紧张得两手紧紧握住座椅把手，全身肌肉绷紧，两眼不停环顾四周，见同事一个个紧闭眼睛，沉默无言，有的还在不停地淌汗。可是，想到唐山人民急待我们救援，前面就是刀山火海我也要上。

飞机徐徐降落在唐山机场，那里真可谓笼罩在黑色恐怖中，周围不停地传来飞机起降的隆隆声、解放军汽车来回奔驰的声音，再交织着各医疗队的口哨声，以及不时的余震引起的大地震动声。我们秩序井然，镇定、沉着地服从命令，按上级指示在机场过夜。经历了两天一夜的长途旅程后，大家在"天当被，地作床"的唐山机场水泥地上酣睡一夜。醒来后，露水湿透了身上的盖被，北方夜晚的凉气使不少人关节酸痛，但没有一人埋怨叫苦。为了节约用水，我们用露水洗脸，嚼着带来的压缩饼干，还觉得味道不错，毕竟量少易充饥。不久，大队部来指令，一部分医疗队要奔赴唐山市区，任务是就地救护，这些医疗队来自第六人民医院、第一妇婴保健院、传染病总院；另一部分医疗队留驻唐山机场，任务是接收市区转来的伤员，急救处理后再转运到外省市医院进一步治疗，我院医疗队和新华医院、第一人民医院、肿瘤医院医疗队负责这部分工作。几天后，我们也奉命转到唐山市区。

震后的唐山令人不忍目睹，破坏严重，伤亡惨重，人民的生命财产遭受了很大损失。由于市区大楼多，人口密集，绝大多数大楼倒塌，有的整幢下陷，屋顶盖在地面上，最好的房屋也有裂缝和倾斜，因此，市区居民基本上每家都有伤亡，郊区平房多，居住分散，受灾相对较轻。看着一辆辆来回奔跑的解放军收尸车和路边一堆堆简陋的坟岗，我们每一个人都悲恸万分，为唐山人、唐山这座城市伤心流泪。回帐篷驻扎地后，我就在随身日记本上写了一段文字：唐山丰南遭天灾，昔日欣荣一旦摧，堆堆废墟压亲人，即有幸者亦心碎，抗震救灾献吾力，身受目睹情难静，再问人生何所需，生命乃是无价宝，世上万般无所念，只求亲人聚身边。

根据当地群众反映，7月28日凌晨3点42分大地震降临时，许多人是在

医疗队在唐山合影，后排左五为陈群

睡梦中被震醒的，有的从床上被弹起来，接着"哗"的一声巨响，房屋倒塌，大地摇晃，脚无法站稳，门难以打开，反应快的人从地上滚出去，慢的人就遭劫难了。有目击者讲，地震时先是房屋左右摇摆30度，之后上下跳动，使众多房屋结构松动、倒塌。129次列车司机当时看到地面上闪出一道白光，三股蘑菇浓雾冲上天。我在唐山一个多月里，大小余震一百多次，睡在帐篷里，不时地感到身下大地在摇晃；坐着开会，臀部下似乎有人捅拳头；直立时两脚分开才能站稳；往往拿在手里的玻璃针药管会落在地上。

在抗震救灾的一个月里，我目睹了人们在不是战争却酷似战争的生与死的搏斗中，迸发出来巨大的精神力量和"与天斗，与地斗"的钢铁意志，其间涌现出了许多动人事迹，令人难以置信、刻骨铭心。

最令人感动的是中国人民解放军的表现。据不完全统计，四面八方奔赴唐山的解放军有11个师，达11万人之多。在市区到处可以看到解放军在抢救受伤的老百姓，抢救国家物资，清理废墟，收敛遗体，并将许多无家可归、家破人亡的孩子集中起来，给他们穿衣、吃饭，组织人员照看、安抚，涌现了无数可歌可泣的事迹。有一连队指战员连续85小时抢救伤员，手被磨破、肩被压肿，但绝不下火线。有　个排的解放军，生怕工具误伤砖瓦堆下的人，个个用手扒，手指都磨破出血了，还不停歇地挖人。被挖出脱险的老百姓也加入抢险行列，四十多人的一个排霎时发展到一百多人。有一位解放军晚上在废墟旁细听动静，发现一个孩子被压在成堆的砖瓦及水泥板下，要搬去那么多石头、水泥块，得花一天多时间，孩子的生命将难以预测。于是解放军齐力挖出一个洞，给里面的孩子送水、送饭，安抚他坚持下去，苦战九小时后，终于救出了孩子。

还有三位解放军在营救一个儿童时，因余震使原先已裂开的墙壁又塌陷下来，三人不幸牺牲，留下的解放军在小孩手腕上贴了一块胶布，写着："医疗队同志，这孩子的生命是三个解放军战士用生命换来的，请你们积极救活他。"我们医疗队同志看到后，眼泪禁不住淌下来。

有一位解放军排长，因妻子分娩准备回家探亲，地震发生后，他坚决要求留下，参加送水队。当他发现一名丈夫在外地的孕妇时，马上帮她搭席棚、送衣服，还联系医疗队让她安全分娩，并将原来准备带给妻子的五斤红糖送给产妇。

唐山人民在这次城破人亡的突发事件中显示出无比的英勇、悲壮。开滦煤矿的万名工人，冲破千难万险，在几个小时内胜利脱险。刘家庄女矿工、共产党员刘士英一家六口被压在废墟下，她脱险后直奔矿井，说危急关头她不能离开矿井，说家中事是小事，矿山事是大事，连续作战三天。第四天，解放军在倒塌的废墟中挖出她的几个孩子，全都遇难了。另一名共产党员吴显东，地震后坚守岗位，光荣牺牲，当人们救出他时，他双手还紧紧抓住闸门。越河公社王家石大队党支部书记王庭新，脱险后身负重伤，艰难地爬到知识青年集体户，组织群众救出全部青年，自己却不幸牺牲了。

曾有一个奇迹流传着，5个矿工在井下15天，他们所在巷道塌方，道路堵塞，5个人不停地用安全帽挖煤，饿了吃煤渣，渴了喝积水，困了睡在矿车上，第15天井上去察看情况，准备恢复生产时发现了他们，经抢救后5人均脱险。

脱险后的唐山人民发出豪言壮语："地大震，人大干"，"天崩地裂何所惧，双手描绘新天地"。唐山邮电局郊外站 7 个员工苦战几昼夜，将郊区至市区的电话线路接通。长途汽车站经过七天七夜奋战，开出通往北京和四郊县的客运班车，唐山人民印刷厂从瓦砾中扒出印刷机，捡出一个个铅字，8 月 3 日印出"唐山地区抗震救灾指挥部紧急通知"。唐山综合食品厂工人奋战昼夜，从废墟中挖出发电机、和面机，生产出第一炉"抗震面包"，分送到医疗队，我们每人吃到半个。还有唐山民兵在社会治安一度混乱时，自发组织起来，日夜在商店、银行、仓库周围巡逻，守卫国家财产，打击坏人，唐山人民银行一个营业部、五个办事处、八个分理处的全部现金和储户账目，都未受任何损失。

当地赤脚医生在抢险救难中发挥了不可忽略的作用。他们用简易有效的急救措施，及时抢救动脉出血、呼吸窒息的重危病人，用小茶壶装肥皂水，给截瘫病人疏通大便，用抽去导芯的电线替代导尿管，给病人放尿，还以土草方治疗病人。有个名叫吴玉茹的赤脚医生，不顾自己母亲被压在楼板下，首先想到生产队长出差在外，一家五口在家，急奔到他家里，救出一家老小；刚转身，又发现两个受压的孩子呼吸困难，赶紧为他们做人工呼吸，前后救了七条命，但自己的母亲终因抢救过迟而身亡。她擦干眼泪没有停留，背起药箱，又投入抢险救灾工作。

我们医疗队主要负责转运伤员。有的伤员来不及抢救转送，就要在我们手里观察处理，比如给截瘫病人放小便，为骨折病人注射止痛针。由于医疗药品、器械的供应还没有跟上，我们只能就地取材救治。

7 月 31 日，地震发生后第三天，有一个孕妇来到我们医疗队驻地帐篷前，说她要临产了，恳求我们帮帮她。我们是专做胸腔手术的，接生孩子是妇产科医生的事，再听说她有过产后大出血病史，我们就犹豫了，但到哪里去找妇产科医生？产妇已阵阵腹痛，显然情况已很紧急了，我们医疗队几个医生商量后，决定克服困难，尽最大努力，让灾区的新一代安全出生。我苦苦回想做实习医生时接生的经历，给产妇做了产前检查，包括子宫收缩状况和胎心、胎动、胎位等情况，还安慰产妇，做好分娩心理准备。8月1日上午，在唐山帐篷里，在我们大家的努力下，我顺利地为这个女工分娩接生了。孩子一落地，脚下大地又强烈地震动了一下，孩子"哇"的一声，哭声穿透了帐篷内紧张、阴霾的空气，一扫几天来笼罩在唐山大地的悲怆。每个人脸上都浮现出久违的喜悦，遭受了撕心裂肺阵痛的母亲流下了幸福的泪水。

我们给孩子取名"震生"。产妇没奶，队员们用注射器抽满高渗葡萄糖液，白天每隔两小时喂一次，晚间每隔三小时喂一次。几个年长的护士用大的纱布垫上棉花，做了一个"蜡烛包"，紧紧地裹住婴儿。为了给产妇找营养品，我们的队长到河北省抗震救灾指挥部申请食品，得到他们的帮助，带回了鸡蛋、卷子面、奶粉。吃了几天压缩饼干的我们多么羡慕这些食品，但没有一个人动用，全部留给产妇补充营养，还为她做饭熬粥，递水送汤。分娩三天后，这位产妇的丈夫赶到，看见安全无恙的母女俩，激动得嘴角颤抖，说不出一句话，热泪满面。记得当时闻讯而来的河北电视台、中央新闻纪录电影制片厂还在现场采访，拍摄了不少镜头。后来我得知，上海的家人和同事在电视里看到了这个灾区接生的场景。

据了解，当时上海救灾医疗队共接生了37个孩子，有的医生跪在地上接生，羊水、血水溅了一身，这些孩子的名字大同小异：震生、抗震、震红、海生、海唐等，一个个名字记载着中国唐山那惊天动地的历史性时刻。

之后，我们还救治了一个腹痛的抗灾解放军，他患的是急性阑尾炎，有即将穿孔的危险。刻不容缓，我们一接到这个病人，就在帐篷里搭起手术台，打开从上海带来的消毒手术包，为他做了阑尾切除手术。出乎意料的是，在这样脏、乱、差的环境下，竟然没有出现术后感染。手术成功后，我们医疗队员烧饭、蒸蛋，照护那位解放军。三天后，他就返回连队，他所在的部队送来了感谢信，写道"天大地大不如党的恩情大，河深海深不如阶级情意深"。

听说闸北区中心医院医疗队收治过一位消化道出血的老干部，医生们担心他转运途中会发生危险，就在帐篷里做了胃切除手术。为了防止照明的汽油灯在帐篷内引发氧气筒爆炸，几个医疗队员冒着雨在帐篷外手提着灯照明，一直坚持到手术结束。术后病员需要输血，队员们撩起衣袖争着要献血。

医疗队在唐山的日日夜夜，生活十分艰苦，向唐山人民学习、向解放军学习成了我们的行动准则。由于缺水，在市区时我们一周未洗脸刷牙，在机场时喝河水井水，十多个人使用一盆水，揩身洗脚，还不舍得倒掉，用来稀释杀虫剂、敌敌畏、来苏尔等消毒药水。带去的压缩饼干当饭吃，有水喝时味道还真美，无水时可真干，难以咽下，连续吃几天让人倒胃口。我们从上海带去的榨菜吃完了，就吃大蒜，以预防肠道传染病。大蒜的辛辣呛得人涕泪俱下，其特殊的气味也熏得人够呛。幸运的是，我院 16 人没有一人生病拉肚子。在之后几天，河北省革委会给上海医疗队每个小分队送去 10 斤猪肉，我们烧了一顿红烧肉，16 个人狼吞虎咽，一顿就吃个精光。

唐山气候多变，白天炎热时，帐篷内达到摄氏三十七八度，晚上盖上棉毯还感到凉，还常有暴风雨袭击。记得 8 月 7 日晚上，在一天的紧张救护之后，我们一队 16 人，不分男女，一排排并头躺在帐篷内休息。不久下起了倾盆大雨，狂风呼啸，好像天也要塌下来似的。睡在地上的我们又感到身下的大地不时地左右摇晃，上下抖动，当时的感觉真可以用"天崩地裂"来形容。我心里一阵阵恐慌，似乎有临危的预兆，不由得想念起上海的家，想起慈爱的父母、可爱的儿子，还有忙碌的丈夫……为驱散这令人不安的情景带给人的恐惧，我们在帐篷里开起了联欢会，大唱革命歌曲，男生组与女生组互相挑战对唱，一共唱了 48 首，我兴致顿起，在众人哄捧声中唱了一个又一个越剧、沪剧的戏曲唱段。帐篷内的欢乐气氛暂时让人忘却了"天崩地裂"的威胁。

但是，不多时，雨水漏进了帐篷，并有不可收拾之势。眼看大家的"家"将被淹没，我们个个钻出被窝，卷起裤管，披上雨衣，操起铁锹，在帐篷外沿四周挖出几条小沟，引流积水。忙了一夜，看到堆积的药品、器械并未受潮，我们在惊恐之余尚觉欣慰。第二天，我们重新选择了场地，搬迁帐篷。

唐山地震震惊了全国，党中央和毛主席高度重视。地震一发生后，中央就调动全国各地的力量支援唐山，大批的解放军接到命令，连夜冒雨强行军赶到灾区。来自四面八方的解放军约有 11 个师，11 万多人。紧接着，各矿山救护队以最快的速度抵达开滦煤矿，抢救井下一万多工人；辽宁省派出全国第一批医疗队，北京、上海、天津、山东等地两万多名医务人员相继赶到。大量的救灾物资、食品、药品一批批到达唐山。7 月 28 日至 8 月 1 日，共有 1044 架飞机起落唐山机场，平均每隔 25 分钟一架，只见机场银翼此起彼落，地勤人员忙碌地搬运。北京的药品、上海的服装、辽宁的食品、沈阳的器材、广东的香肠，还有建筑材料等，应有尽有。

以华国锋总理为首的中央慰问团来到唐山，去开滦煤矿和唐山钢铁公司察看灾情，走进帐篷探望伤员，还与当地领导研究抗震计划，给灾区人民战胜严重灾难增添了无穷力量，带来了巨大鼓舞。中央慰问团每到一处，当地人民就会含泪高呼"毛主席万岁"，唐山煤矿工人还表示"我们工人阶级要用一双手，挖出争气煤"来表现中国人民的志气。

地震后的唐山面临传染病暴发的可能，医疗队继救护任务之后，肩负起卫生宣传、防病治病的任务。当时房屋倒塌，污水横流，加上众多遇难者遗体来不及处理，环境、空气污染不堪，到处飞着苍蝇、蚊子，如不加强公共卫生管理，势必引发传染病的流行和蔓延。我们亲自动手，带动群众大搞环境卫生、饮食卫生，管理粪便、垃圾，有效地预防了震后疫情的发生。

上海医疗队在唐山的一个月里共治疗病员 135343 人次，预防接种 86143 人次，接生 37 人次，培训赤脚医生 170 人次，恢复合作医疗卫生室 88 家。8 月 18 日，河北省委领导接见上海和其他省市医疗队时，表扬上海医疗队"来得快、干得好"，还送了"无私支援情谊深，龙江风格放光辉"的锦旗。8 月 21 日，北京军区战友文工团在露天剧场慰问演出。上海医疗队被安排坐在最前面，那天还放映了电影《雁鸣湖畔》。那几天，我们选出了出席北京庆功大会的代表，在1200名代表中，上海医疗队占10名。

8月22日，我们告别唐山，乘专车回沪。在唐山车站，欢送的人群涌动，有手挥三角小红旗的老百姓，有吹奏管乐的学生，有打着腰鼓的姑娘队，不少人流下了泪水，唐山市领导和部队首长与我们一一握别。我们带着一个月难忘的经历，怀着归家的兴奋，经历32小时的旅程，安全返回上海火车站，在那里，我们又受到了上海市革命委员会领导的接见。次日，中国上海艺术团为上海赴唐山医疗队组织了一次专场慰问演出，我们享受了前所未有的"震地英雄"待遇。

唐山地震牵动着每一个上海人的心。回沪后，我们在医院内向全院职工做了"唐山抗震救灾所见所闻"的报告，让同志们一起与唐山人民分担灾难，共同学习地震中涌现的可歌可泣的事迹。我还受院外许多单位邀请，连续在市卫生局、市革委会机关写作班、海军部队等十多个单位进行了长达两周的巡回演讲。每次演讲现场的情景都令人感动不已，大家为唐山人民的灾难悲伤流泪，为大难之中解放军和许多无私无畏的英雄行动所折服，为党中央领导下全国人民万众一心战胜灾难的坚强力量而自豪。我自己也为一次次重复演讲的内容和现场情景所打动，每当演讲结束，我总向在场听众表达自己的感受：医务人员只有投身到火热的斗争中，与工农兵一起，不断接受再教育，才能把立足点转过来，才能使思想感情发生根本改变，把毛主席革命卫生路线的温暖送到广大群众心坎上。

尽管当时处在"文革"末期，直至今天，我还是认为作为一名年轻医生，能有一次这样不同寻常的经历是有幸的、珍贵的，对我个人的人生观、价值观，尤其是职业素质、性格锻炼起了很大影响——人，是需要有一种精神的。

经历了地震劫难的唐山留下许多许多的残余问题，也留给人们太多太多思考。人们从极度悲恸中醒来，收拾废墟，寻找家人，重建家园，恢复生产，在时间的长河中修复心灵的创伤。我们深信在英雄的唐山人民手里，会出现一个新唐山。2006年7月，正值唐山地震30周年，我从中央电视台的纪录片里，看到了一个现代化的唐山，我激动得在电视机前流下了眼泪，30 年前的情景再次浮现。

时隔四十载春秋，我多想有一天去那里走走看看，更想找到我亲手接生的孩子，她的名字是"震生"。

人生最难忘的历练

——尤凤英口述

口述者：尤凤英

采访者：陈　莉（上海市同仁医院党办副主任）

时　　间：2016 年 5 月 5 日

地　　点：上海市同仁医院行政楼 4 楼民主党派会议室

　　尤凤英，1954年生，上海市长宁区中心医院急诊科护士，先后担任长宁区中心医院团总支书记、长宁区中心医院门办副主任、长宁区中心医院人事科科长、长宁区慢性病防治院院长等职。1976年唐山大地震后，曾作为第一批医疗队员赶赴唐山救援。

　　唐山地震已经过去差不多四十年了，每每想起，当时的情形仍历历在目。那一年，我是长宁区中心医院急诊室的一名护士，那时候的信息很闭塞，不像现在有很多传播信息的途径，所以根本不知道发生了大地震。当时我在"721"大学上课，晚上回到家，父母告诉我，七八点钟的时候，医院组织科的张老师来通知我去医院报到，说要外出执行紧急任务。虽然有点突然，但我也没多想，带了一些随身物品就去了医院。医院领导也没告诉我们具体情况，就说按照上级的要求，医院组成紧急医疗队，待命，随时准备出发。当晚我们十几个人就全部住在了医院。到了凌晨，通知来了说可以出发了，我们就去了铁路上海北站，当时的北站已经集结了很多支医疗队，我们才知道长宁区组建了两支医疗队，一支是由我们中心医院组成的，另一支由同仁和光华医院等组成。

　　坐了二十几个小时的火车到天津后，我们转车到了杨村军用机场，已经有很多解放军和医疗队在待命。我记得当时我的辫子很长，差不多到腰，有一名解放军战士对我说：你的辫子要剪掉，不然灾区没有水会是很大的麻烦。我当即就把自己留了很多年的辫子给剪了，还花了五元钱买了一双军用跑鞋换下了皮鞋，一个上海姑娘几分钟就变了样。一直等到下午四五点钟，上面说可以进去了。我们搭乘了直升机。我是第一次坐直升机，印象最深刻的是直升机声音很响，大家互相讲话根本听不见。我们到达时已经是晚上了，什么也看不见，晚上就露天睡觉。第二天一早发现原来有好多人，也没有水，我们就把草上的露水刮一点下来洗脸。

　　一直等到下午三四点钟，我们才知道被分配到渤海湾的一个劳改农场，于是又坐着军用卡车出发，一路上看到的情形惨不忍睹，很多房子都倒塌了，被夷为平地。我记得好像有一个烟囱没倒，但中间断了，当时骨科医生还开玩笑说要给烟囱固定一下。到了劳改农场，农场的领导都聚在门口欢迎我们。灾情确实非常严重，放眼看出去都是伤员的帐篷及坟头，一些伤员看到我们热泪盈眶，队长看到这个情形后，嘱咐我们要坚强，要吃苦耐劳。

震后救援期间局部图

我是从事护理工作的，执行 12 小时工作制，我和另外一名护士轮流上班。这 12 小时里没有一分钟是可以停下来的，不停地打针、换药和抢救，很多病人的伤口化脓长蛆，大多数病人都是高位截瘫，可能会危及生命，需要输注甘露醇，但甘露醇奇缺，其他很多药品也都没有，用盐水要冒着生命危险去原来劳改农场卫生站倒塌的废墟中刨一些出来，后来直升机空投了几次药品和食品，情况才有所好转。我记得当时我们抢救过一名孕妇，已经怀孕七八个月了，深度昏迷，也不知道是什么病，内科医生检查后诊断为疟性脑炎，我们马上展开了抢救，予以 24 小时护理，这个病人给我们抢救过来了。当地人觉得上海医疗队的水平很高，把本来已经不抱希望的病人给救活了，特别佩服我们。

救援的生活非常艰苦，去的时候医院配了一顶帐篷给我们，但不能遮雨，后来部队又配了一顶帐篷给我们，帐篷的质量比较好，可以遮风挡雨，我们就全部睡在里边，男的睡一边，女的睡一边。因为天气很热，帐篷里更是密不透风，所以每天睡觉都是一身大汗。我们每天就吃两顿饭，上午 10 点吃一顿，下午三四点钟再吃一顿，一般就一碗粥、几个饼和一点榨菜。偶尔会发压缩饼干，但大家都舍不得吃。后来当地还暴发了一些流行病，幸亏一起去的后勤人员非常负责，每次都消毒碗筷，所以我们的队员都比较健康。水也是非常缺乏的，有一个深井可以压出来一点水稍微用一下。当地的百姓都很纯朴，有时会给我们送一些荤菜，但我们都没拿，因为他们都非常不容易，平时就吃点饼卷大葱，家里除了炕其他一无所有。

原本抗震指挥部想在当地成立野战医院，但因灾情实在太严重，病人只能往全国各地转移，用直升机往外送，因此一些病人由医务人员通过军用卡车护送到机场。我记得有一次我送病人去唐山市区，那时候已经离地震两个星期了，一路上还是臭得要命，戴了两层口罩也没有用，解放军都戴着防毒面具。有一次来了通知说我们第二天可以撤离了，当地的百姓舍不得我们，半夜起来给我们包韭菜猪肉饺子，那在当时真的是很金贵的食品，谁知道吃好以后说我们不走了，什么时候走继续待命，我们都觉得很不好意思。就这

唐山设立的第二抗震医院外貌

样我们又留了一个星期，我们利用这个星期给当地医务人员和百姓培训，虽然苦，但很充实，就这样一共待了二十五六天。知道要走了，大家都依依不舍。

我们是坐专列回上海的，特别有荣誉感，在火车上的三十几个小时，列车员特别照顾我们，每顿饭都给我们吃很大的肉。在车上队长就告诉我们，回上海后要宣传灾区人民大无畏的精神。到上海后，市领导亲自到车站接我们，医院召开了很隆重的欢迎会。市委区委专门组织了演讲团，我当时因为年纪轻，普通话也比较标准，领导就让我参加了，专门到区里作抗震救灾的演讲，压力也比较大，我顺利完成了宣讲任务。后来很多企事业单位也请我去讲，我就全脱产地宣讲，一直到9月9日，那天我在毛巾厂演讲，在车间里听到毛主席逝世的消息，就这样演讲活动结束了，我也回到医院去上班了。

唐山地震救援那年我22岁，如今我已经62岁了，回过头看，参与这次救援活动确实锻炼了自己，对自己的一生产生了很重要的影响，最大的收获就是学会了坚强，碰到问题要坚强面对。当地的百姓尽管遭遇了那么大的灾害，但都很坚强，我记得收治过一个十一二岁的小男孩，因为贪玩去海里捞鱼，结果电线杆倒下，孩子触了电，送来时孩子整个头都是黑的，像个大头娃娃。孩子的父母在地震中都不在了，我们通过抢救捡回了孩子的命，但他肢体却残疾了。那么小的孩子，遭遇那么大的变故，却很坚强，每次换药，尽管很疼，他却一声不吭，我们也把他当宝贝一样，印象特别深刻。

当地的干部也全身心地投入到救灾工作当中，克服各种困难为老百姓服务，这种忘我的精神也深深感染着我。再有就是我们医疗队的团队精神特别好，天天开刀，天天忙得连喘气的时间都没有，但没有任何人有任何怨言，再艰苦，大家也自己去克服。每次去村庄巡回医疗都要走十几里路，大家就用水壶装点水、带点压缩饼干就出发了，没有人叫苦叫累。这些画面回上海后经常会在我脑海里浮现，时时鼓励我、鞭策我。

1977 年 3 月，我加入了中国共产党，后来又先后担任医院团总支书记、门办副主任、人事科长、长宁区慢性病防治院院长等职务，我觉得自己的成长和抗震救灾的经历相关，那段经历让我快速成长，也让我更加清晰地认识到作为一名医务工作者对这个社会、对病人应该承担的责任，短短的二十几天让我受益一生。

"该做的、能做的，就去做"
——朱培庭口述

口述者：朱培庭

采访者：刘　　胜（上海中医药大学附属龙华医院党委书记）

周　　洁（上海中医药大学附属龙华医院人事处处长）

管思思（上海中医药大学龙华临床医学院住院医师规

范化培训医师）

时　　间：2016 年 2 月 29 日

地　　点：龙华医院行政楼 9 楼接待室

右为朱培庭

朱培庭，1939 年生，上海人。现任国家中医药管理局全国中医胆石病医疗中心主任，中国中西医结合学会急腹症专业委员会副主任委员。1965年毕业于上海中医药大学医疗专业，毕业后分配至上海中医药大学附属龙华医院，师从中西结合外科专家徐长生、中医外科专家顾伯华教授。1976年7月作为上海第一批医疗队龙华医院的队员，参与唐山大地震的抗震救灾工作。

唐山大地震发生于 1976 年 7 月 28 日凌晨 3 时多，震后那天晚上 6 点半，我刚从手术台上下来，就接到工宣队让我参加医疗队的通知，8 点半就出发去唐山救灾。中间只有两个小时的时间，家远的医生无法通知家人，我离家近，骑自行车回家了一趟，和家里交代了一下，家里给了我一个咸鸡蛋。出发时，我穿了一条短裤、一件短袖白大褂，背了一个黄书包。

当时因为唐山交通瘫痪，我们先坐火车到达天津杨村的飞机场，再由火车转飞机前往唐山。上飞机前，上海发给我们每人 50 元钱、10 斤全国粮票和一包压缩饼干，还给了整个医疗队一斤榨菜。

我们是上海的第一批医疗队。我们队一共 15 个人,第二天下午到了唐山飞机场。从飞机上看下去,一片废墟,一片惨景。飞机落地时地还在晃。飞机场里全是遇难者,来不及处理。当地遇难的人很多,在飞机场救援的基本都不是唐山人。最早到唐山参与救援的是北京军区、沈阳军区和河北省革委会。

当天,我们医疗队留在了飞机场。没有人接待,飞机场什么都没有,连水都没有。晚上也没有睡的地方,上面发给我们每人一张苇席、一条毯子、一块塑料布和一顶草帽。男的睡一边,女的睡另一边,苇席上铺塑料布,再垫上毯子,草帽盖在脸上——我们以大地为床,以天空为帐篷。

当时最艰难的是没有水喝,人饿三天不要紧,没有水喝却受不了。7 月是唐山最热的时候,中午温度能到 39℃。没有盐分的摄入,人都很软,还好有一斤榨菜。最有趣的是骨伤科的杨主任,他带了一把电工刀,就用刀子把家里给我的很小的咸鸡蛋切成了 15 片,一人一片,那个味道,我一生一世也忘不了。到达唐山的第三天下午,组织给我们 15 个人发了一顶帐篷。唐山整个道路都堵塞了,路上还有人在抢东西,此前连帐篷都运不过来。领到帐篷后,大家一起撑起来,还在废墟里找到一张废桌子,放在帐篷里。当天晚上下了一场暴雨,到第二天早上,雨水都漫过了脚踝,人都站在水里。还好我们之前拾来了一张桌子,把毯子放在桌上,不然毯子也湿了。

第三天,飞机场里打出第一口井,打出的都是黄泥浆水。工宣队给了我们一口只有一个环的大钢锅,医疗队分来半锅黄泥浆水。大家喝不了生水,于是在废墟里找来破砖头,自己搭灶头烧水喝,那水的味道非常好。地震后,唐山还有半个飞机场能用,每天有飞机轮流往唐山运送物资。一开始有北京和上海的两架飞机,后来北京的飞机据说机翼有擦损,第二天没再来,只剩上海的了。上海每天运输一点东西,后来有饼干和瓶装水。我们在飞机场的条件比较好,附近有一个苹果园,我们就到那里摘苹果吃,比在市区里面的医疗队条件要好多了。第六人民医院的医疗队在市中心,在游泳池边上，水脏得很，但他们也只能喝。

　　我们医疗队一共待了三个星期，领队是洪嘉禾，指导员是工宣队的老师傅，医生包括内科的马贵同、伤骨科的杨子良以及外科的刘铭昇和我自己，现在还活着的就只有我和刘铭昇了。到了第一周的第五六天，油、盐由抗震救灾指挥部配送过来，我们搭了一个临时炉灶，大家轮流做饭。女同志厨艺好一点，男同志很多都不会做。我当时最不会做，但轮到我值班时，他们说我做的饭最好吃，这其中还有个小故事。当时飞机场坏了一半，另一半空军还在用。空军里有一个做饭的大师傅面瘫，我帮他针灸、按摩，他的面瘫状况缓解了。轮到我做饭时，他就会来帮我。他一开始准备带吃的过来，但那是空军的物资，纪律很严，我就和他说："你来帮我烧饭我很欢迎，但东西坚决不能要。"最后他带了自己种的大蒜和韭菜过来。那位师傅很有本事，

1976 年，唐山抗震救灾龙华医院医疗队合影

虽然只有简单的油盐，但他烧的饭确实比我们大家自己做的要好吃，我想关键就在那大蒜和韭菜上。我们也成了朋友。后来有一次，洪嘉禾和工宣队老师傅出去办事，回来后没有吃到饭，就托我想想办法。我就摸黑去找大师傅帮忙，说了情况，并让他帮忙支援一点吃的。他后来做了一大碗吃的送过来，洪嘉禾和老师傅两人吃了，说味道好得不得了，第二天他们才知道吃的是炒鸡蛋。

我们去了唐山以后，听说地震当晚下了一场暴雨。等我们到唐山时，重危病人其实基本都离世了，活下来的基本都是骨折、缺胳膊少腿的伤病员。我见到过一个头皮裂开、扎着长辫子的患者，头里面都有蛆在爬，看着太难受了。那时候条件不好，我们在飞机场，没有任何医疗设备，最后领导决定利用飞机场，将重病人运离唐山。我们能做的就是过滤病人，将病人分级，轻的留下，重的转出去。一个星期后，上面规定不能带家属，病人需要医生签字后才能上飞机。当时有很多令人难过的情景，最伤心的是一个小孩，她的妈妈、姐姐都在地震中遇难了，只有爸爸还活着。小孩子胳膊没了，要转走，只有四岁，但因为纪律规定，不能带家属，她爸爸不能陪她去外地。我那时才真正体会到什么是生离死别。小孩子那么小，坐飞机出去后会到哪里，谁也不知道。我们想办法借来飞行员的笔，让爸爸把名字、地址写在葡萄糖补液纸上，放在小孩子身上，这样以后也许还有机会相聚。当时女同志哭得一塌糊涂，男同志也禁不住流泪。

那时什么票都派不上用场，我们进出都凭着白大褂。机场的物资如饼干等，由解放军看护，拿饼干需要河北省革委会批的条子，条子也可以由医生开。后来国务院慰问团一行来了。我们的帐篷附近有三个帐篷，住了国务院办公人员、国家地震局等相关人员。

地震时有幸存者，但更多的是不幸的人。空军第 5 军驻地旁边有一家陆军医院，本来有五层，地震后变成了一层，但到第五天还有一名护士被救出。她是怎么活下来的呢？原来地震那天她上夜班，睡在楼梯下面的休息室，洗脚水懒得倒，正好床底还有一瓶葡萄糖液。那五天她就靠着洗脚水和葡萄糖活了下来。还有从河北石家庄来唐山出差的两个人，地震时塌下的水泥板正好形成三角，两个人躲在里面，到第三天被救出时人还清醒，讲好姓名、地址后就晕了。后来随飞机护送病人的医务人员告诉我，两人被送到了石家庄，但醒来后都痴呆了。地震那时正好放暑假，一个上海的初中生小女孩和她爸妈一起去看姥姥，地震中姥姥、爸妈都没了，她自己也骨折，后来不知道被送去哪里了。飞机场里面的几个小孩，没有一个人哭，我们摘了苹果、拿了饼干给他们，他们也没有任何表情。人都像木头一样，仿佛没有任何感情了。唐山什么时候开始有哭声？应该是第二年过中秋节的时候。

唐山大地震是我们国家绝无仅有的大地震，当时死的人太多，好像比三大战役死的人还多。遇难者的尸体就用被子裹一裹，埋得又很浅，经过暴雨冲、太阳晒，加上城里冷库也坏了，整个城市尸臭味很严重。不抽烟的我也会借烟味缓解，不然实在是受不了。后来上海定做了一批大塑料袋送到唐山，用来装需要掩埋的尸体，尸臭就相对好一点。伟大领袖毛主席的 8341 部队也来处理尸体。虽然我们吃得很好，有罐头有肉，但味道很难受，人也吃不消。

我们第一批去唐山的，赤手空拳，无思想准备，当时我的想法是：估计这次到了唐山可能回不来了。到那里一看，大家心都冷了，没有一样东西是活动的，后来因为天天死人，我们看习惯了，好像也麻木了。我用葡萄糖输液记录用的纸，问机场飞行员借了笔，写了信，请他带到上海贴张邮票寄出去，以便告诉家人我的情况。第一个礼拜，《解放日报》的一名记者来了。队长想了办法，让每个人写了首诗，做成暗语，说都很安全，后来登在了《解放日报》上，家人知道大家还活着，稍微安心一点。当时没有手机，也没有其他通信方式，大家也就那么过来了。

一开始我们一直待在飞机场，没出去。后来和军区都熟了，北京军区的解放军就开着军用卡车带我们出去看了看。很怪哦，震中是 S 形，震中带上什么都没有了。唐山地震先是左右震，然后上下震，很多活着的人都是住六层楼的，一觉醒来，六楼变一楼了。路过大桥，我们发现桥上有几个跪着的人，据说他们抢了百货公司，让他们跪着有示众的意思。

第三周，组织拿了电视机来飞机场，天津电视台还报道了怎么预防地震。后来其他医疗队都撤了，飞机场的病人能转走的都转走了，飞机场的15个医疗队先原地待命。上面说如果北京发生地震，就会把医疗队直接从唐山拉到北京。

那时我认识了一个杭州的士兵，当天他在飞机场站岗，描述了地震发生时的状况：首先远处亮得不得了，一道光出现，伴随着类似火车开动时的轰鸣声，从远及近，当时人的心跳动得不得了。人都站不稳，小青年就抱着树，地震从来到走不到一分钟，好像是45秒，人难过得不行。我们一开始不理解小青年说的难过得不行是什么感觉，直到临走前，有一次我们烧好饭，坐在长凳上吃饭，突然地就震了，人动不了，站也站不起来，整个心在荡——不是简单的心悸，虽然地震没有几秒就结束了，但人真的很难受。

后来我们坐火车撤回到上海。上面告诉我们，回来路上，哪里发生地震，哪里火车就停下来。一路上，我发现老百姓都住在外面，不住家里。上海也一样，人都住外面。经历了抗震救灾后，我的警觉性提高了。那时传言上海也要发生地震，晚上睡觉时我会把门窗打开；还告诉家里人，要准备一个手电筒、一瓶水，家里仅有的票证放在枕头下，万一有什么，拿起来方便。我记得后来有过一次地震，差不多是1976年11月，那时我值班，睡觉时感觉房子在震，大伙就跑到花坛那儿，也听说有人从二楼跳下来，地震没震到，腿骨折了。

一眨眼40年过去了，因为条件有限，什么照片都没有留下来。当时我们去救灾的想法很简单，要无限忠于"四个伟大"，干革命就是为人民服务，没有什么思想准备，也没有人作动员报告。现在的条件比以前好多了，战备医疗队建立起来了，救灾物资也很及时，我看，我们国家的防震抗震工作与国际接轨了。那时也有医生去了唐山没能回来的，因为如果生病的话，没法救，能活着回来是命大。在救灾过程中，重要的是在那种特殊的环境下帮助灾民生存，实事求是，该做的、能做的就去做，救死扶伤，尽力不要让病人出事。

我们的记忆和感念
——张可范、吴顺德、伍平等口述

口述者：张可范　吴顺德　伍　平　杨永年　李萍娟　沈建人
　　　　张秀珠　王长春　丁秀娟　张子茵　徐惠琳　薛安珍
　　　　苗冬英

采访者：金大陆（上海社会科学院历史研究所研究员）
　　　　罗　英（上海文化出版社副总编辑）
　　　　王佩军（中共上海市虹口区委党史办公室主任）
　　　　刘世炎（中共上海市虹口区委党史办公室主任科员）
　　　　王文娟（上海文化出版社编辑）

时　　间：2016 年 3 月 11 日
地　　点：上海市虹口区飞虹路 518 号 203 会议室

前排左一杨永年，左二张可范，左三薛安珍，后排左一沈建人，
左二李萍娟，左三王长春，左四张子茵，左六张秀珠，
左七吴顺德，左八伍平，左九苗冬英，右二徐惠琳

张可范，原虹口区第一医院外科医生，医疗队队长，党支部委员。

吴顺德，原吴淞路地段医院内科医生，区卫生监督所公共卫生主管医师，曾多次参加唐山救灾活动纪念会。

伍　平，原四川北路街道社区卫生服务中心副主任，公共卫生主管医师，原迁西医院第三大队第九中队公共卫生科医生。

杨永年，原虹口区中心医院药剂师，医疗队指导员。

李萍娟，原虹口区中心医院手术室麻醉医生。

沈建人，原虹口区中心医院外科骨科医生。

张秀珠，原虹口区中心医院五官科医生。

王长春，原虹口区中心医院内科医生。

张子茵，原横浜地段医院护士。

徐惠琳，原市第一人民医院的工农兵大学生。

薛安珍，原市第一人民医院外宾病房护士。

苗冬英，原国际妇幼保健院第二批医疗队队员。

（以上口述者除苗冬英外，均在唐山地震后作为第一批医院队员赴唐山救援。）

杨永年：

7月28日唐山地震那天，我下班回家，炒了个肉片，搞了一点啤酒，正准备吃晚饭时，突然接到医院（原虹口区中心医院，现上海市中西结合医院）打来的电话。那时候没有家庭电话，更没有手机，是弄堂里的传呼电话，说医院里面有紧急任务。我没顾得上吃饭，赶快骑车到医院。我们在会议室里组建了抗震救灾医疗队。我们医疗队共16人，队长是韩士章，当时是中心医院的外科医生，后来做过虹口区区长，现在已过世了，我担任指导员。医疗队中，内科、外科、妇科、儿科、五官科、眼科、化验科、手术科和护士科各科室都有，特点是队员比较精干且年轻，年纪最大的是妇产科主任商岭梅。当天晚上，我们都没有回家，就在医院的会议室里待命。第二天清晨，医院用救护车把我们直接送到上海北站。

北上的火车开得很慢，开开停停。我记得火车过了徐州，在铁路边上就能看到简易的防震棚，30日上午到达天津的杨村机场。这列车上有二十多个

上海市虹口区赴唐山地区抗震救灾医疗队合影

上海各大医院的医疗队，大家都集中在机场待命。7月酷暑天，白天天气很热，我们的衣服很快就渗出了白白的盐花。好不容易挨到傍晚，轮到我们上飞机时，驾驶员却说唐山机场也遭到地震破坏，只能飞飞看。我生平第一次坐飞机，就是这样的情况。当时也顾不得许多，大家一起把药品、器械搬上飞机。飞上天后，我发现飞机肚子上的舱门还开着，倾斜的箱子，像要倒下的样子，于是我和几个年轻人，一边用肩顶着箱子，一边望着舱门下飞过的土地。随着飞机的爬升，凉意袭来，越来越冷。到达唐山机场时，天已经黑了，我们全体队员只好露宿在机场的水泥跑道上。

北方天气，白天很热，晚上就冷得不得了。我们临时睡在机场的跑道上，没有被子，两个人合用一个医院里带来的被套，我跟韩士章钻在一起。睡到半夜冻得不行，韩士章比较胖，我说：大块头你让我抱抱吧，我快冻死了。我就抱着韩士章相互取暖。一觉醒来，我浑身被露水浸湿，喉咙里有异样的感觉。后来我在唐山的废墟里，找到了一部飞鸽牌自行车，这太管用了。我就骑这辆自行车到飞机场指挥部，把药品，还有蚊帐、毯子都搬过来，一人一顶蚊帐，一人一条毯子，这以后就不受凉了。

第二天，7月31日，各医疗队做好准备进唐山市。解放军开来二十几辆车，规定一个医疗队上一辆车。我当过兵，有经验，所以我们的动作比较快，上了第四辆卡车。汽车从机场开往唐山市区，道路两旁有许多新坟，一股腐臭味扑鼻而来，且越来越强烈，引人作呕，我们只能在口罩里放置酒精棉球，克服无法控制的呕吐。车队进入市区，放眼望去，满目疮痍，一片废墟，没有一间像样的房子。经历九死一生存活下来的唐山人，在残垣瓦砾上用各种材料搭起躲避风雨的防震棚，而在路边就是一具具用被褥裹着的尸体。

当时没有交警，我记得是38军的军人在那里指挥。车队的前11辆汽车被派往了路北区，是工矿企业集中的区，后面的车被派往了路南区。唐山路北区的情况比路南区稍好。我们医疗队就选择了唐山市煤矿研究所的绿化草地安营扎寨。我记得那里有很多苹果树。虹口区的第四人民医院医疗队被派往路南区，那里条件非常艰苦，全是一片连一片的废墟。

我们在煤矿研究所的空地搭起了帐篷，冒着发生余震的风险，从附近的办公楼里抢出一些桌椅，把帐篷作为我们开展医疗救护工作的中心。煤矿研究所有一口水井，供应唐山市的水源，每天有洒水车来运输。使用这里的水是有限制的，但是对我们医疗队则敞开供应，水源有了，我们的救护和生活问题就解决了。

安顿之后的第一个晚上，我们就听到枪声。这是怎么回事呢？原来当地有劫财的人。灾区有巡逻的，看见有人在废墟里扒东西，就叫站住，不站住就开枪，枪声大概持续了一个礼拜。白天我还看到有游街的，罪犯被押着站在卡车上，手上都是手表，脖子上挂了马蹄闹钟，这些人游街完后，不知道会被怎么处置。当时，我们医疗队为了安全，都穿着白大褂外出，这样比较醒目。

我们进去后的第一个礼拜吃压缩饼干，刚开始的时候还觉得蛮好吃的，后来就像咽石灰粉一样。一个礼拜后生活就有了改善，当地人给我们医疗队送来了10袋面粉，我们就用上海带来的榨菜、压缩饼干和野菜来包饺子，味道挺不错。我记得还供应了肉，第一次供应肉的时候，我们都没有要，我们说"灾区人民没有吃，我们坚决不吃"，就把肉退回去了。第二次送来的时候，我们看到灾区的人民已经吃上饺子了，我们才把肉收下来。还有一次，解放军给我们医疗队的女同志送了豆油，我们就做油饼改善生活。当时虽然环境艰苦，现在回想起来，还是蛮有趣的。

吃的问题解决了，方便的问题怎么办？我们就在帐篷外面挖一个坑，四周弄几个树桩，从废墟找来棉被，固定在树桩上，用来遮掩。后来又有改进，白颜色的被里放在外面的是男厕所，彩色被面放在外面的是女厕所。

有一天晚上下大暴雨，我们的帐篷正好在低洼的边上。女同志就在帐篷里排水，男同志出去挖排水沟，把水引到帐篷外面去。因为医疗器械和药品都在帐篷里面，这些东西受潮了不得了，第二天我们就转移到了高的地方。当时，我们医疗队是非常团结的，我对此终生难忘。

上海市虹口区赴唐山地区抗震救灾医疗队合影

洗衣服都是女同胞的事。大家的衣服放在一个桶里面，用的水是男同胞去弄来的。我们队刘际美负责烧饭，韩士章力气大，柴火大都是他劈的。我们的防疫工作也做得好，防疫站的王医生规定我们每天都吃生的大蒜，所以我们队没一个拉肚子的。虹口区第四人民医院的 16 个人中，有 13 个拉肚子，实事求是地讲，他们那儿的环境比较差，我们还曾帮助他们挂盐水、做治疗。

我们第一批医疗队在唐山的救护工作共 26 天。撤离的时候，戴着红领巾的小朋友敲锣打鼓送我们，场面很感人。我们都知道，这其中很多小朋友实际上已经是孤儿了，想到这些，我们也是热泪盈眶。我们把自己随身带的一点吃的，都送给了这些孩子，表示一点心意。

虽然过去 40 年了，我对这段经历印象依然非常深刻。

沈建人：

参加救援唐山大地震的 26 天，不仅是我人生中的一段难忘经历，更是一笔精神财富。

我出发的时候，正在上海第一人民医院骨科进修。当接到参加医疗队的通知时，我的指导老师王世林教授——年轻时参加了抗美援朝——告诉我，这是个锻炼的机会。所以我马上就赶回自己的医院，等待第二天出发。那个时候人的思想境界真的很高，没有人考虑个人利益，都是考虑救援工作的需要。我们出发的时候，宁可多带科室里的东西，也没有人多带生活用品。

我补充一个细节：火车到了南京过了长江以后，列车就广播了唐山大地震的新闻。当时我只有 21 岁，什么都不懂，以为地震就是地面开条缝，人要掉下去。记得非常清楚，上面给我们每人发两张报告纸，要求进入灾区后，每天记录当天跟谁在一起，跟谁一起工作，明天在什么地方，跟谁在一起工作。万一发生不幸，人家至少知道我们是从上海来的，所以这张纸一直要放在胸口。这个时候我们是感到很害怕的。

在抗震救灾的过程中，我觉得三个关键词让我终生难忘。

第一是共产党员可敬。我们医疗队里面像杨老师这样的共产党员对大家很关照。晚上睡在机场里面，冷得发抖，他曾经在部队，有经验，叫大家睡一会儿起来活动一下再睡，否则会生出毛病。我们从杨村机场乘飞机到唐山去的时候，由于坐的是军用运输机，真的很吓人，舱门那边是开着的，刚开始上去还感觉好玩，结果发动机一开，机舱两边很热，像火炉一样烧，飞上天空以后又冷得不得了。解放军飞行员说：飞机要平衡，你们不要挤在一起，有一部分人要坐在口子那边去。我记得很清楚，坐在飞机舱门那就有可能掉下去的，但是医疗队的共产党员都坐到后面去了。其实往后坐很吓人的，一个是冷得吃不消，一个是恐惧得吃不消。

还有我非常敬佩的是，那天晚上发大水，伸手不见五指。水特别深，面盆、拖鞋等全部漂走了。那个时候韩士章让共产党员跟他走，结果党员全部跳在水里。那天晚上，在党员的带领下，大家保住了营地，保住了药品、器械。顺便说一下，在唐山市里面，有一个神奇的现象，房子全部倒塌了，视野可以看得很远很远，但是开滦煤矿研究所大门口的毛主席像没有倒。尽管大理石的底座已经有很大的裂缝，但是毛主席像不倒，当时老百姓讲这是神啊。

第二是子弟兵可爱。进入灾区时，我看见解放军战士穿着短裤、背心，只戴顶军帽，拿着铁锹排着队，跑步开进，这个场景非常感人。7月份的天气那么热，可有的楼房上还挂着尸体，有的脑袋露在外面，身体压在里面，都靠解放军把这些尸体弄下来，解放军身上都是臭味，但他们默默地坚持着。我们所在的煤矿研究所的营地比较好，因为那是办公楼，晚上人们就回家了，所以遇难者比较少，尸体比较少，但也有味道。我们医疗队是救治活人的。解放军不仅在废墟中解救活人，还要把死难者搬运出来。解放军是唐山救援的最大功臣。

第三，医务人员也不差。巡诊是我们的任务，每天起床后就两个人一组带着医药箱出去了。有一次我们出去巡诊的时候，看见马路对面的解放军在挖尸体，马路这边是焦急等待的家属。我们看见一位老大娘，苦苦守了好几天，盼望着解放军把她女儿的尸体挖出来。我们就关心她，给她量血压，安慰她。我问她，如果挖出来是血肉模糊的女儿，你还认得她吗？她说认得，我女儿是护士，这天上夜班，手上戴着上海牌手表（**那时上海牌手表是奢侈品**），戴着上海牌手表的一定是我的女儿。我们听到很难过，我们只能安慰她，开导她。对当地的老百姓来说，骨折是不稀奇的。我们曾碰到一个婴儿，妈妈没了，爸爸活着，一直在拉肚子，身上有很长一个口子，都溃烂了，我们医务人员及时做了处理，还把发给医疗队的营养品送给婴儿父亲，那时周围的人都高呼：毛主席万岁！

张秀珠：

我是五官科的。在唐山灾区五官科的日常小毛病是不多的，所以我总是背着医药箱，去处理外科如骨折之类的伤员，去帮着打绷带等。记得曾遇到一个伤员，经检查发现他的腿有一点扭转，这种情况大多是需要手术的，当时麻醉都准备好了，准备给他动手术。我上去帮他，试试看脚能动吗，结果一试，脚还很灵活，就没动手术，后来恢复得也很好。当时的手术条件不好，主要是消毒条件不合格，手术房是在帐篷里面再套一个帐篷，手术床也没有的，就是从废墟里弄来一个台子。所以能不手术就尽量不手术，如果感染了就不得了。

还有一次，我碰巧遇到了同事的舅舅。有一个人正在整理废墟，看到我们白大褂上印的虹口中心医院的字，就说：我的外甥女就在你们医院啊。我们就问她叫什么名字，他说叫王瑾侠。还是我的同学呢，原来是妇产科医生，这次没赴唐山。王瑾侠的舅舅很伤心地说：爱人和孩子都死了，家里只剩他一个人了，准备离开唐山。我们就送了一箱压缩饼干给他，他非常感谢。

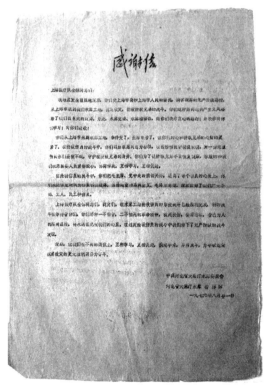

唐山地震后，中共河北省大黑汀水库委员会、大黑汀水库指挥部给上海医疗队的感谢信

那时，唐山有很多孤儿，当地人说你们既然来了，就带一个小婴儿回去吧。但那是不行的，上面有规定，我们不能带孩子回去的。

张可范：

唐山发生强烈地震的那天上午，我们就接到了区里的通知，准备到唐山抗震救灾。我是外科医生，当时在医院里负责业务工作，所以就以外科急诊为主组织医疗队。我们在医院待命到第六天，才坐火车北上，经过丰台、通县，来到了唐山丰润区。

在丰润车站，已见很多伤员往外转运，到处都是用树枝打的担架，情景很凄惨。接着，有汽车把我们送到迁西县，我们在那里开始救治病人。刚开始收治的七八个伤员，是辽宁医疗队留下的，伤势比较重，多是骨折的。刚到时，我们南方来的同志水土不服，开始拉肚子，但都坚持工作。8 月 21 日后，我们跟区中心医院的医疗队留下的 25 人，还有上海第二医学院所属的四个医疗队，合并成立了丰润临时医院。

上海医疗队除了在丰润县设了一个临时医院外，市第一人民医院在唐山市里设立了临时医院，上海第一医学院也在玉田县设了临时医院，我们上海医疗队在唐山救助了不少病人。因为唐山当地的医生大部分已经受伤或者遇难，所以我们上海的医疗队就撑起那儿的医疗工作。

唐山当地领导对我们上海医疗队非常关心，不只在生活上关心，在思想方面也关心。我记得曾组织我们听过几次报告，我印象最深的报告，是唐山某煤矿的负责人李玉林做的，讲述地震发生后，他在第一时间到北京去向中央报告情况的过程，当时北京还不知道地震震中在什么地方。可是他的家人却在地震中死了九个，他报告讲到这里，下面哭声一片，这时，他就领着大家唱歌，唱《我是一个兵》，大家的情绪才有好转。他报告的内容现在还有人保存着。

有一天，市九医院的一个医生来跟我说：防震棚里有人认识你。我在那里人生地不熟，觉得很奇怪。那天我去棚里，发现四个轻伤病人，全部是唐山地区的医生。他们为什么认识我？因为我毕业于河北医学院，又是校学生会的干部，他们也是这个学校毕业的，自然认识我了。大家见了面挺高兴的。我就想能不能帮他们呢，但什么上海的特产也没有，后来发现还有上海带来的两块肥皂，就送给他们了。第二天正好是中秋节，我们家从上海捎来了六个月饼，我留下一个，将五个月饼送给了他们，他们高兴得不得了。我能稍微给同学带去一点点的精神安慰，也觉得很开心。

我们在临时医院工作至 9 月 25 日才撤离。临走之前，我把所带去的两包医疗器械留给了唐山。我觉得，当时我们的确没有更大的力量帮助他们，尽这一点微薄之力对他们是安慰，对我们也是安慰。

2011 年地震 35 周年的时候，唐山市政府还给我寄了一封信。他们大概知道我还活着，所以给了我一封信，感谢上海人民对唐山地震的帮助。

王长春：

我是第二批赴唐山救援的。

我们从天津转到丰润，那里也倒掉了很多房子。那时，唐山丰润一带的人打招呼："哎，你还活着？"这个是最好的招呼了，唐山人民已经哭不出来了。

过了一个礼拜左右，上海新华医院、金山县人民医院、市二医院、市三医院，还有我们虹口中心医院，联合组建了一个灾区医院，叫丰润临时医院，有 300 张床位。医院有传染病科、外科、内科，还有泌尿科等。唐山市的病人就往这儿送，附近地区的病人也都送进来。那个时候重伤员已基本转运出去了，所以，医院也就能正常诊疗了，比如产妇生小孩等。当然，也会有较重的病号。印象深刻的是有个地震时受伤的病人，头皮里面都是蛆，真的很惨。

张子茵：

我是第二批医疗队员中留下参加丰润临时医院工作的 25 人之一。9 月 9

日毛主席逝世时，我们正在唐山。我还保留着当年的日记呢。那天，我们正忙着贴红标语，准备迎接新战友。下午4点钟，广播里传来伟大领袖毛主席逝世的消息，医院里的哭声连成一片。我们把欢迎新战友的红色条幅拿下来，一起在化验室做了两百多朵小黄花，在食堂布置了灵堂，当中挂上毛主席的遗像，整个场面很沉重。

当时，我在传染病科，我们每个科室都做了花圈，各种各样的，不比上海做的差。中间那个"奠"字是用白纱做的花做成的，边上的小花，分别用紫药水、碘酒等染色，做成黄花、紫花等，再做成花圈。当时，在临时医院里工作的大多是年轻人，二医大的工农兵大学生也很多。大家就写歌颂毛主席、怀念毛主席的诗词，我日记里也记了不少。我们再把诗词抄录成条幅，挂在灵堂里。二医大后来运来了一台电视机，但是没有信号，后勤的同志就把一根接一根的竹竿竖起来架天线，这样我们就能看到9月18日北京召开追悼会的电视转播了。

我们是8月4日去唐山的，9月25日交接后离开了丰润临时医院，一个多月的战斗生活，与队友结成的革命友谊让人终生难忘。

吴顺德：

我是和张可范队长一个队的。我们几个来自地段医院的与第四人民医院、区防疫站的人员组成一个医疗队。

在医疗救援中，我的日记里记录了一个叫陈秀珍的女伤员，地震后骨盆、手等多处骨折，因没有得到及时处理，伤口感染导致发烧，还伴有肺部感染。外科医生在处理手的伤口时，打开包扎绷带，发现伤口上都是蛆。我记得是横滨地段医院护士张子茵去处理的，小张用针筒把盐水打进去，蛆就跟着盐水流出来了。当时苍蝇很多，于是我们就在伤口部分，用铁丝和纱布做了一个罩子，把伤口罩好；处理伤口的时候就把罩子拿掉，这是医疗队当年防苍蝇叮伤口的土办法。

临时医疗点条件很差，病人都是躺在帐篷里的地上的，所以每次清创时，医务人员也都是跪或蹲在地上操作，确实很辛苦。当时，有个女伤员的伤情严重，到底要不要转运出去？张队长等队领导们讨论了很久，最终决定将其留下，积极对她进行伤口清创护理和输液抗感染的处理。经过六天六夜的治疗，这个伤员的伤情好转了。我们医生、护士真的是很敬业。由于水土和环境等原因，医疗队中有三分之一的人拉肚子，有的队员第一天吊了一瓶盐水，第二天就主动不吊了，其实吊一瓶是不够的，但是考虑到伤病员更需要，队员就不大顾着自己，而是处处想着唐山人民。

我们医疗队离开唐山时，当地的群众到火车站欢送，场面令人感动。

在撤离时，指导员对我说：有一些东西，比如队员们写的诗歌你拿着。我就把那些给带回来了，有些诗歌是蛮动情的。我还把党中央、河北省、唐山市的慰问信都带回来收藏。我忘不了唐山抗震救灾的经历。当时上海的群众希望了解医疗队救援唐山的情况，我从唐山回来后，作了十几场的宣讲报告，听众达五六千人，最多的一场有一千多人，甚至上午、下午和晚上一天讲了三场，直到喉咙发不出声音。宣讲的重点是解放军抗震救灾的英勇事迹、唐山人民抗震精神和上海医疗队的救援情况。

我在去唐山的火车上，写了书面的入党申请书。之后入了党，我担任吴淞路地段医院院长、虹口区健康教育中心主任等职务。赴唐山救援这段经历对我的成长是很重要的。

徐惠琳：

我原是海丰农场职工医院的医务人员，1973 年被农场推荐到市第一医科大学，成为工农兵大学生。学习期间正好碰到 1976 年唐山大地震，那时我正在市第一人民医院妇产科实习。我是班干部，又是党员，应该积极带头，于是迅速向党组织表决心，要求到抗震救灾的第一线，这一举动得到了学校老师的批准。我马上回家向爸妈打了个招呼，带了两件白大褂、一个听诊器、一点钱和全国粮票，以及一点生活必需品，就赶回医院待命。

我们是 8 月 4 日上午 10 点 53 分离开上海站的，火车经过南京后，就能看到前方来的列车里有被转运的伤员，有的包着脚，有的包着头。我看到这些场景时感到很难过，在心里默念当时的口号："山崩地裂志不移，一定要和灾区人民共战斗，更好地为灾区人民服务。"

此间，有一件事让我印象很深，值得讲讲。我是早班时接到赴唐山的命令的，我的一位男同学是中班，见我在医院待命，表示也想参加唐山医疗队，但名额已经满了，谁知他通过关系，跟着黄浦区中心医院的队伍上了火车。火车开动后，他就过来找我们，表示要和我们一起去战斗。但是，第一人民医院的带队负责人知道后说："我们不能少一个，也不能多一个！"一定叫这个同学回去。我们好感动，都舍不得，就跟领导说好话，觉得既然已经来了就让他去吧。领导坚持原则，称这是组织命令，一定要叫他在南京下车。最后，我们同学凑了一点车票钱给他，这个同学只得从南京下车，返回上海。

到唐山后，我被分在医疗队的妇产科。当时连产床都没有，我们给病人接生时，是用木板架起来的临时产床，跪在地上接生的。在一周内，我们做了不少手术。有一次，我们发现产妇出血不止，休克了，需要马上输血，医疗队员纷纷表示抽自己的血。病人的血是 AB 型的，结果一个是我们班的女同学，还有一个是第一人民医院麻醉科的张医生，两人各献了 240cc 血，挽救了一位产妇，体现了医务人员的高尚品德。

应该说，我们这些学生在唐山医疗救援工作中，学到了不少医疗知识和技能。记得一个病人要做死胎引流术，我在随队医生的指导下，在医疗设备简陋的情况下，用盐水瓶装水，一瓶接一瓶装下去，给子宫加压，直至宫口开齐，最后才把死胎给引了出来。小孩在羊水里面浸泡了五天，皮肤都烂了，手术时的味道很难闻，我们最后克服了困难，成功地救活了产妇，在当地传为佳话。当地人民送了我们一块匾，我们全组同志都受到了表扬。我们把匾带回来后，送给医院保存了，现在不知道还在不在。

随着时间的延续，外伤的伤员少了，为了防止传染病，我们走访每家每户，去发放药品，后来因药品货源供应跟不上，我们就到长城上的一个烽火台，去采中草药。早上步行去，晚上带回来，洗净后熬汤，再一户一户地送给当地群众，经过一个疗程的治疗，当地的传染病就被控制住了。

伍平：

因为学了医学专业，我在 1975 年被分配至防疫站工作。1976 年唐山地震时，我正在下乡劳动。以往出得最远的门是杭州，所以当上了去唐山的火车时，我感到很新鲜。我们是最后一批赴唐山的，任务是把前面的几批替换回来，接下来是灾后重建的阶段了。

我们的任务主要是控制大面积疾病的发生和传播，救援的医生是面对个体病人的，我们则是做群体工作的，具体就是研究如何科学有效地使用漂白粉。在唐山，面对如此严重的灾情，如此大面积的防疫，这对于我的人生和专业，有很大的影响。

在随后的岁月里，我于 1988 年亲身经历了抗击“甲肝”防治工作；2003 年，我参加了虹口区第一例 SARS 病人的防治，并成功控制了二代病人的发生；接着，我又于 2005 年赴普吉岛，参加了海啸灾害的疾病控制；2008 年，四川汶川大地震的灾后防疫工作我也去了。应该说，国内大型的疾病暴发和自然灾害防治工作我都参与了，国际的灾后救援我也经历了，而唐山大地震的救灾经历给我留下了最深刻的体验和启发，甚至可以说决定了我的职业发展方向。

现在想想唐山地震时的救灾应急反应，真是问题不少。政治上的原因，是当时的中国处于“文革”时期，不说平时缺乏与有救灾机制和救灾技术的国家之间的交流，甚至还宣布拒绝外援。当时，国内完全没有应急措施建设，本身的技术发展非常落后，这怎能不是大教训呢。反过来，像我们经过了 1988 年上海“甲肝病毒”的流行，到了 2003 年防治 SARS 的时候，整个国家的应急反应就全面跟上了。何况，这时我们已经打开了国门，国外的各种措施和应对方案，我们都能加以借鉴。

苗冬英：

我是在市第一人民医院退休的，当时去唐山的时候，是国际和平妇幼保健院的学生。当年，我记得是放假的时候，接到院长的电话，告诉我有这个任务。那时我正在服侍我姐姐坐月子，我妈妈也还没有退休，但我说没有困难，我就去了。老师和工宣队的领导跟我们说：你带一包盐，带点榨菜，带好换洗衣服。我有点激动，又害怕。第二天早上我们就出发了，8月4日到唐山，是第二批。在唐山，我就跟着我们的队长沈志方，他是国际和平妇幼保健院的主治医生，曾跋山涉水，为唐山当地的贫下中农孕妇接生。记得有一次，我们乘坐的汽车轮盘掉下来了，车子开不动了，我们就全部下车推，推到村里去给人接生。接生的时候，条件比较艰苦，我们自己弄了一个简易的临时产床，像战争年代那样，用小锅烧木柴来消毒。我们救治的病人，没有发生过一次感染。有一次，送过来一个产妇，很急，因为胎盘前置，出血很多，需要AB型血，我说我是AB型，我可以输给她，于是抽了我200cc的血，把这个产妇救了，剖腹产生下一个儿子，我记得当时给他起名叫"重建"。产妇家属当时就很激动，如果不是上海的医疗队接生、抢救及时的话，大人、小孩就都没有命了。孩子很健康地生了下来，一家人都非常感激。

我是9月28日回来的，回来的时候，单位领导、同事热烈地欢迎我们，他们肯定了我们的成绩。我当年20岁，很高兴为唐山人民尽了一点点微薄之力。

大灾救援的经历和思考
——殷祖泽口述

口述者：殷祖泽

采访者：金大陆（上海社会科学院历史研究所研究员）

　　　　马燕佩（中共上海市静安区委党史研究室主任）

　　　　郭晓静（中共上海市静安区委党史研究室副主任）

　　　　张　鼎（中共上海市静安区委党史研究室综合科科员）

时　　间：2015 年 12 月 16 日

地　　点：上海市隆安公寓 25 楼市退（离）休高级专家协会医卫
　　　　　专委静安工作委员会办公室

殷祖泽，1941年生，中共党员，主任医师。1964年参加工作，历任静安区中心医院外科副主任、副院长，静安区卫生局副局长、局长等职务。大地震发生后，作为第一批上海医疗队队员，赶赴唐山参与抗震救灾。

一

1976年唐山大地震的时候，我是静安中心医院的外科医生，作为第一批上海医疗队队员赶赴唐山参加救援。当时我已从医十年，属于高年资医生，专业是普外科和胸外科，这就决定了我参与救援义不容辞。

记得是7月28日，我刚做完一个大手术，趁着中午休息的时间去理了发。回病房的途中，外科支部书记找到我说："唐山发生大地震了，组织已经决定让你加入抗震救灾医疗队，赶快回去准备一下生活用品、换洗衣服，到院部集合待命。"当天晚上我们全区的医疗队员紧急集合，等待指示。在领导动员以后，大家当夜都没有睡好觉，有的人干脆在凳子上坐等到天亮。第二天清晨六点半，我们就赶到火车站，乘上了北上的火车。

当天从上海发往唐山的火车，应该不止我们一列。市级层面的医院应当更重要，比如中山医院、华山医院、瑞金医院、市六医院等，可能出发在我们之前。我们这列火车上，共有56个上海小分队，每个小分队有十多人。我们静安区是两个小分队共 32 人，大部分都是中心医院的，还有区属卫生系统的其他一些单位，包括区卫生防疫站和地段医院的医生。

这一夜我们在火车上根本没有睡觉，大家都非常兴奋，是等待任务的那种状态。而且在当时的历史条件下，上火车之后，组织学习的喇叭就不断地报道一些情况。第二天早上九点半，我们到达天津的杨村车站。其实快到杨村的时候，我们就看到天津郊区有些建筑已经倒塌，有些建筑墙壁上有大的裂口。在长江以南没什么动静，到长江以北，地震的迹象越来越明显。我们的心情越来越沉重了，我当时就在想，北京怎么样？

从火车站下车以后，我们到达附近的一个军用机场，那里聚集了很多人。我首先看到的是各种飞机，这是我第一次看到轰炸机，还有一些其他类型的飞机。各单位的医疗救援队伍人数很多，到处都是穿白大褂的。这时我们就看到了来自上海的市级医院的医疗队，然而我们相互之间也没什么交谈，因为大家的心情比较焦急，不像平常一样看到后嘻嘻哈哈打个招呼。尽管他们可能比我们早到天津杨村车站，但因为包括河北、天津在内的交通全部堵住了，也进不了唐山。这是唐山救援的一个教训，来自北京、上海的高水平救援队伍因交通拥堵，进不到唐山去，耽误了一天，给救援造成了很大损失。

时值盛夏，骄阳似火，水泥地犹如烤箱一般，杨柳树旁边的荫凉下肯定是人最多的地方。机场不可能有很多树荫，我们就在飞机的机翼下乘凉等待。下午，有人说北面生活区有个水池，就有很多人过去避暑冲凉，我也跟着去了；结果冲凉后，毛孔闭塞，感冒发烧了。当天晚上七时多，我们接到出发的命令，便从这个军用机场飞到唐山机场，用时很短，大概半个小时以内。机舱内十分闷热，在我前面坐着的一个检验科的女同事就昏倒了，且大汗淋漓，惊动了身边很多人。当时我们只能用掐人中穴位的办法，这才慢慢地让她苏醒过来。

到了唐山机场以后，伸手不见五指，我们就在路边安营扎寨，把塑料布往水泥地上一摊，"以天为被，以地为床"。我们身上带有压缩饼干，据说这

医疗队出发巡回医疗

种压缩饼干还是科研成果，在抗美援越战斗中起到了很大作用。当然更多的就是医疗药品、设施器械等。那时晚上没有水喝，没有饭吃，什么都没有。压缩饼干干得咽不下去，喉咙像冒烟一样，也都没有地方可以找水。

大家都没办法睡觉，于是第二天一大早就起来找水，因而有幸在途中碰到时任国务院副总理的陈永贵。他很早就起来了，用毛巾扎着头，显得很朴素。但我们没能靠得很近，他旁边围了很多人，有人保卫着，不可能接近。当时看到中央领导，我们都感觉很兴奋，后来还有人说看到华国锋了，我们没有看到。这时正好遇到空军的车辆从水库拉来了水，我们就满载而归了。

然后，我们沿着飞机场步行，到了生活区，那边有当年苏联专家别墅。当时因为地震的缘故，我们看到房子就害怕。于是就在这个区域附近选择一个地方，搭起帐篷、灶头和厕所。这些设施都很简陋。厕所就是挖一个坑，上面扎一扎，然后拿木板搭上。我们把土层挖得很深，北方土质比较干燥，污水容易被吸收，用完后就覆盖一层土上去。至于烧饭的灶头，也是先挖好一个坑，然后再搭建。好在我们医疗队的指导员冯其林同志是转业军人，部队野营的一系列做法他都熟悉。还有一个工宣队的屠师傅，也是部队转业的。他们为主干，我们就做一些小工来帮忙。那时没有人是闲着的，不管什么事情都争先恐后地去做，从来不计较。只要事情能做出成果，就是最大的安慰和光荣。

我们住的帐篷则要搭建在地势比较高、旁边有条件挖排水沟的地方。这样，下雨的时候，帐篷上流下的水可以顺着沟排到远处去。但是，作为医疗救护队，更重要的是还要搭建一些用于工作的帐篷。工作帐篷搭建好后，我们就把从上海带来的医疗器材设施安置进去。同时，因地制宜，设置了十分简易的诊室和抢救室。我之前因为冲凉感冒，浑身酸软，但是看到队伍里的同志积极性都很高，我也就奋力坚持工作。天黑时下了大雨，雨水渗进帐篷，不少睡觉的床铺都浸湿了。我们又赶紧把器材和药品都转移到高处保护起来。大家忙前忙后，身上都被淋湿了，而且都还饿着肚子，就这样度过了一个不眠之夜。这就是我们到唐山第二天的情况。

上海医疗队到来的消息不胫而走，还没等我们喘匀这口气，伤病员就集中而来了。于是我们马上就开始接待和诊治大量患者。作为第一批赴唐山的医疗队，队员们一般都是年富力强、医术纯熟、能吃苦、政治素质比较高的。所以，我们在最初的两个星期里，一共接待治疗了五千多人次的各类伤病员，平均每天要有三四百个。来就诊的人也不可能像平时在医院一样，从一开始就能分科就诊。面对这种情况，我们一律来者不拒，热情接待，并首诊负责。来到唐山实行医疗救助的早期阶段，我们的处境的确是比较艰难的，然而，我们医疗队同事们从一开始就能发扬大协作的精神，把坚强的意志、克服困难的勇气，以及体能的作用发挥到了极致。病人来了以后，我们就凭医务工作经验来判断。能够自己来的，伤病应该是比较轻的。被抬过来的，应该是病情比较严重的。我们根据轻重缓急，分别妥善处理。遇到重危病人，我们就需要判断是否有条件和能力治疗，没有条件和能力的就赶快转移。其实，分类判断是马上抢救还是转院，这是一门学问。当时也必须这样做，否则就会耽误病情。想抢救想治疗，但是没有条件和能力，一定会延误治疗。一个星期以后，情况有所好转。生活问题和医疗问题也都差不多解决了。

二

接下来我想重点讲讲医疗方面的事情。当时国际形势风云变幻，国内处于"文化大革命"后期，"四人帮"比较猖狂的阶段，整天都是"反击右倾翻案风"等政治斗争。从去到回来的火车上都是讲这种大批判的东西。而我们作为医疗队员，在赶赴唐山的时候，既要明确我们是党中央和毛主席派去的队伍，是去救援唐山大地震的；还要明确我们是受上海这座英雄城市和一千多万上海人民的委托去的。所以，我们首先应该以白求恩为榜样，高扬救死扶伤、革命的人道主义精神，这是我们的神圣职责。

那时我们还很年轻，血气方刚，就是怀着这样的心情和决心进入抢救现场的。有了这些，我们不会畏惧生活方面和医疗方面遇到的各种困难，都会尽最大的努力去克服。在去唐山之前，我们队伍中不少人都经历了"四清"运动的锻炼，经历了医疗队下乡为贫下中农看病，支援边疆也去过了，所以应该是有一定基础的。在困难重重、生活还没有安顿好的情况下，我们做的工作主要包括以下几个方面：

第一，应诊。就是要接待病人，就像刚刚讲到的那样，这种接待是全方位的，可以说来者不拒，所以人数是大量的，而且是不分科的。能看好的就及时治疗，不能看好的就赶快转院。

第二，抢救重危病人。当时病情以伤痛为主，各种外伤、骨折病人是很多的，也有一些小伤小痛的病人，以及大灾之后的传染病、流行病，还有就是常见病和多发病。其中还有一部分需要抢救的是脏器损伤的重危病人。

有一天晚上，手扶拖拉机送来一位中老年病人，现场诊断为腹部外伤、肠外露、急性弥漫性腹膜炎，病人已经中毒性休克。面对这种情况，我们当时决定马上进行手术。大庆人王进喜有句话叫"有条件上，没有条件创造条件也要上"，再多的困难也要克服。这话是有道理的，但也必须有专业技术的支撑，没有训练有素的外科大夫的话，就变成口号和空话了。在医疗器材设施很不匹配的情况下，人的主观能动性发挥到了极致。后来经过努力，病人抢救成功。做完手术后有专业护士 24 小时陪护。这位病人抢救成功后，当地很震动，大队支部书记、公社党委书记等人都过来感谢，讲了很多好听的话。这是我亲历的事情。（注 1）

我们静安区医疗队还在大震后的第九天，在一个芦席棚里，安全地接生了一个女婴。这个婴儿的父亲在地震中遇难了，母亲被压伤了。一个受过挤压伤的产妇在这样艰难的环境里生育，不是一件容易的事啊！当时，我们医疗队一无产科医生，二无设备条件，但有一位区中心医院妇产科的青年护士。在全队同志的鼓励和协助下，她勇挑重担。此时，棚外骄阳似火，棚内热气逼人，苍蝇乱飞。我们有的队员忙着赶苍蝇，有的拿着扇子为大家扇风，有的队员为产妇擦汗。经过二十多分钟紧张的战斗，婴儿终于顺利地出生了。

给婴儿起个什么名字呢？棚内棚外，我们的队员七嘴八舌，争着为婴儿取名。婴儿的母亲看着、听着，泪花扑簌簌地往下淌。经过一番热烈讨论，大家决定给婴儿取名为"李重建"（注 2）。婴儿出生后，她母亲的奶水不足，万航地段医院的章国良医生为此四处奔走，从解放军那里弄来了棉毯、奶粉和饼干。

另外，我们静安区中心医院的骨伤科医生操作闭合性骨折复位的能力比较强，因此大多对骨折病人采取闭合性手法复位和石膏固定，对严重的骨折也能有比较好的治疗效果。

第三，护送病人。外来的病人送到我们医疗队的时候不分科，也不分轻重缓急。有的病人病情比较严重，但是没有表现得很明显，一旦耽误就十分危险。面对这种情况，我们就要进行筛选分类，这是需要丰富的临床经验和专业基础的。分好以后，有些病人就需要立即转院。我曾多次担负转送病人的任务。我们负责把病人送到可以停直升机的地方，直升机再把病人送到大飞机上，转运到北京、天津、石家庄、沈阳等大城市进行治疗。也有些病人，不一定要送到大城市去，通过直升机接到医疗队里来救治也可以。转运危重病人也是分秒必争的，往往直升机还没有停下来，螺旋桨还在转动，我们就猫着腰，找到飞机出口，把病人从直升机里抬下来就跑。这种情况有一定危险性，但大家的斗志都很昂扬。病人接过来以后，医疗队就开始进行抢救治疗。有些我们没有条件治疗的病人则需要转移，有时送到直升机上，有时送到大飞机上。

有一次我转送病人，闹出了笑话。我负责把一个胸外伤病人送到大飞机上。从专业角度讲，由于对这类病人比较熟悉，我就主动守在病人旁边，不知不觉耽误了一小段时间，结果飞机门就关上了，我也被关在了里面。飞机起飞了，被送到了附近的另外一个城市，我就在飞机上照顾他。飞机降落后，当地的医务人员也是赶紧冲上来接病人。作为转送病人的我，因为任务完成，也松了一大口气，然后又跟随飞机飞回来。唐山机场基本上每两分钟就有一架飞机起飞，可见效率之高。当时我就深深地感到，转接病人的任务很艰巨很重要。因为病人的生命就掌握在我们手中，如果中途病人死亡，这就是一件非常令人痛心的事情。虽然不会追究我的责任，但是内心会十分愧疚。

第四，组织巡回医疗。第一阶段需急救的病人数量减少后，我们医疗队便不再单纯地等病人上门，而是主动外出寻找病人。我们根据分科、人力、技术和需要，组织了巡回医疗队，到群众家里，到田间，到车间，为病人服务。我们的带队领导和队员都想把工作做得细致一点，做得好一点，不辜负上海人民的期望。看到农民在白杨树旁的农田耕作，我们就主动送医；还有一些受了轻伤的百姓，到医院就医不方便，地方偏僻没有车经过，我们就赶到百姓家里为他们治疗。所到之处，当地老百姓都自发地鼓掌。开展就地医疗，就是针对不同的病人采取不同的治疗措施。我们还对有些病人运用了针灸和推拿，把队伍里中医医生的力量发挥得非常好，深受当地老百姓的欢迎。

第五，首长保健。我们医疗队的驻地在机场别墅区附近，有不少抗震救灾队伍的帐篷与我们毗邻。当时还有一个总政歌舞团的队伍也驻扎在那里，进行战地慰问。随着救灾情况的好转，露天电影也放映了，慰问演出也有了。每天早上，我们医疗队的领队还带领我们打太极拳，做广播操，很整齐的队伍，天天如此，雷打不散。旁边总政歌舞团同志就跟我们说："你们这支队伍，一看就是有战斗力的！我们要向你们学习！"除了总政歌舞团之外，附近还有类似解放军的指挥所。我们医疗队也会主动为非医疗队的抗震救灾队伍服务，也会出诊给司令部里的首长看病。这一般不是需要抢救的病，但也是必不可少的。

有一次，我接到给北京军区某空军司令员看病的任务。那天晚上我们主任不在，我和其他几位同事正在值班。从外面进来两名解放军战士，很威武的小伙子，夹着公文包，跟我们说："我们首长得病了，想请你们出诊一下。"因为他的病属于外科范围，于是我就去了。我进到了首长的帐篷，帐篷很大，让人眼睛一亮。首长看到我后，马上就站起来，非常和善，跟我握了手，寒暄一下。然后我询问了首长的病情，看到他的右上臂部皮肤有一块红肿区。我又问了病史，得知他刚打过预防针。我根据病情和打针的时间，判断该症状属于打完预防针稍微过度的反应。我把诊断结果告诉了他，并叮嘱了一些需要注意的细节，首长当即表示满意。约莫两天后，部队就来人跟我说首长病好了，并向我表示感谢。我觉得在唐山大地震的时候，碰到北京军区的空军司令员，并为他治病，是一件很荣幸的事情。

以上这五点就是我和医疗队亲历的工作。

三

今年是唐山大地震 40 周年。

我参加抗震救灾时 36 岁，还很年轻，很多事情不大懂。40 年过去以后，在生命的历程中也经历了很多，从一个外科医生走上了管理岗位。有句话叫"人生如梦，往事如烟"，我却认为"往事并不如烟"。有些事情可以随着时间的推移烟消云散，但是救援唐山这件事情在我心中留下了非常深刻的印象，绝不会像烟一样散去。唐山大地震的救援工作永远都在我心中，只要一讲起这件事情，我就会变得非常兴奋，因为有很多东西可以回忆，可以讲述。

当时，为了保证完成救死扶伤的医疗任务，我们必须克服医疗条件差和生活条件差的困难。于是，大家解放思想，开动脑筋想办法，把所有能够利用的条件发挥到最大限度。当时生活上的困难很多，断水、断电、断粮、断交通。举个例子，当时好不容易找来的水担心不卫生、不安全，我们有个队员自作聪明，在水中滴两滴碘酒消毒，但是一喝非常苦，难以下咽。仅有的一点水，大家都相互谦让，留给最需要的同事喝。在用水紧张的时候，上海人民关心我们救护队员，运送来一些苹果，我们则把大部分苹果分给病人，自己留下一小部分，但大家都舍不得吃，推来推去。

最艰难的时期就是刚来唐山的前三天，因后勤跟不上，一时没有东西吃，我们就出去挖野菜。当时我正感冒生病，吃到这种野菜的味道，回味无穷，至今难忘。我们吃到的第一顿饭是小米粥。有解放军空军部队到我们这里来看病，知道我们临时断粮了，就把自己带着的小米送了大半袋给我们。那顿小米粥也是吃得至今难忘。后来情况有了好转，蔬菜、大米、面粉等粮食源源不断地供应上了，交通也开始恢复了，小卖铺也开起来了，身上有些零用钱还可以去买点东西。因为不适应气候和劳累，50% 的队员都得了病，主要是肠胃炎和感冒发热，但队员们全都带病工作，没有人躺下休息。

在大灾难面前，在救死扶伤的神圣责任面前，我们医疗队的队员们不分彼此，每有一点好处都尽量让给其他人，真正做到了"人人为我，我为人人"，充分发挥了"共产主义大协作精神"。正是在这种局面下，我们每个人都最大程度地发挥作用，就地取材，因地制宜，物尽其用，人尽其力。一个人，一个团队，为什么能在这种极端困难的情况下既有勇敢又有智慧，宗旨就是一心想着要把病人抢救过来。

我们第一批医疗队撤离的时候，静安区第二批医疗队75人也都整装待发。医疗救治也开始进入比较有序的状态。

当时，唐山市委领导到火车站送我们，和我们每个医疗队员握手，讲得最多的一句话是："非常感谢你们，唐山人民永远不会忘记你们！"每当回忆起唐山那段经历，这句话都让我记忆犹新。回到上海后，单位党组织对我们非常关心，进行家庭慰问、组织座谈，开各种会议进行表彰等。我的儿子1974年出生，我赴唐山时他还不到两岁，迎接我的时候，我看他满头都生了疖肿，整夜都睡不好觉，我回沪后正好利用短暂的休息时间悉心为他治疗，随后就又马上投入到了新的工作中。

唐山大地震30周年的时候，时任静安区食药监局局长的丁宪（**上海第一批赴唐山医疗队队员**）曾组织当年包括我在内的部分医疗队员去唐山故地重游。我们一路北上，登泰山望日出、访孔府，途经天津，来到唐山，一路上感慨万千。国家经过改革开放近30年的发展，昔日落后的面貌一去不复返，我们看到的都是一片蓬勃发展的景象。唐山市卫生局的同志热情地接待了我们。大家参观了唐山大地震纪念馆和相关遗址遗迹，以及我们曾经的驻地——昔日的唐山机场。由于触景生情，我内心久久不能平静。我们还去了曾经搭建帐篷的地方，那里有一座房子，房子上有烟囱，当年大地震后就**矗**立在那里。我们第一次看到这座烟囱的时候都很好奇，在准备跑进房子里面一探究竟的时候，突然余震发生了，吓得我们赶紧跑了出来。后来当地人告诫我们不要乱跑，千万谨防余震。

故地重游，让我感慨万千。第一个感慨，是唐山人民的贡献和情谊。唐山人地震以后，当时的"豪言壮语"实现了：一个"新唐山"屹立在冀东平原上。唐山用一座现代化城市的形象，展现了改革开放的伟大成果。唐山市卫生局的领导热情地接待我们，指引我们到各处去参观，也讲了很多好话，其中记忆最深的，就是那句"唐山人民永远不会忘记你们！"时隔30年，熟悉的话语重响耳畔，让我产生了强烈的共鸣，眼睛也湿润了。

第二个感慨，在物质条件极度匮乏、"文化大革命"造成极度混乱的时期，天灾和人祸加在一起，我们能够挺过来，能够站起来，这离不开人民的坚强、解放军的勇敢和"全国一盘棋"的支援。

我曾在美国待过一段时间，他们那边遇到一些大事，做起来就比较拖沓。"911事件"是2001年发生的，直到现在才全部处理好。2005年"卡特琳娜飓风"重创新奥尔良，造成大量房屋倒塌，农田被毁，到现在还有不少无家可归的人。资本主义虽然有其自救能力，但是已然显得老态龙钟。改革开放以来，中国焕发出蓬勃生机，这三十多年来的成就已经充分证明了中国共产党的正确领导和社会主义制度的优越性。唐山大地震的抗震救灾和城市重建也印证了这一点。

当时我们拒绝了外援。我认为，在大灾大难面前，伸出援助之手，这是人类的良知，也是人类互助最宝贵的精神体现，这是可以分享的，而不应因为政治制度或其他原因放弃。如果当时能够接受外援，应当能够抢救更多的生命。这一点也需要我们反思。

第三个感慨，参加唐山大地震的救援工作，让我受到了深刻的教育，包括对世界观的培养、意志力的锻炼、应对突发事件的能力，以及体能等方面的考验。这些都是受益无穷的，都是客观实践的结果。1988年甲肝大流行，我在静安区卫生系统的管理岗位上工作，那时疫情十分严重，医院床位非常紧张，老百姓每当看到有病床空出来，就急匆匆地抱着铺盖铺上就不走了。当时我就想：即使是再大的困难，难道比抗震救灾时的困难更大吗？于是我就在深夜给区长打了个紧急电话，说明情况。第二天一早，区长马上召集相关单位开会，商定妥善的解决方案。当时正值寒假期间，经过商议，决定将五四中学（静安区中心医院隔壁）教室征用为临时隔离病房。会议召开的当晚即着手安排病人陆续来此住院治疗，并且以此为例，不久又在全区办了多个临时隔离病房，最终很快有效地控制了全区疫情的扩散。当年的大年初一，时任上海市市长江泽民同志和副市长谢丽娟同志来静安区慰问，充分肯定了静安区的甲肝防治工作。在后来的工作中，我也遇到各种各样的困难，但是为什么能克服、能战胜呢？靠的就是坚强的意志力，就是来自参与唐山抗震救灾经历的锻炼。对我来说，这真是一笔宝贵的财富。有了这笔财富，我的思想更成熟，性格更坚强，才能够为党为国家好好地做一些事情，不愧对自己的人生。

（注1）据《上海抗震救灾医疗队汇报提纲》记载：1976年8月13日深夜，医疗队负责人正在研究工作，手扶拖拉机的哒哒声打破了夜空的宁静。"有急病人！"我们医疗队的队长、指导员都不约而同地奔出帐篷。车还没停稳，我们已经迎上去了。一问是个腹部外伤、肠子已经流出肚外、弥漫性腹膜炎的重危病人。这个病人58岁，是个老贫农，要对这样一个重危病人在当地进行手术抢救是十分困难的。但我们队伍的同志豪迈地说："有条件要上，没有条件创造条件也要上！""时间就是生命""抢救就是命令"。这时，已经入睡的医疗队员一个个从被窝里跳起来，从帐篷里奔出来，整个医疗队沸腾起来了，有的烧开水消毒医疗器械，有的煮生理盐水，有的打扫手术帐篷，有的洗手准备上台做手术。没有手术台就在小桌子上铺门板，没有手术衣就用塑料饭单消一下毒，没有盐水架就用木棍，没有盐水袋就用纱布条，没有无影灯就用电灯、手电筒代替。抢救中我们的医疗队员不分中医、西医，不分外科、内科、伤科，不分医生、护士、检验人员，哪里需要就在哪里战斗。两位外科主任和一个高年资外科医生（即口述者）三人同心协力，密切配合，只用了两小时十五分钟的时间，就完成了原来需要四五个小时

才能做完的手术。这位老贫农安然脱险了。清晨五点多钟，他们公社党委记带领着五十多位贫下中农赶了三十多里地，特意来向我们医疗队致谢。他们急切地反复地问我们每个同志的姓名，可是回答是那么一致："我们是毛主席、党中央派来的上海医疗队！"

资料出自《静安区革委会卫生组关于静安区赴唐山抗震救灾医疗队的汇报提纲、领导讲话、记录、名单、照片、来信》，档号 29－4－454，1976 年 12 月 30 日，静安区档案馆存。

（注 2）据统计，上海赴唐山医疗队共接生了 37 个婴儿，大多起名"抗震""救灾""胜利""海唐"等。有一个婴儿，是在 8 月 2 日经过 6.3 级余震后生下的，故取名为"震生"。

没有硝烟的"战地救护"

——杨涵铭口述

口述者：杨涵铭

采访者：金大陆（上海社会科学院历史研究所研究员）

　　　　戴润明（复旦大学附属华山医院党委办公室副主任）

　　　　张　鼎（中共上海市静安区委党史研究室综合科科员）

时　　间：2016 年 1 月 11 日

地　　点：复旦大学附属华山医院哈佛楼

杨涵铭，1939 年生，主任医师，先后从事神经内科、神经外科、急诊及 ICU 等临床工作。1999 年退休前，担任复旦大学附属华山医院急诊科主任。曾任中华医学会急诊学会委员、上海医学会第 33 届理事和急诊医学委员会主任委员等职。大地震发生后，作为第一批上海医疗队队员，赶赴唐山参与抗震救灾。

我 1939 年出生，1976 年唐山发生大地震时，刚好 37 岁，年富力强，已在神经外科工作十余年。唐山地震当天，我们华山医院紧急组织了三支抗震救灾医疗队，每支队伍 15 人。像我们这种大医院，派出一个人是没有用的，没有协作什么事情都做不了，所以必须成立一个大的医疗组，大医疗组下再分几个小组。

我记得那天下午，上海的天气格外晴朗，谁知在祖国的北方会有一场天大的灾难呢！我正在神经外科看门诊，突然接到医院党委办公室的通知：因唐山发生了大地震，你们要立即赴前线参加抗震救灾。我当时只穿着白大褂和短裤，下面一双塑料鞋，就问能不能回家换身衣服，但通知说情况紧急，马上会有飞机来接大家，让我们不要离开。所以医疗队员全都留在办公室等待。后来考虑到口袋里没有钱，我就回去拿了十元。我们医院有一个党委副书记，是从沙家浜地区的新四军部队里出来的，他说：我们打游击的时候都配带一张草席，所以给我们每个人都买了一张。结果，我们在办公室一直等到第二天早晨，因为唐山机场发生事故，一架飞机的机翼撞到房子，机场封闭抢修，原来准备承载我们的飞机无法起飞。恰巧哈尔滨到上海的火车回不去了，所以我们才改坐这趟车赶赴唐山。当时每个医疗队配备一辆大卡车，车上插了很大的"红十字"旗帜。上海市各大医院都派出抗震救灾医疗队，几十辆卡车集结在人民广场，车上密密麻麻的都是穿着白大褂的医务人员。当我们的车队浩浩荡荡地从人民广场开往老北站时，老百姓看到这个场景，还以为要打仗了呢。

虽然火车上有电风扇，但那个晚上大家都迷迷糊糊的，热得没有睡着。

第二天凌晨，火车到了天津杨村，路就不通了。大家便在旁边的杨村机场待命。我们的救援队里有军宣队和工宣队，军宣队联络沟通能力比较强，他们就跟杨村机场的军人说明了我们的情况。机场同志有经验，他们说最要紧的是盐，于是我们每个小组各买了三斤盐，我们还买了肥皂等生活必需品，每人还买了顶草帽，因为当时是盛夏，太阳暴晒。机场开阔，我们没有地方去，就都躲在飞机下面，避免太阳照射。不过一会儿就有驾驶员过来说："老乡，我们飞机要飞了。"我们就转移到另一架飞机下面去。另一架飞机又要起飞的时候，我们就再继续转移。

下午，终于来了两架运8飞机。我们每个医务救援人员都带了很多东西。我作为神经外科大夫，带了必需的手术器械、**A超（用来确定脑内疾患定侧）**、整箱盐水等物料，后面背得像山一样。但是我们精神振奋，力气也变得很大。我们排着队上了飞机。飞机里面什么都没有，就是一个地板。我们把东西堆放在当中，大家围着坐在地板上。飞机起飞后，飞得很低。一出杨村机场，我们就看到下面化为一片废墟的村庄。其实，唐山大地震发生后，北京通县、天津郊区也都遭受了很严重的损失。我们在飞机里感到闷热，就跑到驾驶室，看见驾驶室里的飞行员都打着赤膊，穿着短裤。我们问他们有没有水可以喝。他们说："没有水，只有牛奶。需要牛奶的话你们可以喝。"我们就喝了一点牛奶。后来，我们发现有个女同事怀孕了，不宜背沉重的行李，男同事就义不容辞地分担了。

飞机降落在唐山机场，唐山机场也很乱。那里的房子都是新中国成立以后用砖头和预制板造起来的，这种房子很不牢固，很容易倒塌。唐山机场的指挥所也垮了，据说机场的各类指挥和后勤人员是从北京急调来的，机场上是人拿着报话机和红灯来指挥飞机起飞和降落。我们暂时还没有接到任务，就在原地休息。北京的消防车送水来了，我们就去拿水。喝完后就拿塑料袋把水扎起来储存。天亮以后，指挥部派人来通知："你们的任务在丰南，那里是震中。但是现在铁路不通，北京方向不通，东北方向也不通，桥梁也断了，唐山火车站也毁了。只能用汽车送你们过去，但是也不知道路上是什么情况。"

一筹莫展之际，我们看到旁边有解放军驻守的大帐篷，猜想应该是抗震救灾的指挥部，于是就过去找那里的领导。因为我们戴着"红十字"标志，所以通行无阻，解放军对我们也很客气。抗震救灾中央指挥组成员杨富珍（**时任上海市革委会副主任**）听见乡音，出现在大家面前，对我们表示欢迎，她说的也是上海话，问我们怎么样，我们就把具体情况向她汇报了。杨富珍告诉大家，陈永贵副总理也在这里，他是抗震救灾的总指挥。通过杨富珍的引见，医疗队受到了陈副总理的接见。一身北方老农装束的陈副总理沉重地给大家介绍了唐山的灾情，也对我们上海医疗队表示了欢迎。陈副总理说了很多，我记得最清楚的两句话是："唐山地震是毁灭性的！灾情太严重了，至今，我们都还不敢和毛主席讲。"因为当时我们已经失去了周总理和朱总司令，毛主席也身患重疾。

在陈副总理的安排下，我们医疗队终于乘坐直升机到达丰南地区。直升机上没有空调，也没有地面指挥，驾驶员也都是光着膀子，短裤赤脚，凭经验把飞机开到目的地。飞机上的座位全部被拆除，大家坐在两边的地上，中间放着医疗器械。我记得中央电视台新闻中还播出过这个镜头。到了丰南，进了中学操场，驾驶员关照我们，飞机不停止运行，下了飞机以后背着东西赶紧往后跑，不要向前跑，否则有被直升机的螺旋桨打着的危险。因为广场上聚集着成千上万的老百姓，他们会围着飞机往上送伤员。如果遇到一些还没有送上飞机就已经死去的伤员，他们也没有力气再送回去，只能把尸体放置在机场边上。我们这些人做了十几年的医生，对尸体不会太恐惧，一起来的医学生没有见过这种场面，十分害怕。我们就安慰他们，并让他们躲在我们身后。其实现场秩序很好，武装民兵等飞机一落地，就包围了操场，一般人很难靠近。

我们来到丰南中学的操场。当地人说，地震发生后，交通、电信全断，县城已经与外界隔绝三天了，更严重的是还没有电。当时天气很热，我们就去水里面冲凉。其实水里也有死尸，但因为太热的原因，大家也管不了那么多了。没有饮用水，我们就把沟里的水取上来，放到锅里煮，煮开了再喝。

丰南县城是不能住的，余震不断，房子倒下来非常危险。队员们就乘手扶拖拉机到了胥各庄。大家在一大片菜园子旁边的打谷场上支起帐篷，插上旗帜。马上就有伤员送来，我们当即开始了抢救工作。

唐山地震的伤亡是很惨重的。第一批送来的多是截瘫病人，伤情常常使随队的医学生害怕得叫出声来。很多截瘫病人有尿潴留，小便拉不出来。导尿管用完了，我们就剪下倒塌房屋的电线，抽出铜芯，将塑料管（**电线包皮**）的一头在火上加热封好，再打上两个侧孔，就成了一根可以应用的导尿管了，再用二锅头消消毒，这样就解决了很多尿潴留的病症。病人的生命体征如果稳定的话，就暂时安置在当地老百姓家中。因为我们也没有更好的地方安置。我们自己有一个帐篷，杨村机场送给我们一个帐篷。我们扎帐篷已经习惯了，因为是平时的专业训练。除了我们自己睡的帐篷，还剩下一个小帐篷，用来存放医疗器械。

有些危重的病人需要开刀抢救，包括神经外科、骨科和普外科等方面的手术。说实在的，当时根本没有适合开刀的外部条件。余震不停，没有人敢进房子。于是我们就露天开刀。消毒的资源也很紧缺。老北京二锅头和当地老白干作为酒精消毒，应当可用。我们就去问生产大队有没有酒，他们都很慷慨地拿给我们使用。

需要给病人动手术时，我们就用洗干净的装化肥的塑料袋子剪三个洞，消毒后套在身上当手术衣。天气炎热，护士就在身后为我们擦汗打扇降温。在这样艰苦的条件下，我们医疗队共进行了几十台各类外科手术。手术一般在远离房子的打谷场上进行，我们支起两张凳子，搁上一块平整的门板，铺上消过毒的被单、塑料布。所谓消毒就是将要消毒的东西放在蒸馒头的蒸格内蒸。北方的蒸格很大，很管用，用砖和泥架一个灶台，烧火，用蒸汽消毒，就解决了。作手术衣使用的水泥或肥田粉塑料袋，就在河里洗净，时值盛夏，红日高照，一会儿就晒干了。经消毒后再用酒多次擦拭外面一层，以保障无菌。手术时，麻醉师、手术台上下的护士和医师均按正规手术流程操作。

我收到过一个病人，神志尚清晰，一侧眼睛的瞳孔很大，A超检查在这一侧有一个外伤引起的血肿。我们上麻醉后就切开头皮，发现是一个凹陷骨折及硬膜外肿。我们取下颅骨清除血肿，止血，将颅骨整复后放回原处，缝合头皮。这种手术在华山医院属于小手术，但在那种环境下，不得不做，否则两到三天后，血肿变大了，就可能有生命危险。手术后这个病人一直神志清醒，直至转到外地。其实骨科手术更多，普外科换药很多，但没有 TAT（预防破伤风），所以后来发生了许多破伤风的病例。

我们在上海做此类手术时，还有感染的情况。但在唐山，在露天或帐篷里面做的手术，却没有发生感染的。当时伤病员确实很多，大家深知抢救的时机对于生命的重要性，所以从早到晚不停息地忙，工作强度非常大。还有一些队员则白天冒着酷暑，一个村庄接一个村庄地巡回，轻伤员当场治疗，重症病人则拉回医疗队治疗。

丰南没有平坦通顺的马路，路上都是一堆堆的瓦砾，救护车只得在瓦砾上开，我们也只得在瓦砾上走，不晓得地震前这里是马路，是田地，还是人家，反正认准方向往前走就是了，根本看不见路，高高低低像爬山一样。

在当地生活，最大的问题是上厕所。刚好在我们驻地旁边有一个菜园子，我们就自己动手在菜园子旁边挖厕所。另外，睡觉也成问题。男男女女挤在一个大帐篷里怎么行？我们就想办法，男女同志分为两边，中间用行李隔开。但酷暑难熬，洗澡更成了大问题。男同志不要紧，晚上黑灯瞎火，弄点水来洗洗就可以了。女同志怎么办？我们也不放心女同志独自外出洗澡。于是，我们就想了一个办法：男同志背对女同志在外面围一圈，女同志自己在里面围一圈，当中留一个女同志在洗澡。这样女同志一个挨着一个洗就可以了。吃的方面，一开始我们是吃压缩饼干，自己煮水喝。我们这支医疗队吃蔬菜是没问题的，因为旁边就是菜园子，茄子、长豇豆之类的蔬菜都有。考虑到我们平时工作量特别大，后来当地老百姓就拿来了锅，帮我们做饭。三天以后，通电了，可以打水了。老百姓派一个小同志每天骑着毛驴来给我们送水。

不久，电话也通了，公路也通了，我们可以直接将截瘫、颅脑损伤等危重病人送到火车站进行转运。于是，我们就联系了解放军。解放军对我们很好，时常给我们送来大米、盐，还有筷子、铁锅等生活物资。可以说我们医疗队缺什么东西，解放军都尽量供应给我们。解放军派来了两部车子，把我们这边的重伤员送到火车站，我们男医生是跟着一起去的，女同志则留在驻地守候。到了火车站，我们看到"唐山站"三个大字都被震得掉落在了地上。人们说火车站旁边的房子倒塌了，阻挡了火车轨道，要把房子拆掉。我们就等着拆了一个晚上。谁知，当晚突遇狂风暴雨，没有人敢进房子里面，大家只得在露天用四个棍子支一块塑料布，搭起一个篷，在塑料布底下待着。这种状况下，大人还勉强受得了，小孩子因为环境又冷又湿，都哭了起来，到处都是哭声。我们听到后，心里很不是滋味。那段经历让我终生难忘。

于是，我们找到火车站解放军指挥部，说我们上海医疗队是来送病人的，中午和晚上饭都没吃。解放军就送来一大箱饼干，我们就用解放军的水壶把水灌满，边吃饼干边喝水。天亮后，火车通了，当时没有电话联系，写信既没有邮票，也没有地方邮寄，大家想到出来这么久了，都没有和家里联系，心里又惦记又着急，于是趁着这个机会，就都抓紧时间写家信。信封好以后，我们又拿钱给了火车上的解放军工作人员。等到我们回到家以后才发现，这些信都是从哈尔滨寄出的，这是因为当时唐山火车只通东北方向。

送病人的那个晚上，又冻又饿。第二天回来后发现我们自己的帐篷也在狂风暴雨中被毁坏了。等天放晴，我们只好把帐篷重新支起来，点火烧稀饭，晒一晒衣物。

在救援过程中，解放军战士的服务特别好。我在送病人的过程中，看到一座座六层楼被地震摧毁，推倒后就像一座山一样。像上海一样，当时唐山的六层居民楼也是砖堆砌后架上预制板，没有框架结构，地一摇就塌，大家说像手风琴压缩了一样，住在里面的人损伤很大，几乎无人幸免。解放军开来了很多吊车，把尸体从废墟中一个接一个地吊出，简单地包一包，放在卡车上。因为天热，他们穿戴着防毒面具、长筒靴、长橡皮手套，劳动强度非常大，好多解放军还被感染得了病。当时处理尸体很简单，包好后，挖一个坑，把尸体放进去，撒点石灰，打上消毒药水。尸体就是这样一批一批地进行处理。后来发现这种方法不对，许多年以后，大量尸体在地下不会腐烂怎么办？于是就把尸体挖出来再重新处理。不久，上海运来了一批尸体袋，可把尸体放进去慢慢腐烂。

这是我们工作的第一个阶段：抢救伤员，护送病人。

第二个阶段就是预防传染病。以历来的经验，地震过后，疫病很有可能流行。疫病导致的死亡人数，往往比在地震中死亡的人数还要多，而且规模还要大。据说 1936 年唐山附近地震，震后疫病流行，死亡无数。针对这种情况，唐山采取了多种办法。一是用农用飞机喷洒敌敌畏，喷洒之前都会通知民众，把饮用水等东西盖好，但这样也难以全面覆盖，于是另外还用汽车后面装一个水兜，像洒水车一样沿着马路喷洒。还有人肩背喷雾器补死角，做到消毒全覆盖。还有一种方法就是我们医务人员给当地老百姓打预防针，这种方法是彻底的，而且每天都在进行。经过全面的努力，这次地震过后，整个夏天都没有因疫病死亡的人。

给老百姓打预防针，最大的问题是没有针筒和针头。于是我们就问当地医院的医生，他们说有，但是在县医院里，一旦余震发生，医院的断垣残壁随时有倒塌的危险，所以没人敢去拿。面对这种局面，我们医疗队员冒着危险，组成"敢死队"，一个接一个，轮流地憋住一口气冲进去，到达指定地点，拿到了东西就赶紧往外跑，场面真是惊心动魄，因为万一房屋倒下来就完了。但是没人说这件事不应该做，也没有考虑如果发生意外怎么办，就是为了把这份工作做好，将生死置之度外了。

当地老百姓也很配合。以前给他们打预防针，都要到每家每户去做动员工作，有时候还会出现骂人打架的情况。然而，这次打预防针，因经过前期动员，老百姓都很自觉地排队。大概一个星期以后，预防针都打完了。这样第二个阶段也结束了。

之后，我们从丰南搬到唐山师范学校，准备筹建抗震医院。那时天气已经冷了，当地人给我们造了芦苇房子，稻草房顶，四面墙内是空的，门口烧火，热气从另一个口冒出来，这样房间就热起来了，这就是当地的火墙。我们不习惯睡这种火炕，睡火炕不能穿衣服，否则浑身都是汗。睡上时炕上很热，天亮就冷了。我们到老百姓家里去看，他们地震后造了简易房，每家人就是一个炕，家里有几代人的话，就用一块布隔开。一家人就这样住在一个大炕上。因为我们用不惯炕，火墙要用煤。一开始给我们的北京鑫龙煤烧不着，后来给我们的开滦煤就很好，真像汽油一样，拿张纸引着，就冒出了蓝色的火焰，等开滦煤烧旺了以后，再把鑫龙煤加上去。房间内整天温暖如春，不比空调差。

因为没有办法洗澡，我们身上都长出了跳蚤。后来上海送来很多樟脑丸。我们就把樟脑丸放在床上，跳蚤自然就少了许多，否则身上会很痒，需要天天晒被子，晒太阳。有时晚上温度实在太低，我就在下面铺了几层棉毯，上面盖了三层，还铺了两件衣服。这才勉强挺得住。在吃的方面，后来也有大师傅来给我们烧饭，主要吃馒头、面条和油条等。虽然条件仍然艰苦，跟上海家中不可比，但是大家苦中有乐，还是很开心的。所以，我体会到，打仗最要紧的就是要让解放军吃饱，大战前一天一定要吃饱饭，这样打起仗来才不会受影响。所以在抗震救灾过程中，我们的后勤保障是不可少的。

唐山的余震很多。有时候人在上厕所时，地震就发生了，还没来得及提裤子，就马上从厕所跑出来，然后抓牢一件物体，保持身体的平衡。有时晚上睡觉也会发生地震，大家都很害怕地穿着棉毛衫、棉毛裤从房子里面跑出来，外面又特别冷，短时间内也不敢回去睡觉，只得在风中挨冷受冻。我们在房上挂了马口铁，地震的时候，马口铁会"当当"作响，一天会响很多次。

记得我经历过一次最厉害的余震。当时我们去广场看电影，因为怕余震，一般都在露天放电影。我们坐在很大的石条上，石条足有几米长，一米左右直径，几百上千斤重呢。突然听到好像有几十架甚至上百架飞机飞过一样的声音，发出很闷的"嗡嗡"声，有一种无形的恐惧感。响过以后，人和几千上万斤的石头都被震得跳了起来，先是垂直跳起来，片刻即大幅度左右摇摆，感觉眼前所有的东西都在动。人根本就站不住，坐不稳。余震历时很短，震后的一分钟，周围没有一点声音，一片死寂。过了好长时间，人们才"哇"地一阵尖叫起来，大家都吓懵了。但电影继续放，大家也继续看。后来听人说这次余震很厉害，但没有造成人员死亡，只有几位在房子里的人跳出来，受了下肢骨折之类的外伤。这也是我人生中经历的最惊险的一次地震。

当地的医院基本上垮了，我们就在唐山师范学校里面建了一座"抗震救灾"医院（*此时已不称"医疗队"*），这是上海一医系统以华山、中山医院为主，联合上海多家医院建成的。这样，很长一段时间就靠我们在那里撑着。殊不知，我们开始的重点工作是治疗破伤风。当时破伤风的病情很严重，人数众多，整个大礼堂都是破伤风病人。每个病人每日需要用十万单位破伤风疫苗，分配给我们的是每支 1500 个单位。我们就动员全院的医务人员都出来切割安瓿，因为用量很大，所以一天从早到晚都在锯安瓿。骨科和传染科医生奋战在第一线，在大礼堂搞了很长一段时间。我们同时也接收外面来的病人。来院的病人骨折的很多，骨科大夫来不及做石膏绷带，也是动员大家有空就帮着做。其实我们大家也是首次或很少见到破伤风发作，因为在上海已基本没有这种病况了。

为了利用原县医院的 X 光机，我们在不稳固的 X 光间内搭了一个原木结构的房子，像大房内衬了一套小房子，这样我们就有安全摄 X 光和各种造影的能力。这机器太小，摄 X 光或造影时间长，工作人员要多受 X 光的照射，明知对身体不利，大家也泰然处之。医院有了各个部门和科室，也有病房，开刀手术就都可以做了。中山医院的医生像心脏两尖瓣方面的手术都做了。骨科医生做过股骨头置换术，我在其他医院医生的帮助下，也做了脑血管造影、脑瘤等手术。这些手术都是当时上海三级医院的水平。所以老百姓对我们反映都很好，非常感谢我们，邀请我们到他们家里去吃饭。

记得有一次，老乡驾着解放军送来的一辆胶皮轮马车接我们。我们坐在后面，穿戴着解放军的帽子、大衣、棉裤和鞋子，到了百姓的家里。老百姓怕我们冷，连忙招呼我们炕上坐。我们三点钟去百姓家里，就是不想麻烦他们请我们吃饭。结果他们还是很热情地做饭招待，还拿出冻山芋和冻柿子等唐山特产给我们吃。有时晚上去百姓家里急诊，天气太冷，我们都冻得发抖。条件还是比较艰苦的，但老乡很热情。

我认为，那次抗震救灾的成功，都是因为我们祖国的伟大、毛主席的威望，以及中国人民解放军的忠诚，当然还有老百姓对国家的充分信任。在当时那么乱的情况下，地震发生后，还在当地进行操练的解放军两三个钟头后就赶到了唐山。当时听闻 38 军军长曾下命令：三个钟头内必须赶到唐山，否则军法处置。解放军进驻唐山后，马上就把银行、核电、监狱等地方控制住。到了地震发生的当天下午，又从北京和天津地区调来大批民警，抓了一些坏人，基本上在三天内就控制住了局面。我在当地就参加过枪毙一批不法分子的公审会。在特殊的局面下，不用重法是不行的。据说监牢里的犯人都没有逃脱，人民银行没有少一分钱，百货店也基本上得以保全。唐山农村的老百姓也都是好样的。当地大队党支书说，地震一停，就有人自救解脱，他们首先去救支书、队长、民兵队长和妇女主任等干部。因为干部一出来，有号召力，就能将人组织起来，大大提高了救人的效率，所以农村伤亡比城市小得多。而且根据当地习惯，将死亡者依据性别分开埋葬，得到群众支持。在震后，老乡也很镇静，没有哭喊连天的现象。少数反应性精神病者，用很少药物即可缓解。当地民兵虽然家家都有点伤亡（**北方人习惯将亲属都称一家，所以一个家族有几十口人**），但仍坚持巡逻，支起很多高射机关枪，保家卫国。

唐山地震中也有很多奇怪的现象。例如我们所在地区有几个慢性精神病患者，他们家里人有伤亡，但他们那天晚上均未在屋内睡觉，第二天发现他们毫发无损回来了。老乡们很奇怪，我们这些医生也讲不清楚什么原因。还有就是动物比人敏感，地震中大牲畜关在栏内，只要不用绳子牵牢，一般都能在震前逃到屋外，特别像猪，当地猪栏有几尺高，地震中均能跳出来，能跳好几尺高，震后老乡为了捉猪，要骑马去包围追赶，常常十几个人半天才捉到一只会飞奔的猪，原来猪急也会跳墙，看来可以增加一个"猪急跳墙"的成语了。

在抗震救灾的日子里，从外地飞来的直升机基本上天天都可以看到。飞机上会不断空投《人民日报》、各种通告、整包的衣服、大饼等东西。我们队里当时有个骨科医生，飞机飞来的时候，正好在给一位病人看病，恰巧看到飞机上扔下来一个大包朝自己方向飞来。他和那位病人马上离开，结果这包东西把他们刚才坐的椅子砸碎了。如果不离开的话，二人均有受伤的可能。他随即打开这个大包一摸，里面装的是大饼，而且还是热的，后来听说都是山东做的。上海方面对唐山的支援也是很多的，每天都有飞机飞来。为丰富文化生活，首先送来了一个大彩电。在那么困难的条件下，我们每人还都可以分到一个苹果。上海派来的医疗队，也都是实实在在有能力做事的。

毛主席去世的时候，我在唐山。消息传来，大家都哭了，觉得不得了了，留下了这么大一个烂摊子可怎么办？我们医疗队和县上的百姓一起召开了毛主席的追悼会。

此间，我曾回上海短暂休假。在经过一座大桥时，见到桥墩是用枕木架起来的，非常高。原来的桥已塌，尚未修复。火车在桥上行驶，比人走得还慢。其他的医疗队员还在当地坚持着。"四人帮"被打倒后，一天，单位党委书记突然来我家，说有事情需要我赶回唐山。他对我说：在唐山的医疗队伍正在开会，需要对打倒"四人帮"进行表态，他们情况不明，消息不通，不知道应该怎么表态。打倒"四人帮"的中央文件，你只能用脑子记，不能写下来，下午就动身去唐山传达。

我们医疗队的军宣队和工宣队的同志到天津接我。在汽车上我就向他们传达了单位的指示，叫他们赶快去表态，要坚决拥护党中央决定，坚决支持打倒"四人帮"。

我们华山医院轮流派去的医疗队在唐山工作了三年。我也在唐山工作了一年才回来。医疗队撤回上海后，我得知唐山那边的医院派了两名医生来华山医院神经外科进修，其中一位是唐山人民医院的外科医生。他曾在地震中受伤，被护送到外地治疗。他来上海进修时和我住在一起。这期间他曾跟我说，救援唐山大地震就是一场没有枪炮和硝烟的"抗美援朝"。

我们在最前线
——姜海莹等口述

口 述 者：姜海莹

参与回忆：谢文星　徐良苏　俞　萍

采 访 者：金大陆（上海社会科学院历史研究所研究员）

　　　　　罗　英（上海文化出版社副总编辑）

　　　　　袁锡发（中共上海市闵行区委党史研究室副主任）

　　　　　刘世炎（中共上海市虹口区委党史办公室主任科员）

时　　间：2016 年 1 月 28 日

地　　点：上海市第五人民医院医政楼 301 会议室

姜海莹，1956 年生，中共党员，副主任医师，先后从事外科、骨科临床工作。退休前，曾担任上海市第五人民医院骨科副主任、手术二党支部书记、中华医学会骨科分会郊县组成员。大地震发生后，作为第一批上海医疗队队员，赶赴唐山参与抗震救灾。

谢文星，1927 年生，中共党员，副主任医师，从事外科临床工作。退休前，曾担任医院副院长。大地震发生后，作为第一批上海医疗队队员，赶赴唐山参与抗震救灾。

徐良荪，1931 年生，中共党员，主管检验师，从事检验科工作，全国劳模。退休前，曾担任上海市第五人民医院检验科主任、门办主任、门诊党支部书记。大地震发生后，作为第一批上海医疗队队员，赶赴唐山参与抗震救灾。

俞萍，1954 年生，中共党员，药剂师，从事药剂科工作。退休前，曾任上海市第五人民医院药剂科副主任、医技党支部书记。大地震发生后，作为第一批上海医疗队队员，赶赴唐山参与抗震救灾。

引言

闵行区党史办给我们医院打来电话，说今年市党史系统有"上海救援唐山大地震"40 周年的采访计划。听闻后，我们这些当年的参加者，你给我打电话，我给你发短信，心中很激动。

今天，我们医院赴唐山医疗队的队长、书记，后来也是我们医院的院领导，还有化验员、护士等医护人员都来了。大家都认为这是一段非常值得回忆的历史。就拿我个人的经历来说，我当年是一个刚跨出校门的医务工作者，直至今年刚从骨科副主任的位置上退下来，一直在五院（前身为工农医院），那段代表五院赴唐山救援大地震的经历，令我终生难忘。

在唐山救援时，我们五院的医疗队，直接分在唐山的路南区，那里是开滦煤矿矿工们的聚集地，直接面对那些受灾的居民，任务特别重，在市里是很有影响的；加上我当时负责医院的共青团工作，还有一点职务吧，所以，回上海后，共青团上海市委就让我到陕西北路的马勒别墅去，那是我第一次接受唐山抗震救灾的采访。我的印象非常深刻，当时现场没有几个人。我是尽力把一些救灾的内容讲了，但我感觉他们是各取所需，并不是需要真实的现场实况，是需要联系批判什么"右倾翻案风"，甚至直接修改我的演讲稿。我现在讲这个情况，很多年轻人可能不清楚，不理解，这就是那个特殊年代的特殊的怪事。当时我说，赴唐山救援十万火急，人命关天，一片惨烈的现场，谁跟你讲什么"左倾、右倾"的。后来在徐汇区医务系统宣讲时，有一个"老革命"，是徐汇中心医院医疗队的书记，他对我说：小姜，你就按照你的讲。所以我上台后，根本没有提这个"右倾、左倾"。我是真心来介绍事实的，讲的时候底下鸦雀无声，我讲完了，可能是自己很紧张，一时感觉底下没有反应，心想，怎么啦？突然，底下爆发出热烈的掌声。

当时徐汇区成立了宣讲队，其中最远是到崇明的"五七干校"宣讲。记得我们在上面讲，底下五六十人全部像解放军一样盘腿坐在水泥地上。当时我妹妹在崇明的前进农场，她打电话叫我去。但做这个报告要领导批准的，我妹妹那里就没去成。后来，我中学里面的老师叫我去了一趟。你别看那是"文革"后期，我们的师生情谊还是比较深的，老师发一个调令，你肯定不能回绝。所以，我那次是背着领导去的，大概讲了半个多小时吧。毛主席9月9日逝世，宣传活动停止。至此，抗震救灾也就渐渐被人淡忘了。

汶川地震后，大概是总结经验的需要吧，电视台也曾对我有过几分钟的采访，要我谈谈唐山的救援。我也很激动的，总有种责任感嘛！但他们提出的第一个问题就使我纳闷。他们问：你这次没有去汶川抗震救灾，是不是年纪大了？我一时语塞，感觉很吃惊，随即，我很严肃地说：年龄不是问题，组织上需要我，我肯定会去，况且我确实也有这方面的经历和经验。应该讲，这种抗震救灾的经验不是每个人都有的，也不是冲动就能应对的。所以，你们这次来，区党史办和五院领导都很重视，这是我第三次接受采访。

唐山大地震，发生在我们国家苦难的1976年。那一年，周恩来总理、朱德委员长和毛泽东主席相继去世，离现在整整 40 年了。我总感觉这一切都已被人淡忘了，年轻一代就更不知道了。但对我们这些经历过这场灾难的人来说，确实印象深刻。所以，救援唐山这个事不提还可以，一提起就像放电影，一幕幕马上呈现在眼前。但是很可惜啊，也许是因为特殊的历史关系，很多重要的资料都丢失了，包括我到达唐山灾区三天后写给医院的一封信，还有我在唐山写给父母的家书。我这里唯一留下的两张照片，是徐汇区中心医院的张医生，冒着被处分的风险拍下来的，真是不容易啊。

我在日本留学时是在广岛，参观过那里原子弹爆炸的地方，他们的死亡人数将近 10 万。唐山的惨境与广岛相比，有过之而无不及，官方报道死亡人数是 24 万多。这是个什么局面啊？我们到过现场的人都深为震惊，精神上受到很大的刺激。所以我感到有责任，把这段历史记录下来。

奔赴前线

7 月 28 日下午，大概是 5 点 40 分左右，喇叭叫了（**那时我们的医院不像现在条件这么好，全院还用广播喇叭呢！**）：全体医务人员，马上到各科室集合。我是住在医院里的，正在吃晚饭，赶快丢下碗筷，奔到外科办公室。我们的支部书记是上海锅炉厂的工宣队员，他说，唐山发生了地震，我们医院要组织救护队，可能今天晚上就要出发。我年纪轻，恰好在骨科轮转，便立马报名了，当即就得到批准，并通知到院办报到。院部领导已在办公室等我们。不一会儿，医疗队的 15 位同志就全部到齐了。院领导简单动员以后，宣布由我们 15 人组成工农医院抗震救灾医疗队。

我们这个医疗队有一个特点，一部分是五六十年代的大学生，其他的就是像我这种 20 多岁的年轻人，年龄上有很大一段脱节。这是什么原因呢？因为"文化大革命"中断了正常的招生和教学，导致了人才的断层。队里面年轻人比较多，于是我被宣布担任团支部书记，协助队长工作。当时闵行与市区通话很不顺畅，电话接通后也是一片嘈杂。按照市里的要求，我们在后勤部门的帮助下，将手术器械和急救药品连夜打包。然而，我们从晚上7点一直等到半夜12点，都没有消息。领导发话说：住在医院附近的回家待命，住在医院的在宿舍待命。我记得俞萍当时住在附近，她就回家待命去了。党总支副书记黄菊英则一直守在电话机前等待命令。

我当时年纪轻，接受这么重大的任务，晚上一直翻来覆去睡不着。大概清晨5点多钟，黄菊英在宿舍底下喊我。那时通知来了，我们工农医院的医疗队必须于6点30分赶到北站。我立即冲到俞萍家去通知她，她洗脸刷牙都没来得及，就跟着来了。一辆跃进牌的救护车停在医院门口，医疗队员全部坐在上面，司机叫小宣，是我院技术最好的驾驶员。

当时的救护车都是摇铃的，医院党总支副书记亲自摇铃，一路是"当当当"的铃声。6点多一些，徐闵路还很空，我院距离火车北站有近25公里，救护车开得真像要飞起来了。我们担心漕河泾那个地方的交通肯定要堵，谁知我们的车一进漕河泾，就有警察拦住所有的车辆让我们通行。当时真有战士出征的感觉。一路上，我们的车过漕河泾后，经衡山路、徐家汇、淮海路、西藏路、天目中路，直接就开到北站月台的旁边。第一列6点30分的火车已经走了，我们上了6点40分的第二列火车。

我们走得紧急，大家饭都没吃，更糟糕的是换洗的衣服也没多带，我就是穿着汗衫短裤上车的。当时还是绿皮车，坐的还是那种靠背的硬座，喇叭里面不停地广播新华社消息。我记得很清楚，其中有"上海的抗震救灾医疗队已经出发，奔赴灾区"的新闻，我们听到后非常振奋。我们和徐汇区中心医院医疗队一个车，我在那里实习过，骨科主任等几个医生我都认识，大家都在议论这个事。

很奇怪，我们的火车经过镇江的时候，前面跑的那趟车给我们让路了，以至于我们的车一站都不停就"哗"地过去了。我记得同队的郑光培医生还跟我开玩笑，说我们这车有首长在。

车上没有空调，天气热得不得了，我们把列车的窗户都打开吹风。记得镇江过后有个隧道，烟囱里的烟灰"哗"地一下子冲出来了，熏得人满脸都是。直到晚上才凉快一点，我就在轰隆声中睡着了。大概凌晨三四点钟，我醒了，从火车的窗子望出去，发现车已经快到天津。火车越走越慢，甚至走走停停了。我看得很清楚，天津铁路两侧低矮的房子上的瓦片都滑掉了，有的房子还倒塌了，街上到处有人躺着，很显然唐山地震已波及天津了。没记错的话，当时整个陆路交通都中断了，我们的火车就停在了杨村机场，我们准备飞往唐山。

这是个军用机场。跑道上停着米格 19 飞机，解放军战士拉着篷布把飞机遮起来了，不许我们乱走。火车两边都是医疗队。火车头跑掉了，有的同志就钻到火车底下去避一避了，因为热得实在吃不消。肚子饿的时候，我们就吃一点压缩饼干，喝一点自来水。解手是个大问题，毕竟上海人在城市里矜持惯了。男同志有时候还拉得下面子，女同志怎么办？我们忍不住去问哨兵：机场的厕所在哪里？哨兵立正敬礼，非常严肃地说：男同志到处都是，女同志自己找一个隐蔽的地方解决。这是原话。上海人还是比较聪明的。我们医疗队带着白被单，四个人找一个洼地围一个圈，女队员就在里面上厕所了。这种方式一直沿用到我们撤离唐山。

进入灾区

中午时分，飞机来了。首先是一架伊尔 18 客机，这种螺旋桨飞机还是比较好的。按上海抗震救灾大队部的安排，徐汇区中心医院等几个医疗队先上。然而，这架飞机起飞后，没有离开机场，一直在机场上空盘旋。当时我们也很纳闷，这飞机怎么搞的，难道还要视察一番？事后，我们才从徐汇区中心医院的医生处知道，飞机上 76 个座位坐了 80 个人，不仅满员，而且还都带着那么多的医疗器械，飞机上天以后飞不到巡航高度，就不能离开机场，因为随时可能会出问题。于是，前舱的人将随身带的医疗设备全部压到后舱，使飞机的机头翘起来，达到飞行高度后才离开杨村机场的。

我们的医疗队上了一架双螺旋桨的小型军用运输机，舱的两排座就是翻盖，就像电影院里的加座，对于我们 15 个人来讲，这个飞机还比较大，也够装行李。飞机很快在震耳欲聋的轰鸣声中起飞了，但飞得不高。机舱是开放的，我们能看到驾驶台上五颜六色的灯，听到两个飞行员用普通话与地面沟通，如"800 公尺，高度 800 公尺"，我们都听得懂。当天晴空少云，飞机飞进唐山的时候，我们往下看到灾区一片狼藉，房子全部倒塌了，废墟像小山坡一座接着一座，看不到路，有一些树也七摇八晃的；再回头看看队员们，大家脸色凝重，沉默不语。

我们飞机停稳后，舱门一开，两辆救护车就呼啸着过来了。下机后，我们赶紧帮忙将四个血肉模糊的伤员抬上飞机。飞机立刻滑向跑道，瞬间消失在空中。面对这种情况，战斗的紧张气氛马上呈现出来了，并感染着我们每一个人。谢院长是我们的队长，他包一背，姿势很矫健地跑步往前走，我们跟着他。马上就有电视台记者对着他拍。唐山的抗震救灾总指挥部就设在唐山机场，搭了十几个帐篷。我们报到以后，就迅速领了帐篷、水壶、锅等一大堆东西。此时天已晚了，唐山机场一片漆黑。徐书记和谢队长就把我们领到靠近指挥部的帐篷旁的草坪上，在那些靠应急柴油机供电的灯光底下，通报了唐山的灾情，安排了我队的任务，强调进入灾区要像军人一样严格遵守纪律、集体行动、相互帮助、提高警惕、注意安全，对灾情的严重性和困难要有充分的思想准备等等。当天晚上我们就和衣钻进从医院带的被套里，绳子一扎就露宿在机场的草坪上。夜深了，飞机也停了，唐山机场一片肃静，满天的星星非常漂亮，那个时候真有一种"天当被、地当床"的感觉。

7 月 31 日凌晨，我们完全是被冷醒的，一看裹着的被套和衣服全被露水湿透了，连头发都湿漉漉地粘在一起。天亮后，卡车来回奔驶，飞机开始起降。从上海飞来的三叉戟飞机就停在离我们不远的地方，旁边的救灾物资堆积如山。不久，我们接到命令：解放军将派车送我们到灾区。当时，我们只能吃压缩饼干，很不好吃。我们队长比较幽默，他就讲这个压缩饼干非常卫生，其他东西脏得不得了，队员们都对视苦笑。很快解放军的四辆军用大卡车来了，司机是 20 岁的战士，迅速帮我们装上医疗器械和帐篷。我记得谢队长坐在前面，我们上车后就抓住两边的挡板。然而车子还没有到达灾区，空气里就弥漫着臭味了。这股臭味实在难闻，很恶心的，还带有血腥气。我们做医生的人虽然比较能够忍受，毕竟平时一天到晚和手术打交道，但也很吃不消。

一路上，车子经过涵桥洞时，真是很可怕。涵桥洞的两侧，齐齐堆积着地震死难者的尸体，这些尸体都用棉被裹着，叠加起来高达数米。涵洞不大，还不止一两个，太阳晒得很厉害。汽车从尸体当中慢慢开过去，乌黑的血水流得满地都是。我们有的同志忍不住，马上脸色苍白呕吐起来。这个印象太深刻了，我跟你讲，这是没有办法的，这不是什么意志所能克服的。到了这个环境里，你说什么"革命意志"，"不怕苦，不怕死"，都不管用，那个就是生理反应。

进入市区后，大小马路都被倒塌的房屋瓦砾覆盖着。解放军的驾驶员技术还是比较高的，他可能来回多了比较熟悉地形，颠簸着的卡车在废墟上面"叽里哗啦"地开过去。我们看到旁边的灾民，拼命地跑来跑去，估计都是在救人。眼前的房屋全部倒塌了，有的两三层楼的房子因为墙倒掉了，看得到两个脚悬空在墙外；临近建筑的电线杆和树上吊挂着毯子、衣服、裤子；瓦砾上面都是甩出来的凳子、桌子、台灯、收音机等。

我们的车子经过唐山开滦煤矿总医院，这是唐山地区比较高的一幢建筑。我记得特别清楚，从底下望上去，直接可以看到手术室的门。这个门是敞开着的，上面有红十字。这个房子倒塌得很奇怪，一面从头到脚全部倒塌了，还有一面歪歪斜斜的。床、凳子、盐水架、病衣、病裤，散得满地都是，有的地方还冒着黑烟，各种污水滴滴答答地响着。

强烈的地震彻底摧毁了这座城市，我对见到的惨境非常震惊。

找水的故事

我们救灾的目的地在路南区。

由于只有方向没有路标，司机下车问了一些老乡。一位小伙子自告奋勇地上车为我们带路。当得知我们是从上海过来救灾时，他只说了一句"我们并不孤独"，然后就沉默不语了。他说路南区到了；我们却发现路南区已没有了，看到的只是一堆堆废墟。我们医疗队员下车了，解放军驾驶员准备开车往回走。我们的队长和书记一把拉住解放军，那真是拼了老命了，说你不能走，你一走我们和大部队的联系就中断了；每人带的一壶水早就喝光了，我们的供应怎么进来，我们的救援如何进行，目前都比较迷糊，你走的话我们也变灾民了。那个解放军战士真好，他说你放心，我留下来陪你们，一定等你们联系上了我再走。

我记得按照救灾总指挥部的安排，当时到达路南区的还有来自上海的四个医疗队，他们分别来自市五医院、徐汇区中心医院、建工医院和邮电医院。原来这些医院的救援队应该分开活动，估计后来各医疗队的领导开会了，决定把大家集中在一起，不分开了。徐汇区的医疗队队长，在区卫生医政科任职，是个"老革命"，说一口苏北话，文化程度不高，但人很有魄力。我们就推举"老革命"做我们整个队伍的头。

当时定下来的第一个任务是接收伤员、包扎伤口、安营扎寨，以及找地方去弄水。我们这个年代的人都受过军训，打枪、投弹都会，有的还是基干民兵。建工医疗队有两个队员参加过营口大地震救援，扎帐篷是他们的绝活，所以我们几顶帐篷的选址和搭建的方法都非常科学。

当时，全体医疗队员都饥渴难忍，渴的味道真要比肚子饿还难受。尽管队领导要求大家向电影《上甘岭》里的志愿军学习，与干渴作斗争，但是我们心里都清楚，水是当时最最紧要的需求。我们四个医疗队的八位队员先从废墟中挖出几个一米多高的大水缸，再将大水缸搬到解放军的卡车上。说实在的，没这辆解放军的车还真不行。我们开车找到一个部队营房，讲我们是医疗队，需要医疗用水，甚至还不能讲是自己喝水呢。部队同志便带我们到他们的龙头那儿接水。我们一看，真是愣住了，大概有二十几个脸盆在排队，前面的龙头开到最大，水流就像纱线一样，有时候还滴滴答答，流出来的水都是黄的。这个肯定弄不成功，得另找地方去。部队的指导员一脸愧疚，真诚地对我们说，你们弄水还是应该到机场去，机场有后勤基地，其他地方的水管全部损坏了。我们这才知道地震的破坏，不是一个表面的破坏，地底下的水管、煤气管全部都破坏了。

这样，我们大概5点多钟重新赶到机场，到那个机场水库的时候，我们跟一个卫兵说了情况，他一口拒绝，说机场用水非常紧张，机房供应已经关门了。这下我们急了，得拼命啦！饥渴加焦虑，再也顾不上医务工作者的斯文了，医疗队那么多人等着我们呢！我和郏光培，还有徐汇区中心医院的骨科医生董宏谋冲上去，一把抓住他的领子，说："你今天开不开？"场面就是这个样子的，一点不夸张。郏光培还拿着一个板要去敲机场的门，这个铁门实际上敲不动的，但是人太急了没办法。

这么一闹，一个穿蓝制服的人马上跑过来拦住我们，他大概是负责人。我们说自己是上海抗震救灾医疗队的，现在急需医疗用水。实际上这个地方是没法供水的，他就说要上我们的车，让我们跟他走。他把我们拉到一个机房，机房里有4米多长的管子，管子前面有一个弯管，可以90度转动，大概是给列车加水的。这个东西一打开，瞬间碗口大的水柱灌进水缸，我们的四个缸"哗"地一下子全满了。我们几个对着水缸，用手捧着水一阵猛喝，那种久旱逢甘霖的感觉真是太美妙了。人可以耐受饥饿，但是不能耐受干渴；人耐受干渴会烦躁，要发疯的。

我们的车要出机场的时候，才想到，哎呀，应该谢谢那位军人。我们回头向他挥手致意，他摆着手示意我们快走。我内心忽然涌起一阵从未有过的感动！

水是弄到了，真的把水运到驻地，也是非常困难的。为什么？这车在瓦砾上走，一颠一颠地，水缸里的水不停地往外溢，心痛啊！建工医院的几个人可能参加过救灾，有点经验，他说把车子停下来，摘一些蓖麻叶子盖在水面上，这个办法可行。但哪有蓖麻叶呢？随便找来的叶子又太细小，有人就把草帽盖在上面，这招还真管用。

我们的车颤颤巍巍地到了驻地。原以为水运进去就万事大吉啦！不料老百姓看到有水来了，车子还未停稳，拿着锅碗瓢盆就冲上来。灾民确实很苦啊，唐山有一条河，叫什么名字我记不得了，地震后这条河已见底了，且黑臭黑臭的，但灾民还是要用这种水。我们医疗队也没有经历过这种场面，只好一边劝一边阻止，一边赶快把两缸水搬进去，就这样另两缸水给抢了。等我们歇下来，队长给我们送来了女队员做的咸味玉米糊，连续吃了几天压缩饼干后，玉米糊可真是美味佳肴呵，是一辈子也忘不掉的好味道！

从灾区回上海以后，每当我静下来回想那些场面，真是很有感触。

出诊

根据总体安排，四个医院的医疗队分别负责东西南北四个方向的救灾。天亮以后，我们就背着药箱出发了，这一天，我记得很清楚，是 8 月 1 日的早晨。我跟俞萍分在一组，翻废墟，爬山坡，哪里有人就往哪里走。有些灾民看到我们，就问："你们是什么人？"我们回答："上海医疗队。"一个老头说：我们有救了！接下去就是"毛主席万岁，共产党万岁"的呼喊声！当时这个口号听起来很正常，灾区的人民就是这个样子的。为什么？因为有人来救援他们了。

我们救援的路南区的房子是砖木结构的，像我们上海的小平房，它倒塌以后里面还有空隙。地震发生在 3 点 42 分左右，有些老年人起得早，逃生的机会多；小孩子体积小，受挤压的程度小，容易从废墟当中爬出来，大量的青壮年则被压在里面。灾区自救是有的，我们进这个灾区的时候，废墟里还有人喊救命，但按照现在的说法，已超过了黄金救援的 72 小时。灾民没有帐篷，伤员都是三个一堆、五个一堆地躺着；截瘫的，骨盆骨折的，脊椎骨折的，内外损伤的，头颅损伤的，到处都是。不行的人，讲老实话，基本上也都死掉了，活下来的人只能等待救援。我们的任务是什么呢？先做好标记，重的病人要转，轻的病人则进行包扎。石膏三下两下就用完了。因为我们受过战备训练，就拿木棍作夹板捆一捆、包一包，就这个样子。

有一天，我和俞萍出诊结束后，两个人都很累，就找了一个地方坐下歇歇。俞萍长得很漂亮，留着短发，我看不到自己的脸，反正太阳把她的脸晒得通红通红的。俞萍有一个很大的特点——非常乐观。我说今天收获还是不小的，意思是回去可以向书记、队长汇报了。其实，我这个人做医生不是自己选择的，是被分配的。我的最优选择是搞无线电，因为当时我已经可以自装九英寸电视机了。此时此刻，在国家的大灾面前，我感觉做医生是很好的。

有一次我和郏光培一起出诊，有一个伤员小便不出来，导尿管也没有，怎么办？我们就用一根最细的废电线，将铜丝抽掉，用作导尿管，条件真是很艰苦。那些不懂事的小孩子，照样在废墟上面爬上爬下地玩，老人们坐在那个地方不是哭，是发愣。灾区很少看到哭的人，为什么？唐山有一个特点，都是大家庭，所以几乎家家户户都有伤亡，真是痛苦到茫然。当时，也有飞机来投送救济物品，底下的灾民就摇着裤子、衣服，飞机投下来食品、衣服等，这使灾民也得到一点信心，感觉他们不是孤立的，会有人来救援他们。我们巡回医疗时，都穿统一的白大褂，并持有特别的通行证，所以走动不受限制。但因人生地不熟，又没有路可走，很多病员是灾民领着我们去医治的。唐山灾民对医疗队是绝对认可的，他们认为我们就是白求恩，你还没干事，他马上端上一碗水，"哎呀，你喝水，喝水"。我们讲的是上海普通话，他们可能知道，上海医疗队的水平还是可以的，相互的感觉都很好。

不久，部队首长来看望上海医疗队。我们赶快吃饭集合，晚上 6 点多钟，来了一批解放军，那位首长被称为部队长。军人就是这样，直接了当地说：我们是部队的，你们医疗队有什么困难尽管说，需要什么我们帮助解决。我记得队里也没有客气，说缺衣少粮，因为我们出发时都穿着夏装，男同志一条短裤，女同志一件短袖，要求部队能不能给我们每人发一套军装，倒不是因为漂亮，讲老实话晚上实在太冷了，真的是受不了。我们很高兴，看到解放军就像看到亲人一样。部队长也很高兴，面对一群来自上海的医务工作者。我记得是季启群给他量了血压，血压蛮高的，他不让讲。躺了一会儿就站起来了。他说部队指挥部就离我们两条街，有什么困难可以找他们。同时他也跟我们讲，部队在救灾中可能会有伤痛，也需要我们医疗队来支援，一切就这么简单。部队长走后，一会儿100斤粮食和军装就送过来了。我们医疗队拍了一张集体照，全都穿着军装，就是部队长下指令发的。

后来，锦州海军学校也来了一批人，他们是穿着蓝服装的军人，而且有步话机，里面不断传来叽里咕噜的讲话声。他们也是来帮助我们的，给我们调来了一箱苹果和一桶油。我们的选址真巧，正好在锦州海军学校和陆军部队的交界部，结果两边都要来关心我们。唐山那个地方产苹果，但7月份的苹果酸得不能吃。海军送来的苹果又大又红，绝对好，吃那个苹果的感觉要比现在吃进口苹果都要好。不要说灾民了，我们也感觉解放军就是支柱。

地震后，灾区不断有生存者被救的喜讯传来，人的生命极限一次次被刷新。创伤骨科的救治需求量很大，许多重伤病人被及时转运出灾区，还有大量的骨折病人需要就地治疗。因为我们当时定的四个医疗队基本上是团结合作、分工协作。有一天，徐汇区中心医院医疗队的董宏谋邀我一同出诊，我们赶到现场，经检查，一位同志诊断为髋关节后脱位，另一位同志诊断为颈椎半脱位合并小关节突交锁，双手麻木无力。我们决定就地用手法救治，首先对髋脱位病人复位。我在医院石膏室学过多种复位方法，知道单用手臂力量无法对抗一个青壮年的大腿力量。我让病人躺下，用一条长被单两头打结成圆布圈，一头套在自己脖子上，另一头套挎在病人屈膝的小腿后方，双手环抱住病人小腿上方，绷直被单，老董按住病人骨盆，我用自己腰背的直挺力拔伸来对抗患者大腿的反向肌肉收缩力，双手紧握小腿膝部做手法（SIMTH法），复位一举成功。接着，让另一位病人躺下，我双手紧抓患者双手，老董抓住患者颈部下颌，两人反向牵引，到位后董主任果断推扳颈椎，只听"咔哒"一声，病人双手麻木感立刻消失，治疗成功。在场的居民一阵欢呼，我们两个就像英雄一样被灾民围着。

艰难困苦的时刻也会有喜讯传出。我记得有位街区负责人，曾给我们做过向导。他的爱人临产了，当时灾区条件很差，我记得是在简易的帐篷里，我们医疗队的助产士何培芬和季启群为她接生，顺利产下一个胖胖的男孩，夫妻俩非常激动，当场为婴儿取名叫"抗震"，希望儿子能够永远记住这个特殊的日子。季启群跟我说，这个孩子现在应该40岁了。

灾区的医疗救治关乎灾区人民的生命保障，医护人员的特殊作用是无法替代的，所以，医疗队的工作受到救灾总指挥部的高度重视和关心，也得到老百姓的尊重和好评。随着陆路交通的恢复，我们医药用品也不断得到补充。同时，灾区的医疗救助也是对每一位医务人员专业水平的一次真正考验。

解放军就是支柱

随着军队大规模地参与救灾，灾区情况迅速有了好转。首先，这与解放军在唐山实行军管有很大的关系。那天我们正出诊，听见远处传来喇叭声，并见卡车摇摇晃晃地开进来。原来车队的喇叭里面在喊话：唐山市的市民们，中国人民解放军某部队奉命接管唐山路南区，下列罪犯在灾区犯抢劫罪，经抗震救灾总指挥部核实，就地枪决。我们看到卡车两边，前面两个，旁边四个，全部五花大绑，上面还插了一个抢劫犯的牌子。事后知道，这些人不是抗震救灾，是乘机劫财。他们银行抢不动，为什么？地震以后，唐山所有银行的废墟上都有真枪实弹的民兵站岗，靠近就警告你，不行就给你一枪了。他们多抢私人的物品，比如手表。1976年时的手表还是很珍贵的，人家在里面压着，手伸出来要你救，你不救人反把手表拿走，这种人抓住就枪毙。解放军就以这种形式宣布军管了。

唐山市区的震后灾情既严重又复杂，公路铁路的阻塞使得大量的救灾物资，包括重型机械装备都滞留机场。哪像汶川地震时，一辆辆的大吊车开进去，不行就用重型直升机吊。所以，救灾总指挥部对铁路的疏通特别重视。

8月3日，我和郑光培奉命去唐山火车站，对那里的解放军部队进行医疗保障。火车站里的铁轨全弯曲了，而且火车站的建筑跟路南区的不一样，绝大多数是砖混结构，砖墙倒了以后，上面的水泥板一层层压下来，有的断裂了，有的钢筋还连着，这样底下的人怎么办呢？要清除很困难，且面积很大。没有条件怎么办？战士们就用风镐，把那个混凝土全部打碎掉，然后用电焊切割枪切断钢筋、电缆，再用军用小吊车起吊房顶碎块。我们准备医疗保障的地方估计是个宿舍，废墟下有许多死难者遗体，有的已经腐烂发臭，整个情景真是令人难以忍受。指挥员叫我们在树荫下面等着，我们离现场不太远。我们就看着一个班的战士下去，不一会儿两个人就被扶上来，晕倒了。站在废墟顶部的连长身先士卒，带着四个人冲下去，两分钟不到又爬上来，为什么？底下实在太臭了。这是没有办法的，恶劣的救灾条件超出了人体的忍受极限，就连我们做医生的都要晕倒。天气炎热，解放军没有防毒面具，我们立刻赶上去把两个口罩送给连长，同时把两位熏晕的战士扶下废墟。回头一看，又一拨战士口鼻用毛巾扎着冲了下去，一会儿遇难者的遗体运了出来，真的惨不忍睹，有的遗体断腿断胳膊，我看了真如做噩梦一样。拉上来的尸体立即装进军用尸体袋里，绳子一抽，一具一具地摆在旁边。这种军用尸体袋非常大，米黄色的，大概将近有现在的一元硬币那么厚。对解放军战士来说，清理现场以防瘟疫和疾病就是命令，下去就是下去，不行就上来再下去。接着，履带式的小型军用推土机，就把那个废墟推掉，迅速清理出一片空地。一个解放军首长站在一辆吉普车上指挥，显然任务紧迫，他们的嗓门很大，哇哇地叫，也没有使用那种电喇叭。这说明抢通铁路非常紧急。

大概到下午3点多钟，我们就看到一台机车在试铺新的铁轨。第二天就宣布，唐山火车站通车了。火车一通，大量急需的救灾物资和重型装备就进场了，物资供应也有了很大的改善。在唐山的抗震救灾中，人民军队的作用至高无上。他们奋勇战斗的精神，他们作出的贡献，甚至忍受的痛苦，打动着我们每一个人。

一次有机会到部队出诊，碰巧有两位士兵说的是上海普通话，这个音调蛮熟的，我开始以为是上海嘉定人，一问是上海青浦兵。我发现他们非常疲劳，不大愿意讲话。后来我才知道，部队在救灾中，挖掘救人、清理废墟的是一线战斗员；汽车兵、后勤人员属于二线人员。晚上，汽车兵要轮流出车运送死难者遗体，躺着的这两位上海青浦兵就是刚出车回来的。我们真是感慨万分。

随着大规模清理废墟工作的开展，由部队战士挖出来的死难者遗体越来越多，堆积在路边等待夜间运出。被水浸泡过的遗体在烈日下很快腐烂，我们通常称厌氧菌感染，发出阵阵臭味。这就带来一个很大的问题，大量的苍蝇蚊虫的滋生会带来传染病流行的危险。因此，医疗队的救灾重点开始转向大规模的预防接种和消毒工作。这个接种量是非常大的，我们自己也接种。同时，安-2飞机在整个唐山灾区喷洒白雾状的消毒剂，进行播洒消毒。由于总指挥部的处置果断和全体医疗队员的辛勤努力，唐山市地震后没有发生传染病流行，伤亡那么多人没有暴发流行病，这真是一种奇迹。

后来，从总结经验的角度说，我以为这又跟解放军及时军事管制有一定的关系，因为军事管制非常严格，整个市区由部队划区管制，每个区内成立居民委员会，由部队任命负责人，所有管制区之间人员不得随便流动，就是东面1区的人不能到2区来，2区的人不能到1区去。这就很大程度地减少了人员的流动。一方面易于管理，有利于统计。比如救灾物资的发放，要知道这个居民区有多少人，计划供应多少粮食、多少蔬菜、多少衣服等等。当然，也会遇到特殊情况，比如一个母亲在这里，一个父亲在那里，相互不能走动，就隔着喊。解放军铁面无私，小孩子来回跑可以，但是大人绝对不能跑，这对防止疾病流行肯定是有好处的。

我们的队伍

刚到驻地，我即被派出去找水，回来时已见我们的帐篷扎好了，它紧靠着大树，四个脚全部用钢钻打在地下，上面拴着绳子，可以说整整齐齐、井井有条。

帐篷里，两个长条子，男的在左边，女的在右边，上面垫着稻草，当中隔着约1米宽的走道，走道中间放着一张有点破的桌子，桌边有两张完好的四方凳。因为没有电，桌面上点着两根蜡烛。我听队友说，扎帐篷的时候中心柱子旁必须有个人站在里面，旁边的人在四周扎。里面热得不得了，站在里面的是我们队的女同志胡根娣，这个需要很强的耐受力，外面的同志就大声说：水马上就要到了！这种守望相助的战友之情令人动容。

唐山属北方地区，白天很热，晚上很冷，温差很大。大概到半夜，我跟郑光培是靠在一起睡的，两人冷得不行，都冻醒了。我们两个人背靠背，把指挥部发的蚊帐裹在身上。大概清晨5点多钟，这是进灾区的第一天，大地一下子摇晃起来了，我们跳起来就跑到帐篷外面，看到旁边半壁的房子"哗哗"地倒下来，回头看我们的四个帐篷稳稳的。这次余震很厉害，据报道是6.4级，地震晃的时候人就像弹簧一样，左右上下就这样晃，有的人讲就像睡在按摩椅上，有的人讲就像睡在摇摇床上面。

记得8月7日那天，白天艳阳高照，晚上却倾盆大雨，水势不断地往上涨，我们睡觉的草垫离开地面只有一尺高，很快就全部湿透了，大家只能坐着等待天明。隔壁建工医院的帐篷因顶部积水倒塌了一个角，几个男队员冒雨重新打桩固定帐篷。当时，我把重要的东西，特别是好不容易弄到的粮食全都垫起来。天亮后，驻地周围水深齐膝，我们的鞋子像小船一样游出去。殊不知，我们每人只有一双鞋，没有鞋子是不能走路的。大家卷起裤腿忙着捡起漂流的鞋，然后蹚水出去工作。

至于灾区的生活，讲老实话，和上海是不能比的。吃的东西，米饭是有的，菜都是北方的，我第一次看到那么多茄子都是圆的，基本没有肉，多是茄子、冬瓜和大白菜。最主要还是用水紧张，没水洗澡。供应好转以后，消防部队每天来供两次水。饮用水得到了满足，洗涤用水必须非常节约，所以洗澡则根本不敢奢望。艳阳高照，队员们肩部、背部裸露的皮肤红肿蜕皮，衣服被汗水浸透，湿了又干，干了又湿。整天在灾区里摸爬滚打，浑身上下都散发着异味。这确实是个考验。男同志还好一点，女同志有些事很难讲，身上都有味道，时间一长自己也闻不出了。男同志就对女同志说：不要紧，我们的白大褂短袖给你们换一换？我们就赤膊穿外套，你们穿两天，洗了以后再给我们。

随着日子一天天过去，队员们出现了严重的体力透支现象。记得刚到灾区时情绪亢奋，接着则逐渐被沉默、烦躁所代替，再接下来大家巡诊回来就没有声音了，有的时候稍微有点不高兴还会发脾气。实事求是地讲，这个情况都是有的，我认为在这种特殊的环境中也属正常。天气这么热，晚上运尸体的大卡车稀里哗啦地响，大家都睡不好。我们有一个老队员，本身神经衰弱，自进入灾区就没有睡过一天安稳觉，整天晚上坐在那里，实际上很痛苦的。

这个时候，队里一些老同志确实起到了榜样的作用。首先我要讲一下队长谢文星。他在灾区的时候始终衣着整齐，从不抱怨，脸上从来都是笑的，作为队长这对我们年轻人起着很好的影响。他跟我们讲五院光荣的救灾历史，如我们的前任院长就参加了抗美援朝，高重耀副队长曾拜师习武，拳脚了得，他讲述"文革"初期如何逼退冲击医院的捣乱分子等。极度疲劳中，听听这种故事也蛮提精神的。医疗队的党支部书记徐良荪同志是我院唯一受到毛主席接见的医务先进工作者，平时沉默寡语，但处事原则性强，令人敬畏。他不显眼，但他带头吃苦耐劳的意志始终感染着我们，我们也是一些受党教育的年轻人，我们感到党的形象就在身边。一个领导一面旗帜，你这个旗帜不倒其他人就跟着你走了，工作上就这么一个道理。还有徐汇区医疗队的"老革命"，尽管文化程度不高，但他用浓重的苏北口音讲述参加革命的故事，惹得队员们都笑出了眼泪。

我们驻地附近有一个很大的冷库，里面储备着大量的猪羊牛肉，是用以供应京津唐地区的。由于震后断电，储藏的肉制品上层腐坏，中层变质，下层仍冰冻着。那么怎么办呢？救灾总指挥部决定对冷库实行爆破清除。那天傍晚，我们和居民一同撤到大概 200 米以外，看着解放军在那边操作。一声震天巨响，远处天空飘出浓浓的黑烟，炸开以后大量的运输车进去把这些肉运走。我听司机讲，这些肉还是有用的，不能食用，全部用来做肥皂。

抗震救灾现场也有一些慰问活动，我们医疗队是必到的。有一次，我们受邀观看慰问演出，是和抗震当中立战功的飞行员们坐在一起。这些飞行员都穿着皮夹克翻毛领子的制服，很威武的样子。说老实话，表演的河北梆子我们都听不懂，只是感受那种热烈的气氛。山东快书我还能听懂一点，有个军队女演员唱《太阳最红，毛主席最亲》这首歌时，至少我是很感动的。因为在这种特定的情况下，她真是唱出了我们心里的共鸣。

忽然，我看到很多人都回过头去，原来是抗震救灾前线总指挥陈永贵副总理来了。他有一个特点，永远是戴着白毛巾的。当时我就有个感觉，咱们医疗队确实是很受人尊重的。

回家

灾区的情况越来越稳定了。大队部通知我们第一批医疗队要有过冬的思想准备，因为唐山的医疗保障体系都还没有建立起来。可是，8月中旬的一天，我记得突然通知我们医疗队撤到唐山机场休整待命，所有的装备全部留下，这个情况领导应该是知道的。

我记得第二批来的是上海曙光医院的医疗队，我们看到上海的亲友很热情，他们则躲得远远的。我们上车以后，有个胖胖的戴眼镜的人走过来跟我们告别，他是先戴上口罩再来跟我们说话，那个时候我们才知道自己身上有多臭，实在是太臭了。不说我们将近三个星期没有洗澡，就是进灾区时染在身上的那个尸臭的味道，确实使人难以适应。

我们到达唐山机场后，情况就两样了。离开机场的一段路，已安装了一排排水龙头，让我们冲洗。机场的供应丰富多了，有肉、罐头、鸡蛋、大米等。我们在机场进行了总结，谈自己的体会。记得谢队长公布了几个数字，我们医疗队大概救助了3800多人。上海卫生局革委会的一个领导，叫何秋澄吧，是个老干部，来看望我们。他讲话声音沙哑，很低沉。他说我们要发扬连续作战的精神，一不怕苦，二不怕死，为取得最后胜利作出我们医务工作者的贡献。这种话现在听起来是大道理，那个时候听这个话那真是感觉到光荣无比。不亲身经历这一切，又怎能读懂这句口号的全部含义？当时还有一种说法：因为京津唐地区还可能第二次地震，特别是天津和北京，由于我们上海的第一批医疗队已有救灾经验，所以把我们拉到机场，一方面休整，一方面待命，万一再发生地震我们可以奔赴而去。

因为我是团支部书记，我就把唐山的灾情和我们医疗队救灾的情况写了一封信，向医院的团总支书记汇报。当时团的影响力是非常大的，凡是要入党肯定先要入团。由于赴灾区紧急，来不及与父母告别，我也写了一封长家信给父母。这个信是怎么到上海的呢？灾区已没有邮路，肯定是寄不出来的，我们就将贴好邮票的信，交给来往上海的三叉戟飞机的飞行员，请飞行员到上海后把它丢到邮箱里面，这样两封信很快就到医院里面。

结果团总支书记收到我的来信后，很激动，没有报告党总支，就全文刊登在我们工农医院的团刊上。这是我院最直接从唐山抗震救灾前线来的信息，团刊在青年人当中很流行，很快在全院也引起了轰动。据说，团总支书记还因这事挨了批评。现在这个信肯定没有了，团刊也没有了。

当时，也有上海抗震救灾医疗大队部派来的联络员来访问我们，转送一些上海院里和家里带来的东西，如衣被、食品和家信等。我不妨讲讲父亲给我写的信，毕竟我是第一次出远门的年轻人，对家人的思念是非常强烈的。父亲平时对我少言寡语，但话的分量通常很重。信中说我们出去的第二天，院书记就来家访了。因为走得急，那时没有电话，也没办法通知，只知道去抗震救灾，也不知道去几天。总之是请家中放心，医院肯定会不断与医疗队保持联系的。父亲把我的家信也给领导看了。

当时上海对唐山的实际灾情报道很少，这封信也帮助院领导进一步了解了医疗队的情况。我父亲是抗日战争时期参加革命的，和院领导一样都是解放战争进上海的，所以语言非常接近。我记得父亲的信很简单，就是两三句

169

话：服从命令，听从指挥，完成任务，早点回家。给我带的衣服也很少，印象最深的是给我带了一大包大蒜。当时我还不理解，其他同志都捎来上海好吃的糖果，给我带大蒜，心里还很窝火。父亲平时话语不多，比起两个妹妹，特别对我这个儿子更不多说话。后来我才知道，父亲过去打仗的时候，也就是吃这个大蒜的。在他眼中大蒜包治百病，护犊之心溢于言表。

我们第一批医疗队完成任务可以回家了，很高兴，因为我们胜利完成任务了，且没有伤亡，没有损失，我看到我们的书记第一次露出笑容。因为我们15个人的生命安全他们要管的。同时，我们也接到命令，所有东西全部要留在唐山，甚至包括照片都要曝光销毁，带出来是要受处分的。现在我们手中这两张照片是谁照的？是徐汇区中心医院的张大夫，留下来真的是非常幸运。

当然，我们有些同志带了一些书。说来也巧，有个药房里的小姑娘，她的运气太好了。房子塌了以后，她就喝葡萄糖，直至被救了出来。我们医疗队去那个地方做保障的时候，有人在废墟中无意间发现了这所医院塌陷了的图书馆，就拿了两本外科学、整形外科学的书。我们做医生的，靠工资买不起书的，再说也没有复印机；回来后就为此事受了处分。

我们是从唐山火车站走的，车站上敲锣打鼓，人山人海。唐山市的领导，从第一节车厢一直到最后一节车厢跟我们每个人都握手，他说：我们灾区人民永远不会忘记上海医疗队！这一句话在我脑海里整整回响40年啦。

回上海之后，包括建立唐山抗震救灾纪念碑和博物馆等，我都很关心。后来，我北京、天津都去过，就是没有去唐山，有机会一定要去一次，弥补这个遗憾。我们大概是8月22日晚上到达上海火车站的。当时，市里的领导到火车站来迎接我们。

当晚，我们医疗队没有马上回家，先是回到医院，第二天才回家，休息三天后上班。上班以后，我才知道唐山的地震也引起上海的恐慌。现在的年轻人根本不可能知道当时的人们是怎么生活的。晚上天热要开门通风，为防止人家进去，女宿舍门口就搭起两个长板木凳子，哪晓得有人碰倒了木凳，

"咣当"一声，就有人惊叫"地震了"，"哗"，一楼人全跑下来了。当然没有伤到人。在这种情况下，院里因势利导，就组织我们宣扬唐山的抗震救灾精神。

现在关于唐山大地震拍了一部电影，那完全是两回事，纯粹是奔着票房去的。我看了以后很失望，真是不愿意看下去。为什么？罔顾历史事实。据我了解，唐山人民真的不是这样的。很多破碎的家庭后来重新组合。北方人真的很豪爽。经过这个地震以后，人们对物质和金钱的看法不一样了。

对我来说，参加唐山抗震救灾这段记忆绝对珍贵。直至现在，任何时候，只要听到地震，我就会热血沸腾，有赴灾区的冲动。我刚才讲学医不是我的最优选择，但我现在不仅喜欢医生这个职业，也喜欢骨科这个专业。经过多年的变革，医院的情况大不一样了，像我们这种学历比较低的，上升空间自然有限，但我看得很淡。人就是历史长河中的一块石子，这块石子只要有一个闪光点，就永远留在里面。所以我很希望搞党史研究的学者，要反映历史的真实，不要各取所需。

我年轻的时候脾气大，还有一个绰号叫"姜磕司"，说一不二的，好像我都正确，甚至有时候还看不起别人；但经历了唐山抗震救灾逐步改变了。为什么？我体会人的一生很短暂，有很多东西不是你想象的那样，人生很有可能会被各种各样的灾害所中断。你看遭遇唐山地震的那些人，一个大家庭顷刻支离破碎了。所以我们要善待每一个人，特别做医生的要善待病人。人人都有健康生活的权利，我们做医生的就有保障病人健康的义务。正是这种感悟激励我要好好做一个医生。

我们五院确实是一个很好的医院，外地有些医院要跟我签合同，给钱叫我过去，但我不会去，什么道理？因为这个地方是我入门的地方，我在这个医院已经工作 42 年了。党委书记跟我讲以前没有这样的例子，将来也不会有吧，这就是我的真实写照。

澳大利亚来信

知道课题组要来采访，我跟唐山同行的季启群说起一个小故事。当时我们这些年纪轻的人在一起，尤其在艰难困苦的环境中，近距离接触，大家相互关心，相互依存，还有近似的人生观、价值观，讲老实话总会擦出一些情感的火花。我们医疗队的两个队员郑光培和季启群，就是在唐山相爱的。因为我和郑光培是同学，关系一直很好，和季启群的家住得很近，相互都很熟悉。他们两人从唐山救灾回来以后，又同时报名参加了赴贵州的医疗队。这个在唐山抗震救灾中产生的爱情，结下的缘分，不同于一般情形，更为牢固永恒。

他俩结婚后移居澳大利亚悉尼，多年之后，我有幸在悉尼与这对医疗队员的夫妻相见，提起唐山救灾，彻夜长谈，感慨万千。无论你身处世界何方，这段记忆真是永远伴随着你。

下面请允许我读季启群的澳大利亚来信。这是她为了今天的采访，特地写来的：

姜医生转各位：

听说要纪念唐山地震 40 年，沉淀在脑海里的往事又浮现在眼前。1976 年 7 月 28 日，河北唐山发生 7.8 级的地震，全国各地立即组织医疗队前往抗震救灾。我们医院也接到了任务，连夜成立了一个 15 人的医疗队前往唐山。当时我们都还是年轻气盛的热血青年，当得知我是医疗队的成员之一时，那个激动的心情啊，打起背包就写好了家书告别父母，真的犹如上战场。

次日，我们一行在市里领导的握手相送下，坐上了特别列车奔赴唐山。由于铁路严重破坏，我们只能在天津附近的杨村机场待命，那一夜我们集体躺在草地上，以"天当房，地当床"的乐观精神，睡了离开上海后的第一觉；后乘军用运输机降落唐山，又坐上军用卡车向地震中心进发。展现在眼前的到处是瓦砾，尸横满地，惨不忍睹。

解放军是这场抗震救灾中的真正英雄，是他们用铁锹挖出了一个个遇难者和伤员，我们负责救护，换药治疗。严重的伤员则由我们护送去机场，转往外地救治。

记得在一次巡回途中发现一位临盆的产妇，情况紧急，要转到有条件的产房已经根本不可能了。就在简易的帐篷里，由我队的何培芬徒手接生。我将随身带的便携式小剪刀用酒精棉球擦拭后剪断了脐带，一个小生命在我们手中诞生了。这位母亲激动地感谢上海医疗队，为他的儿子取名叫"抗震"。如今这个"抗震"也应该有40岁了吧。

地震造成了唐山地区的生活设施全面瘫痪，是解放军送水送粮给灾民，水车不够将油罐车也用来装水。天上的直升机不停地投放救灾物资和食品，真可谓"一方受灾，八方支援"。

我们在唐山大概是三周时间，除了救治伤员，医疗队的集体生活也给我留下了深刻的印象，我们着军装，住帐篷，同吃同住同甘苦，军事化的生活为我们日后养成吃苦耐劳的精神打下了基础。

40年前的形势比较禁锢，大地震中的瓦砾、废墟是不允许随便拍照的，徐汇区中心医院的张医生胆子比较大，为我们留下了两张弥足珍贵的集体照。记得当年8月份我们回到上海时，市、区领导没少接见我们，还组织姜海莹和我参加抗震救灾巡回演讲团。不久，毛主席去世，"四人帮"倒台，演讲活动也就取消了。

中国大地开始了翻天覆地的改变，历史将永远记住1976年中国的多事之年。

季启群草

2016年1月27日

唐山那些小事儿
——周碧云、倪银凤口述

口述者：周碧云　倪银凤

采访者：刘世炎（中共上海市虹口区委党史办公室主任科员）

　　　　王文娟（上海文化出版社编辑）

时　　间：2016 年 7 月 6 日

地　　点：上海市浦东新区周碧云、倪银凤家中

周碧云　　　　　　　　　　　　倪银凤

　　周碧云，1930年生，1954年华东药学院（现中国药科大学）毕业，被分配至东方医院（时为黄浦区浦东中心医院）工作，药剂科主任退休。唐山大地震时，作为第一批医疗队员赶赴唐山抢险救援。

　　倪银凤，1938年生，上海第一医学院肄业，被分配至东方医院工作，曾任黄浦区妇幼保健院医务护长，妇产科主治医生退休。唐山大地震时，作为第一批医疗队队长赶赴唐山抢险救援。

　　周碧云：

　　1976年7月28日中午，领导接到组织医疗队的通知后，马上制定赴唐山人员的名单。我们医院当时组织的医疗队比较全面，有内科医生、外科医生、放射科医生等，还有做行政工作的指导员。放射科的人员是技术员，放射仪器就没带了。指导员负责转运重病员，病员通过飞机被送往邢台等地进一步接受救治。队长是倪银凤，她比较年轻，挑大梁的，助产士出身，那时是妇产科医生，但也会开刀。

　　名单制定好后，医院召开紧急会议，一旦答应前往唐山，就不能离开医院了，也就是说，我们要在医院待命，只要卫生局来出发的通知后，我们就马上走。在待命期间，每人根据自己的需要准备药物。我当时在药剂科工作，就准备了红药水、紫药水、酒精、抗菌素，还有盐，"乒乒乓乓"的液体不能带。我就想着把原料带足，去那边配兑，因为那时我们还不知道情况有那么严重。骨科的话，光带药不够，还得带上器械。

当时是夏天，天气很热，我们工作的时候，穿白短袖、长裤，凉鞋、皮鞋也不穿，穿的是黑布鞋，走起路来舒服一点。我记得我当时连袜子也没穿。当时不能回家，我就打电话到家里，让小孩子给我送了东西过来，也就是碗、筷等简单的日用品，没有准备其他吃的。钱也不用，虽然上班有小钱包，里面也有些钱，不过当时钱没处花。我们东西都准备好了，但一直到晚上，我们都没有接到通知，那天晚上我们也就睡在办公室。

29 日早上 5 点多，通知来了，医院就派车把我们送到了上海北站，车是 8 点钟开。火车走得很慢的，到第二天（30 日）中午，我们才到天津，当时唐山的火车出问题了，进不去。到天津火车站后，大卡车把我们送到天津杨村机场，再通过飞机把我们送过去。天津是有水的，我们每人有个军用水壶，喝光了就再灌一点。那一天，我们就吃压缩饼干。凳子是没有的，要休息的话，就站着，或者坐在地上。我们上飞机的时候，大概到了晚上 7 点钟，比较晚了，是倒数一二班飞机。飞机飞二十多分钟就到了唐山。当时飞机很小，十分闷热，温度达 40℃，用报纸扇了，汗还是"嗒嗒"地往下流。解放军更辛苦，把医疗队送到唐山后，得立马赶往杨村接其他队员，一整天都不能歇息。

到唐山之后，断电断水，一片漆黑。我们下飞机后，其他的医疗队都到机场了，我们自己找了个地方，把大塑料布铺在地上，坐着、躺着，都可以。

第二天早上，大概 7 点钟的时候，解放军来了，给我们安排了一辆卡车，一顶帐篷，我们还有一袋从上海带去的面粉，不知道是 50 斤，还是 20 斤。他们还给我们发了一个吊在帐篷里的灯（**可能是马灯**），至于怎么加油的，我也忘记了，只记得灯一直亮着。

按照解放军的安排，我们的车子开到了路北区。和路南区相比，我们那个地方的情况相对好些，任务还是比较轻的。路南区有很多住宅、旅馆、火车站也在那里，是唐山当时最繁华的地方，所以地震后，灾害也比较严重。我们到的路北区，看不到商店，马路很宽，后面有足球场大的一块空地，种庄稼的，当时大概是山芋成熟的季节，我还看到有山芋藤。我们就驻扎在这块荒地上。马路旁边那栋四层楼高的房子，是唐山的煤炭研究所，里面的研究人员应该也不少。我们刚到，帐篷还没搭好，就有当地的老百姓来找我们看伤口了，我们就给小伤口涂涂药，包扎包扎。

慢慢地，一切也就都上正轨了。每天每个队都在路边摆个摊，摆摊很简单，用木头搭个台子，对外伤进行处理，一般两个人就够了。其他的人就背着药包到马路上去巡逻，去看望临时棚的伤员，上下午各一次。碰到急诊的话，医生可以处理。

我遇到过一个小男孩，大概小学没毕业，人长得也蛮好的。他脚上受了伤，被压了或者割了，口子很深。听说他父母都没了，就只剩下他。他已经没有家了，在马路边上的棚子里，和一位老爷爷一起住。老爷爷也是一个人。我说："你的伤口挺深的。你要每天都来，我给你换药。"后来熟了些，我就问他："伤口好了后，你准备怎么办？"他说："我要到矿上去，打工。"脸色很凝重，很坚决。他这么小的年纪，就想着靠自己活下去，不让国家来养。我听了之后，很心酸。唐山的老百姓都很坚强，这让我很感动。

我们接生过一位妇女，遭遇也挺惨的。她的丈夫在地震中遇难了，她是头胎，年纪很轻。小叔子是家里唯一的男丁，他先来找妇产科医生，看什么地方好生产，确定我们医疗队有妇产科医生后，就放心地回去了。等到临盆的时候，妇人和她的母亲一道来了。当时没有床，我们就在帐篷里的地上铺了大单，她躺在上面。帐篷里很热，但也没有办法。最后，她生了个女孩。小女孩命苦啊，一生出就没了爸爸。妇人很感激医生，就让医生帮她取名字，"地震之花"，就取了名叫"震花"。

有一次下大雨，余震特别厉害，帐篷顶的灯晃啊晃，好像要掉下来。不过我们本来就睡在荒地上，能逃到哪里去呢？我们当时站也没地方站，坐也没地方坐，只好躺着，也就不怕了。我们之前扎好帐篷后，都在旁边挖了沟，水就顺着沟流走了。

吃饭问题怎么解决呢？我们虽然带了一袋面粉，但是没有水啊。从天津灌的那壶水，到这里已经剩得不多了，还要预留些自己喝。老百姓就告诉我们，在我们住的地方，走过去一刻钟的路程，有个游泳池，那里的水大概不会完全干掉。我们当时带了两个高压消毒锅到唐山，两个人，一人抬一个耳朵，就去游泳池抬水。打到的水都是红颜色的，不是血，因为唐山的土是红颜色的，沉淀了一会儿之后就可以喝了。我们捡了砖头围成一个圈，把锅架上去，捡了窗户上掉下来的破木头烧，做面糊，做面疙瘩。前两三天没有蔬菜，都是吃的面糊。盐是我们自己带过去的。我们也买了些袋装的榨菜带过去，这是领导关照的，因为这些东西可以多放几天。我记得唐山的茄子是圆的，很大一个，我在上海没见过，放在油里炸一炸就吃。后来给我们营养品，给了羊奶粉，我不要吃。解放军还给我们送了桃子，一个队一箩筐，我们晚上没事儿干就吃桃子。我们当时就像一家人，很亲切的。那时候医疗队和病人的关系，比亲人还亲的，哪像现在很多医生，都不大跟病人讲话的，我们那时候甚至会给病人做心理疏导。

我觉得解放军真的很伟大，打仗的时候，用生命去抵抗；和平时期，就参与救灾。没有解放军，我们都不知道该怎么展开救援工作。我们刚一到，他们就帮我们准备好了帐篷。一个礼拜后，解放军到我们荒地后头帮我们打井，路跑得远了点儿，不过解决了喝水问题。此前，我们虽然能到游泳池打到水，但洗脸成问题，只能拿毛巾浸一下水，每人揩一揩。

唐山有点儿好处，就是它是大陆性气候，虽然中午很热，但太阳下山后，很凉爽，不像上海这样，出汗之后黏黏的。后来，解放军来给我们发了棉毯，每人一条，够用。

上厕所的话，我们帐篷的泥地里头挖条沟，旁边用芦苇围起来，人蹲下去都看不见。我们不习惯太阳底下上厕所，就熬到晚上，到远一点的地方，安静一点。

我们是 8 月 26 日回来的（是 26 日离开唐山还是到了上海，我忘记了），那时候火车已经恢复了。回来的时候，听说是上海的革委会的头头来火车站接的我们，但因为我们是区级医院，医院领导和汽车又都在等我们，我们回家心切，所以没看到他。回家后，穿的还是原来的衣裤，袜子也没穿，第一件事就是洗澡。

倪银凤：

我们从杨村到唐山，乘的是装货的飞机，而且飞机繁忙得不得了，把医务人员带进去，把伤员运出来，飞行员没有时间停下来休息。飞机里的温度高得不得了，在 40℃ 以上。我那时候 39 岁，身体还算比较好的，整个人就像浸在汗水里一样。身体稍微没那么好的，就出现头晕、恶心、呕吐的现象。就这样，我们进唐山了。

我们队在煤炭研究所，那里还好一点。有的队没地方搭帐篷，就搭在废墟上，下面都是尸臭。我们搭帐篷的地方，到处都是大便，我们把大便翻下去埋在深一点的土里，然后就把帐篷支起来了。一个帐篷，分男女两边，中间用盐水箱子隔一隔。

我记得我们有位队员，叫徐迟明，是内科主任，到了唐山后，因为病毒感染，面瘫了，又不得不回了上海。到唐山后，我们第一个礼拜是没有水的，也没有吃过一滴油。后来，天津用水车送水过来了，条件一点点好起来了。我们当时有一袋面粉、一包盐，早上吃面疙瘩，晚上疙瘩面，中午干烙饼。

我们出去就是干事的，要帮助人家解决问题。我们接生过两三个小孩，都是我跟刘肥柳一起的，她当时是助产士长，起名叫"海生""海花"，当时老乡们感激得不得了。有一个难产的孕妇，我用产钳把小孩拉下来的。

当时闸北中心医院医疗队有位病人，他们当阑尾炎观察的，从早上一直到晚上，但到后来，他们主任看了看，觉得有点不大对劲，就想着找位妇产科医生来瞧瞧。晚上，他们就到我们帐篷来，问我们医疗队中是不是有妇产科医生。我当时是队长，比较敏感，隐约觉得有什么事，立马站出来说："有的，我就是妇产科医生。"主任让我到他那边去看一下，我随他一道去了。一看，那位病人脸色很苍白，问了一下月经史，我才知道她有停经史。她的肚子，我一看，胀得很大，动起来又"哗哗"地很响，用针头一抽，发现里面都是血，我连阴道检查都不用做了，就判定是宫外孕。我立马决定给病人进行手术。

等我再回到帐篷里时，全队的成员都起来了。我们的副队长是徐伟达，我把状况跟他说了。手术包、消毒包等用具，我们当时都带着；负责后勤的是芦桦，带了个小的发电机，立马发电照明，准备手术。我们找个地方，把场子清理了一下，帐篷一搭，在地上撒上一层石灰，空气中喷喷消毒剂，就算消过毒了。开始抢救病人，我主刀，任仲芳当时是外科手术室的护士。病人需要输血，一动员，大家都是热血沸腾地献血，我当时也准备献血。当时他们让我不要献，怕献了血头晕眼花，不好开刀，后来陈医生（**陈贤直**）献了400cc。我们把病人破裂的那侧输卵管摘掉后，病人最终被我们抢救过来了。

到第二天，不得了，当地的大字报用醒目的标题写着"上海人民的鲜血输进了唐山人民的血管里"，看了很感人。要离开唐山的时候，我和徐队长还去访问了一下那位病人，她各方面都恢复得蛮好。

我还听说有一对老夫妇，他们靠吃枕头里的枕芯，里面装满了谷子蜕皮时第一道出来的壳，比糠还要粗，在废墟下面活了好多天，最后成功获救了，不可想象。

我是带队的，要负责把党的温暖送给大家，我们就把奶粉、羊毛毯都送给产妇，她们很感动。我们当时有"三大纪律、八项注意"，人家送东西给我们，我们都不能收的。解放军很关心我们医疗队，临走的时候，给每位队员都送了一套军装。我探望病人回来后，一部分人已经上火车了，我想，这怎么行，怎么能去拿军装？我就全部收回来了，让他们去还掉。回上海后，卫生局局长还来找我，说我怎么能拿别人的军装，我就如实相告了。

　　回上海后，我去很多地方作报告，把我所见到的，如实讲了出来，下面鸦雀无声。我一直忙着作报告，直到 9 月 9 日毛主席逝世后才停止。

我的唐山 1976

——马慎瑾口述

口述者：马慎瑾

采访者：钱益民（复旦大学校史研究室副研究馆员）

　　　　李艾霖（复旦大学本科在校生）

　　　　迟祥宇（复旦大学本科在校生）

时　　间：2016 年 3 月 27 日下午

地　　点：复旦大学枫林校区 6 号楼三楼档案馆会议室

马慎瑾，1933 年生，中共党员，主任医师。1961 年毕业于上海第一医学院。历任中山医院骨科副主任、中山医院镇痛门诊主任、中华医学会骨科分会委员、上医大临床疼痛研究中心常务主任、金山医院副院长、上海市卫生局腰疼协作组副组长、上海市卫生局医疗成果鉴定组副组长、中华医学会疼痛分会顾问，《骨科并发症防治杂志》主编、《中华中西医杂志》常务编委、《颈腰痛杂志》等编委。大地震后，作为首批上海医疗队成员，在唐山抗震救灾历时一年零三个月。

　　我原来在第九人民医院药房工作过三年，后来想考大学，拼命了两个礼拜，考上了上海第一医学院医疗系，并于 1961 年毕业。之后除了第二年去静安区进修了一年，我一直在中山医院工作。在中山医院工作的这些年中，我主要从事外科手术，效率颇高。比如阑尾炎切除手术，最快约 20 分钟完成；拇指、食指、中指等腱鞘炎手术，我一个下午出诊两个半小时，能做 19 个，仅带一个普通的年轻医生帮忙缝针就好。中山医院刚好那时候开始开展针麻（针刺麻醉），全上海组织来学习，市里边有很多人来看，我们医院选了我负责骨科，我一个上午能做三个半月板切除手术，都用针麻。

　　1976 年 7 月 28 日，医院接到紧急通知，唐山发生地震，要我们马上出发，什么东西都不能带，赶快通知家属。作为一个当时已有 25 年党龄的党员，响应党的号召，无条件去付出，为灾区人民服务，是我的义务和责任。虽然有各种困难，但都应该尽力克服。我家两个儿子，一个 3 岁，另一个还不到 10 个月，平时都是我和爱人一起照料。接到通知后，我告诉爱人说紧急任务需要去唐山，再大困难也要克服，她那时候在急诊室当护士，平时工作很忙，还要值夜班。一个人，除了上班，还要接孩子，没人帮很是困难，但她毅然让我放心离开。就这样交代一番后，我随着大家一起前往唐山救灾。

初见唐山

去的路全坏掉了，进唐山的路全部裂开，车子没办法开，后来我们坐了

部分医疗队员在煤矿巷道

直升机进去。将要到唐山的时候，我们在飞机上没法完全感受到地上的惨景，但依稀可以看到好多灾民没衣服穿，都是赤膊的。那时候我们心里还是有些信心的，毕竟在灾民眼里，我们就是国家派来为他们治疗的人。我们从直升机上下去，灾民们整个围了一大圈，场面很惨，很多房子都塌了，原来七八层的也一下子变成一块平地。我看见有一家，房子塌了，家具也塌了，但人在里面，解放军把一个穿着短裤的女人拖出来，已经死了。到处都是尸体的臭味。我们后来到学校的停车场里，学校有一个楼还没有塌，但是没有人敢进去。当地没有医院了，我们在操场上搭起临时帐篷，就住在抗震棚里。有一天早上起来洗脸刷牙时，突然地震了，人根本没办法站稳，发生余震时就是这样。天气也是从没见过的异常，在上海我从没看到过这种天气。那是个黄昏，可以看得见云，但是那是乌黑乌黑的，还有红的，乌红的，那个天象太奇怪了。

那地方也没有水，解放军要到很远的地方挑水。解放军牺牲蛮大的，也蛮负责任的，很多事情都靠他们。我看见他们挑来水，问他们："你给我喝点水好吧？"解放军就说："你喝，你喝。"水也不是自来水，是挑上来烧干净的井水。

那时候一顿饭，给我们发半个饭盒的小米粥（**实际上稀得很**），不论男女都是一人一个馒头，男同志一个是绝对不够的，有些女同志会省下半个给男同志吃。因为吃不饱，大家都瘦了不少。

地震之后，各种奇形怪状的病人全来了。有的手畸形了甚至断了，都要由我们骨科医生负责。我在工作的时候，每天从早上一直忙到下午 3 点，才有空去吃点午饭。当时各种器材都很缺乏，只能想各种办法替代。比如把大树砍下来做成夹板，靠手把病人的畸形矫正再用小夹板固定起来。天天这样干，实实在在。差不多三个月的时间就过去了。

渐渐改善

因为我要负责整个外科的医疗，虽然家里有困难，我还是让其他同志先

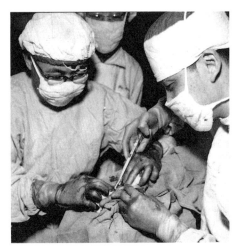

马慎瑾医生在抗震棚中给伤病员做手术

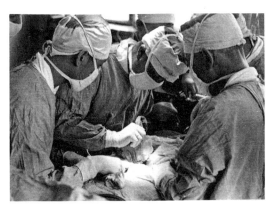

马慎瑾医生在抗震棚中给伤病员做手术

走了，自己继续留下来。三个月之后，领导调了两个头头来。我们就开始搭抗震棚，用作临时病房。这些草棚做的病房，很是简陋。我们拿个大被单遮住上面，四周围着就是手术室了，医疗器械也都很简易。有了手术室，病人就更多了。搭出来的棚，棚底下一个一个拿布挡起来，这边开刀，那边消毒手术器械。我们麻醉科一个上午开36台手术，其中包括骨科人工股骨头置换术、胸外科肺叶切除术、神经外科切除听神经等比较大的手术。我们开刀一点点影响到他们玉田县的医生，他们来参观，来进修了，这说明我们当时做得小有声誉了嘛。

当时那么多人，那么多污染源，又是在很小的空间，而且空气不密封，烧炉子……但没有感染案例，一年中都没有一例手术死亡的，真的很不容易，也很难想象。这个是从未出现过的事情，亦是医学史上的重大突破。其中有次手术印象尤其深刻。我们在玉田的手术室有四五间，后来陆续撤走，正好撤到还剩一间手术室的时候，突然来了一个危重病人，他在玉田公路上面，开车出车祸了。方向盘撞在他肚子里面，压进去了，压碎了脏器，疼得不得了。腹腔里查出有气体，说明肠子被撞断了。这个手术很危险，而那时候手术室只剩一间了。但是这个人一定要开刀，不开刀不行。这个人血型是AB型。AB型本身就比较少，而我们的条件又艰苦简陋。如果把他送到北京，路上至少需要两个小时，很可能撑不过去，但在我们这里开刀又的确有危险。此人正好是毛主席纪念堂的工作人员，是在赶去建纪念堂的路上出的车祸，大家更应该想办法救他。于是我们广播：整个医疗队，凡是AB型的，通通来报到。一共有六个人，将他们全部采血。幸好后来抢救好了，准时有车来接，没有感染，恢复之后送回北京去了。把他抢救过来之后，有人开车送来了半卡车的慰问品——奶粉、罐头、营养品，来犒劳我们。虽然我们过得苦了些，但是病人还需要开刀，他们更苦，所以我们把慰问品全部送给了病人们。

后来河北省委书记来慰问我们，对我们的评价很高，说："多么好的医生，要给他们吃饱。"所以后来我们有饺子吃了，还有包子；装上自来水龙头，也有水了。一开始也没法洗澡，热天只能用毛巾擦擦，后来就有自来水供应了。

医疗之外

我们生活作息基本还是蛮规律的，每天早晨穿着白大褂做广播操、学

马慎瑾医生在唐山火车站

1976年9月，玉田县革委会欢送中山医院抗震救灾医疗队合影

习，还要增加一点生活的乐趣嘛，所以也搞一点文体方面的活动。因为那边天气很冷，地上结冰了，大家就学溜冰。也搞过足球比赛、拔河比赛。后来我们组织过到周围的地方玩，我们到了北戴河，天下第一关，去的路上六个小时，玩了六个小时，回来又六个小时。

去救灾的这段经历，对我后来的医务工作的确起了很大的触动。做医生、做医疗工作，要不断地学习，特别是学习国外的先进经验；要有创造的精神、创新的精神，要能够解决医疗上的困难和疑难杂症。我有些成果曾分别在《新华日报》《解放日报》《文汇报》《新民晚报》及上医院刊上报道过，并协助了全国十余家医院开展新手术，解决手术失败疑难案例多例，创办了四届骨科防治并发症学术会（由中华骨科医学会承办），主持全国中西医结合疼痛学术会议五届，筹办中华医学会上海骨科年会论文学术交流会议一届，应邀全国讲学 34 次，会诊手术 62 次，发表论文 65 篇，我的事迹被收录在《中国改革者风云录》《中国大陆名医大典》和《中国专家名人辞典》等书中。

我去过金泽、青浦、朱家角，参加农村医疗队三次，很多金泽农民到现在还知道我——我救过不少人。一直到现在，我看门诊医疗时候，这些病人还会来，他们的下一代、孙辈都来找我看。我在上医成立了疼痛研究会，把临床跟前期结合起来。现在六院跟仁济都擅长治疗疼痛，但有看不好的病人，他们会介绍到中山，到我这里来看。搞疼痛赚不了大钱，很多人也不大愿意搞，病人太多了。我做了很多实验，例如在猴子骶棘肌横断术成功的基础上，治好了经全国骨科医师会诊后无法医治的女知青（被《解放日报》以"心血浇开生命花"为专题报道），该疗法还被成功应用在经多次手术失败而施行第八次手术的患者身上，并获得成功（被东方电视台报道）。

我儿子是搞通信的，他也去过一次唐山，搞通信，搞开发区。他无意中说到我爸爸当年来参加过唐山抗震救灾，当地人就对他特别好。我儿子现在都记着，他说那不得了，对唐山他们是绝对有感情，他也感到很高兴，他们重感情，唐山地震来抗震救灾的最有体会了。我感触颇深，社会上，创新是要创，但是不能吹牛。人这一生很平凡的，之前老一辈的领导真是作风很好，谨遵党的教育，不贪污不腐败。现在党抓不良风气抓得严，是很必要的。

承载生命之托的火车

——王雪娟口述

口述者：王雪娟

采访者：陆轶铖(上海交通大学医学院附属新华医院宣传部工作
　　　　人员)

　　　　仇佳妮(上海交通大学医学院附属新华医院宣传部工作
　　　　人员)

时　间：2016 年 5 月 9 日

地　点：上海交通大学医学院附属新华医院行政楼会议室

　　王雪娟，1951 年生，副主任护师，毕业于新华卫校。曾任上海交通大学医学院附属新华医院心内科病区护士长、护理部副主任、质控办副主任。1976 年作为上海第一批卫生列车医疗队队员，赴唐山担任转运地震伤员的工作，并参与上海第二批医疗队援建灾区抗震医院工作。

　　当时我 25 岁，唐山大地震的消息是从广播里得知的。那时电视很少，印象里大地震是凌晨发生的，28 日白天，我们所有内科的医务人员就在以前老大楼的门诊大厅里集合，领导传达了地震的消息，并组织报名参加医疗队。因为我当时还比较年轻，就没有在第一时间前往。过了几天，听说上海要组织卫生列车，我就去内科支部报名了，家里人也没有什么顾虑，他们觉得年轻人更应该挑重担。

　　出发前，我们曾在 103 临床教室待命一周，在等待的时间里，我们就学习编织网袋和准备药品、手术器械、胶布等等，还学习了爆炸应急、急救等等。但一直没有出发的消息来，我们也不回家，我就睡在同学的宿舍里。

　　卫生列车是在地震发生一周后出发的，全国各地都有组织，上海承担了一列列车的任务，我们医院是红十字医院，所以就光荣地接受了这个任务。

　　由于这次地震实在太厉害了，火车开出上海后，快到达唐山时，我们就看到沿途都是露宿的老百姓，越接近唐山，露宿的老百姓就越多。过了天津以后，列车的行驶就变得非常困难。根据后来的资料，我们也可以看到，由于地震，铁轨都扭曲了，像宝葫芦一样。当时我没有想到会这样危险，地震随时可能再发生。列车到了天津以后，我们排队进入唐山接病人。

进了唐山之后，两个小时内20节车厢就载满了病人。我们的任务是在指挥部的统一指挥下，把病人转移到远处的医院，我们这趟列车是开往西安的。我是一名内科护士，对危重病人比较熟悉，所以被分在重病房的车厢。当时有四个人负责这一节车厢的护理任务，包括张一楚医生（**即后来的张院长**）、刘锦纷医生和一位列车员。我与张院长是一个班，刘医生和列车员是一个班，八小时值班制，其实休息时间很少。实际上我们在唐山没有下车，就在车上接病人，安排得有条不紊。后来听说，地震后每分钟有一架飞机从唐山机场出发，把重病人送往各地医院，等到我们的列车去时，接收的都是相对来说轻伤的病人，大多是手伤、腿伤，基本上都没有生命危险，唯一一个重伤病人是不明原因造成的枪伤，导致小肠等脏器外露，基本处理都已完成，然后就等送往西安的医院进一步接受治疗。有些孤单的老人和小孩在地震后失去了家园，只能被送到外面去，后来这些人是看到唐山逐渐恢复才陆陆续续回去的。

列车是走陇海铁路往西安方向的，我们接到病人以后，一路都是绿灯，其他火车都让我们先行。从唐山出来后，经过天津和石家庄，这两个地方很多群众和有组织的单位，都带着食物和生活物资上车来慰问车上的伤员。

我们的列车一路通行无阻到达西安，其间在新乡将轻伤患者放下。到达西安时的场景真的很让人感动，火车站人山人海，自发的或者有组织的都有。有的人扛着门板，上面驮着自己家里的大花被来接病人，有的人高声唱歌歌颂共产党，令人感动。送完病人后，我的任务就结束了。

唐山方言很难听懂，表达"好"都是说"中"，这个词我们一开始听不懂，后来就学会了。在车上，除了保证他们的生活、照顾起居外，我们还要登记他们的信息，包括姓名、来自哪里、家庭情况等等。那时印象很深刻的是，张院长不但是一名医术高明的外科医生，而且对待病人的态度十分亲切，非常仔细地照顾病人。

在车上，由于铁路的噪声，我睡眠质量一直不好，但是伙食十分不错，据说当时列车上准备了三个月的干粮。来回时间一共两周，与家里也没有联系，母亲很着急，经常托人来问我的消息，但我当时很年轻，所以并没有考虑很多。一路上都能看见解放军工程兵在修铁路，十分艰苦。

回到上海之后，我就回家休息了几天，其间当时内科的马主任（**也是我们内科支部的书记**）打电话给我，问我是否有什么困难，愿不愿意到唐山医疗队待一年。我当即答应了，就立马去了内科支部，那里已经有几位医生了，包括肺科的高医生。那时我准备元旦结婚，但是由于要参加医疗队，我便把婚期延后了，我的先生也很支持我。当时有二医大的五个医院承担了这次医疗任务，每个医院选了二十余名医护人员，包括临床护士、医生、检验科、药科以及后勤人员，一共一百余人，在唐山组建了一个临时医院，解决当地老百姓的日常就医问题。

那个时候，可以说国家是大难当头，公而忘私是比较重要的。领导安排的任务下来了，我们都很爽快地就去参加医疗队了，医院里也没有什么奖金或其他奖励。我们医疗队这 20 个人中，年纪最大的就是我们放射科的李主任，那时候他 60 岁，放在现在也已经是退休的年龄了，而且当时他老伴去世了。每次邮局来信，领导都第一个通知他去拿。另外，蒋医生当时孩子也就几个月大，迟我们几天就去唐山了，很不容易。

我们的生活条件可以说比较艰苦，但也并不是苦到那种不能忍受的地步。刚开始去时，他们那里搭的是临时草棚。我们设了三个病房，一病区、二病区、三病区，我负责三病区。因为我们新华的儿科很好，所以我所在的三病区就是一半小儿科，一半成人内科。病人的病种相对比较固定，心血管比较多，像妇产科、五官科、眼科都在一、二病区。

因为是草棚搭的房子，所以根本谈不上有什么医疗条件，除了手术设备是二医大分配给各个医院的及自己带过来的部分之外，其他部分是国家提供的。到了那边就是白手起家。供应室、消毒倒是有的，我们严格按照医理在做，药丸自己配制，消毒从头开始。那边苍蝇真的非常多，给我们的消毒工作造成很大的干扰。

　　大概 10 月份，天气已经比较冷了，当地人就穿那种黑色的对襟棉袄。我帮病人测体温时，要把体温计递给他，本来他身上叮满了苍蝇，我手一伸过去，苍蝇就全都飞起来了。在食堂吃饭的碗都是自己带过去的，大概一人两个碗、一个调羹。我们宿舍里就弄了一个纱布罩子，把碗都罩起来，那些白色的纱布上就叮满苍蝇。手术室也是这样，手术包一打开，也有很多苍蝇，所以腹部手术都不能保证苍蝇不会掉进去。

　　草棚是临时搭建的，并不能真的过冬。房子的墙基本就是一层草，在窗户那里搭一个框，用两层塑料纸粘起来，成为一个落地窗。不能过冬，我们就在草棚里、病房里另外再做一堵火墙。火墙就是一个用耐火砖砌起来的炉子，通到室外，在室内烧煤，用它来取暖。当时外面零下 20℃ 左右，很冷，完全不能过冬。我们当时做的事情也很多，一会儿房子要改建，病人就要搬出去，一会儿新房子造好了，再把病人搬回来，一直在忙着做这些非常基础的工作，就是为了改善一下当时的环境，所以人非常累。

　　当地的老百姓非常信任我们上海医疗队，他们都远途而来，拉着马车到我们这里看病。有个印象比较深的病案是有个小孩，是皮肤病，身上像鱼鳞一样，一瓣一瓣的，但是我们也没什么好的办法。至于说手术，我们好像开过一个连体婴儿，可是没有成功。尽管如此，当地的老百姓还是非常信任我们。我们一起去的一个护士回忆说，她印象比较深刻的是，有一天深夜巡房时，发现一个十来岁的患肾脏病的小孩去世了，家属完全没有发现，是她把家属叫醒再告知的。

　　当时血沉试剂用完了，但病人必须要做血沉的时候，我们化验室的同事就会抽一管自己的血，用自己的血跟病人的血作对照，得出大致的检验报告。此后，我们化验都是抽两管血，病人抽一管，工作人员抽一管，作比对，这个精神是可嘉的。

　　我还患了急性阑尾炎。我当时被发现阑尾炎，是因为有一系列基本症状，比如腹痛、恶心呕吐、饭吃不下去、脸色差和发烧。我此前没这个病史，但是我们医疗队的单医生，还有虹口区中心医院的老医生，他们肯定我得的是阑尾炎，问我要不要开刀。我说不要，毕竟我当时还在工作中。此外，当时天气冷，苍蝇飞不动了就要往下掉，我也不能保证腹腔一打开苍蝇不会掉进去。因此，他们采取的是保守治疗法。那时候也没什么抗生素，只有青霉素、氨苄青霉素那几种药，庆大霉素一挂，三天就好了。

生活方面我印象最深刻的就是抗震汤，就是大白菜加粉丝，最好的时候汤里会有一块咸肉，有咸肉的话大家就会很开心。我们住在草棚里，晚上的零食就是抗震救灾空运过来的压缩饼干，一块块方方的，硬到可以打死狗的程度。晚上值夜班在宿舍里没事，饿了就靠在火墙旁吃压缩饼干，很暖和的。火墙是 24 小时烧的，白天防止凉掉会盖个罩子，晚上再加点煤。但是后来这堵火墙也引起了手术室的火灾。地震以后，天断断续续地在刮风下雨，有一次大风把我们屋顶都掀掉了。当时我们的屋顶没有瓦片，就是把草和泥土弄成糊堆在上面，一刮风就把顶都掀了。天气非常干燥，火墙 24 小时烧着，时间一长，火墙就出现了一道裂缝，火出来，结果引发了大火。那次大火非常厉害，因为一排手术室都是草棚，一下子就被烧完了。那天是星期五下午，很巧，当时正好在我们医院有个服兵役的体检，所以身强体健的人很多，马上就把火扑灭了，没有蔓延，不过一排手术室都烧掉了。

有一次，大概在 11 月，晚上 10 点多，又来了一次余震，7.3 级左右，蛮厉害的。那次余震非常吓人。我们的房子用了竹子做梁，固定住了，拉是拉不倒的，桌子、柱子都是用木桩打在地下的。那天地震来时，有的同事还没睡，我已经睡了。桌子一下子倒过来，把我胸口都撞痛了，大家都在尖叫。那次我们都有所体会，人在惊慌失措的时候的确是会失态的。张医生大叫"关灯，关灯"！平时我们都说上海话，从不说普通话，但是在紧急时，她都直接说普通话了。"关灯"是让我们把电源都给切断。我当时刚睡着，因为是侧睡，地下的声音都能听到，她们一叫，我就起来了，但灯马上就被关了，我衣服都找不到，急死了。她们没睡的人一下子就都逃到门口去了。我在床上刚起来，衣服总要披两件吧，所以当时很急很气，就说让她们等等我，好不容易找到衣服，一披，鞋子一套，就逃到门外去了。因为室内烧了火墙，灰很厉害，都让余震给抖下来了，灰蒙蒙的。后来有人描述唐山大地震时，都说灰天灰地，什么都看不见的，完全可以理解。我们当时应该没那么多灰，就是茅草棚和火墙，可是余震一来，灰全都下来了。后来我们就到病房里去了，去病房看看老乡。他们都太敏感了，不需要别人通知，自己把氧气瓶、导尿管拔掉，即使有点病走不动的，到了这种时候也都有力气走了，一下子蹿到门口去。本来吊着的葡萄糖瓶，都滚落在地上。那是我们去了以后震得最严重的一次，平时也有小余震，但我们都不大有感觉。

回上海的时候，我们是站在卡车上到唐山火车站的。那时列车没有足够的座位，我们就坐在地上，从唐山到上海要二十七八个小时，火车误点不稀奇的。回来的时候，我印象也十分深刻，高医生和五官科的刘主任，都四十几岁了，年纪比我们大了好多，我们都把他们当作自己的长辈，位子是让给他们坐的，他们也把我们当自家小孩，我们就坐在旁边，坐了不止 24 小时。中途到北京转了一下车，我们好像在北京协和医院学生宿舍睡了一夜。第二天又回到火车上坐着，要睡的话就靠在他们的膝盖上。回到上海时，火车站人山人海，都来欢迎我们，领导、家里的人、科室的人都来了，有组织来的，也有自己来的。

回到上海以后，我就办完了自己的喜事，继续做自己的工作。家人也很亲切，毕竟走了一年，我有好多故事要讲给他们听，所以也很忙。当初三个病区有四个上海护士，我们医院有两个，乍浦街道和仁济医院各一个。我们四个人承担了三个病区的护理工作，当地有一个小青年来帮我们的忙，我们共同组成了病房临时的护理力量。后来那个小青年一直给我写信，我就把我知道的解剖知识、诊断知识、诊疗常规讲给他听，所以他跟我很好，但是后来很忙，通信没有保持下去，很遗憾。

我觉得我们新华医院派过去的 20 个人都很团结，很好的。我们的关系一直延续到大概 2000 年以后，在医院里也蛮有名气的，大家都叫我们"唐山帮"，直到后来大家陆续退休。

重返没有硝烟的战场

——刘远高口述

口述者：刘远高

采访者：陈　铿（上海交通大学医学院老干部工作办公室主任）

　　　　袁春萍（上海交通大学医学院退管会办公室科员）

时　　间：2016 年 5 月 10 日

地　　点：上海市徐汇区冠生园路 209 弄

右为刘远高

刘远高，1932年生。1949年5月参加工作，先后在闽粤赣边纵队、广州军区空军探照灯团、南京军区空军高炮八师担任排长、连长、作训参谋、营参谋长、副营长、团副参谋长等。曾参加援越作战。1969年10月起，作为军代表在上海第二医学院担任军训团副政委。1977年10月转业，调入上海第二医学院工作，任校人武部副部长，直至1992年离休。1976年唐山大地震发生后，作为上海第二医学院第一批医疗队政委赴唐山参加抗震救灾。

　　记得那天我从第二医学院回到家中，吃好晚饭后，一家人在部队对面的411医院草坪上观看电影。电影刚开始放映，就听到广播里说有紧急任务寻找我。我出去一看，原来是二医派了司机开车过来接我，说是有紧急任务，要求我拿些换洗衣服马上回校，当时我还不知道唐山发生了地震。等我回到学校，当时二医的党委书记左英就和我说："唐山发生大地震了，强度是八九级，现在组织上要求你马上带队去唐山参加抗震救灾工作。"

　　在我被车子接到学校之前，学校已经按照上级布置迅速成立了医学院抗震救援中队部，当时我的职务是医学院党委常委，学校就任命我担任校抗震救援中队部政委，孙克武同志担任中队部队长，他当时是学校医务处负责人，就由他具体负责医疗救援方面的工作。同时，第二医学院系统各个附属医院的抗震救援医疗队也相继组建好了。应该说，当时我们学校各项筹备工作都已经基本就绪。所以，当我被车子接到学校后，我们中队部和各附属医院医疗救援队就马上整装出发了。7月29日早上，我们从上海北站出发，先到达天津，然后又转乘飞机进入唐山灾区。

到达唐山后，最直接的感受就是震得太厉害了，人员死伤惨重，我们去后余震还很多。当时我就看到地震灾区紧急忙碌地开展救援的场面，有很多解放军战士和民兵都在投入抗震救援，真是要感谢党中央和解放军，那么快就调动了那么多部队过来救援。

时间就是生命，救援任务刻不容缓。我们二医的医疗队马上搭起临时救护帐篷，开始对伤病员实施医疗救助。地震造成的人员死伤非常厉害，在灾区我亲眼见到一个20多岁的男青年在地震中受伤了，脑部和胸部都有大出血症状，躺在那里不停地呻吟："请救救我，请救救我！"样子很惨。我去叫医生过来看看，但再返回他身边时，那个男青年就已经不幸死亡了。在灾区现场，还有一些孕妇就在临时搭建的救护帐篷中甚至马路边上分娩。那个时候，唐山的各项医疗救助设备确实比较简单，救援条件很艰苦。同时，伤病员又太多，根本抢救不过来，所以中央马上决定把重伤员转送出灾区，到外地大医院进行救治。

我在唐山工作了将近三个月，国庆节过后才接到上级命令返回上海。在那期间，我们除了经历过多次余震，尤其难忘的是毛主席逝世那天的情形。9月9日得知毛主席逝世后，我把我们医疗队员都召集在一起，在灾区草坪上集体默哀三分钟，召开了一个简短的追悼会。随后，我们强忍悲恸又继续投入紧张的伤员抢救工作中。

我们是第一批到唐山参加抗震救援的，工作和生活条件非常艰苦，克服了很多困难。我们抗震救援队员都住在临时搭建的帐篷里，后来才搬到木板房里。但住在木板房里，说实话也有点害怕的，因为灾后仍余震不断，时常会在晚上睡觉时感觉到整个木板房在晃动，会有东西从屋顶上掉下来，而且，灾区的通信设备和电路设施都被严重损坏了，也没有什么交通工具，有什么事情基本上都是靠广播来传递信息。当时我们吃的是从上海带去的压缩饼干，喝的饮用水也是地震灾区很浑浊的井水，水质比较差，我和其他很多救援队员一样，因为水土不服，持续腹泻了一个多月。后来，饮食条件才慢慢有所改善。在唐山工作期间，虽然环境条件很不理想，但所有的医疗队员齐心协力，表现都非常好，那时我们就一个信念：大家一条心，抢救伤病员。

我以前是一名军人，曾先后担任广州军区空军部队探照灯团基层指挥员、南京军区空军高炮师团副参谋长，经历过战场上枪林弹雨的洗礼。但唐山大地震救援如同一场没有硝烟的战争，带给了我不一样的感触，面对地震灾区那么多的伤亡人员，看到一个个鲜活的生命在我面前转瞬即逝，所经之处，目睹的一切都让我深深感觉生命的脆弱和灾难的无情。我也亲身经历了我们瑞金医院医疗队的同志就在灾区马路边上为孕妇接生的场面，被医护人员救死扶伤的精神深深感动。我们还和当地的干部建立了很深的友谊，他们很不容易，不顾自己的小家帮助我们做好医疗救援工作。临走时他们为我们送行，感谢我们，我们说这都是大家应该做的。

唐山当年发生的地震，也让我认识到，面对突如其来的灾难，我们关键还是要做好平时的各项预防工作。现在我们国家各方面条件都跟上了，比以前好了，再有类似唐山地震这样的自然灾害，应该不会造成如此重大的损失和伤亡了。

唐山一年　激励一生
——徐建中口述

口述者：徐建中

采访者：陈　铿（上海交通大学医学院老干部工作办公室主任）

　　　　叶福林（上海交通大学医学院党校副校长）

　　　　袁春萍（上海交通大学医学院退管会办公室科员）

时　　间：2016 年 4 月 20 日

地　　点：上海交通大学医学院东四舍会议室

徐建中，1953年生，中共党员，副教授。先后任上海第二医科大学校工会常务副主席、上海交通大学医学院退休党总支书记、退管会常务副主任。1976年作为第一批上海医疗队队员赴唐山抗震救灾，并留任于第二批医疗队。

一

唐山大地震发生于1976年7月28日3时42分53秒，当天下午6时，上海市接到中央卫生部的通知，要求上海组织医疗队赶赴唐山进行救援。接到卫生部通知后，上海成立了由上海市卫生局的3位领导与15名工作人员组成的大队部，同时，一共组建了56支医疗队，每个医疗队15人。我们上海第二医学院组建了8支正式医疗队，2支预备医疗队。上海第一医学院组建了6支，上海中医学院组建了3支。

医疗队的组成要求很具体：每个医疗队里有2—3名骨科或普外科医生，2名内科医生，1名麻醉科医生，1名药剂师，1名检验科医生，1名护士，3位干部（1位指导员，正副队长各1位，均须为医务工作者）。二医的8支医疗队中，瑞金医院、仁济医院、新华医院、第九人民医院各组建2支医疗队。二医成立了中队部，中队部共有7人，中队部政委为刘远高，队长为孙克武，我是中队部一名工作人员。

我是怎样成为医疗队的一员的呢？当时我是二医中医教研室的一名老师，那时我们还要到医院看门诊的。记得7月28日那天，我正好在仁济医院看中医门诊，大概是11点30分回到二医的，回来以后我就听说学校在组建医疗队的消息。其实那时，二医赴唐山的人员名单基本都已确定，但当时我心里确实非常渴望能够去唐山做点事情。于是我就直接找到当时的校党委书记左英，向她表达了我想去唐山参加抗震救灾的心愿，左英对我的行为表示支持，她说："小伙子，你想去就去吧。"随后她就电话联系市卫生局，我就此成为二医第一批赴唐山抗震救灾中队部的成员。

这样，我们二医系统第一批赴唐山参加抗震救灾总共去了127人，8个医疗队每队15人，共120名医疗队员；再加上中队部队员7人。

7月29日早上，我们乘坐9056次专列，7点20分从上海北站出发。记得当天下午4时20分，我在火车上面听到中央人民广播电台广播，说唐山地震损失"极其严重"。当时我们第一次听到这几个字，因为刚开始时对外公布的消息是唐山地震强度为6.5级，而且上级布置任务的时候也只讲准备好5天的口粮，所谓的口粮其实就是食品公司准备的压缩饼干和榨菜，所以我们出发时的个人生活用品、替换衣服等都没多带，但是各种急救所需的医疗用品和器械我们带好了。

30日凌晨4时12分，我们到达天津附近的杨村。到天津以后，火车就无法再往前行进了。强烈的地震导致铁路被严重破坏，许多地方的铁轨都像油条一样卷绕起来。上级让我们到杨村军用机场，然后坐飞机进入唐山。

下了火车转往杨村机场的途中，我们还要把从上海带来的药品和器械一并转运走。那个时候的葡萄糖盐水瓶都是玻璃瓶，不如现在的塑料瓶轻便，分量很重。我们这些队员不论男女，每个人都背负一整箱盐水瓶带到杨村机场。同时，每个医疗队还要带一顶帐篷，帐篷也都是由很重的铁杆和帆布材料制成。但是在当时的情况下，我们没有一个人说自己背不动，或是有放弃的想法，所有队员都齐心协力参与其中。

我们大概是 30 日早上 8 点钟进入杨村机场，当时看到杨村机场里一片忙碌场面，都忙着在调动部队赶赴唐山救援。我们一直等到 11 点 30 分才上了飞机，上海医疗队是第一个进唐山的，127 个人分乘三架小飞机前往唐山，当时我乘坐的是第一架飞机，跟随余贤如老师所在的新华医院一支医疗队一起进去的。到达唐山机场后，当时的国务院副总理陈永贵同志在机场迎接我们，他流着眼泪对我们讲："上海的医生你们辛苦了！"

二

到了唐山机场以后，除了新华医院留下一支医疗队驻扎在机场外，其余人员分乘四部军用卡车前往丰润县。我记得很清楚，那里的马路都是裂开来的，从唐山机场到丰润县 80 公里的路程，我们的车从下午 2 点钟一直行进到晚上 6 点钟，足足开了四个小时。车子一路过来，我们看到整个唐山市没有一间好房子，全部塌了，只有唐山发电厂的一根烟囱还是好的，其他房子全倒了，真的很惨很惨。我曾经看到，有一个小姑娘被裤带悬吊在倒塌房屋断裂的钢筋上，在当时的情况下根本无法把她救下来，听说后来还是不幸死亡了。

到达丰润县后，看到在县人民医院门口，有上万个病人在等待我们医生的救援。伤病员非常多，我们整个中队部带去的一万片止痛片，一千根导尿管，一个晚上就全部发放用完。有很多伤员在地震中腰椎被压断，下半身瘫痪导致尿潴留，肚子鼓胀如气球般，人非常难受。我们就想办法把电线里面的铜芯抽掉，然后再经过消毒处理，用其为患者导尿，解决了导尿管不足的问题。在房屋废墟中到处都是遇难者，由于天气异常炎热，尸体很容易腐烂，部队就专门负责把遇难者集中掩埋。到达灾区的前三天三夜，我们基本没合过眼，大家都以高强度的精力投入到紧张的医疗抢救中。

正值盛夏，高温酷暑。刚到灾区的前两天，唐山无水供应，等到了第三

徐建中（左二）参加当地劳动

天，消防车从北京把水调运过来了，但每人每天只供应一搪瓷缸水，饮水、洗涮都全靠这一缸子水解决。我们基本上都用来解渴了，洗涮的话就能免则免。这种少水的状态持续了差不多一个星期。

我们住的条件也很简陋。从 8 月 1 日那天开始下倾盆大雨，当地政府给我们用芦苇搭了一些临时棚，再把伤病员转送到棚里。因丰润县的治疗条件有限，8 月 2 日，国务院派了专列开始把丰润的伤员全部转往灾区外治疗。当时我主要负责指挥转运伤员，伤病员非常多，每天都有多趟火车在不停向外转运伤员。我指挥转运伤员也按照一定的分配制度，比如每天一趟火车来，从瑞金医疗队处接 30 个伤员，从仁济医疗队处接 50 个伤员。印象最深的是 8 月 3 日那天，我亲手把一位伤员送上火车，那是一个下身截瘫的小姑娘。我和这位小姑娘之间很有缘分，20 年之后的 1996 年 7 月 10 日，二医组织了 40 名同志再去唐山义诊时，我在当地截瘫病人医院又看到那个小女孩，后来我和她还有书信往来。

三

在唐山我一共参加了两批医疗队。第一批医疗队工作了60天，7月29日出发，9月25日撤回，当时要求我们中队部要留一个人，我就留了下来，也就是连任两批，第二批医疗队其实就是抗震医院的第一批队员。由于灾区余震不断，比如7级以上地震我们就遇到过好几次，所以中央就考虑造抗震医院。8月下旬，我们学校派了井光利、黄飞等几位有经验的老干部，来指导筹建抗震医院。9月9日，李春郊带着第二批医疗队来到丰润。为什么我会记得这么清楚呢？因为那天我正好带了几位队员去秦皇岛接一批医疗用具，上海的医疗用具都通过那边的港口运过来，9月9日早上7点钟从丰润县出发，下午1点30分才到，因为地震过后路面都开裂，车子震得我们都直呼受不了。我们就是在秦皇岛听到毛主席逝世的消息的，我当时就决定马上回去。我们后来是晚上10点30分回到丰润的，正巧看到第二批来抗震医院的队员。

第二批医疗队员中，瑞金有24人，仁济和新华都是19人，九院20人，还有虹口区中心医院13人，二医一共17人，我们这些人就是丰润县抗震医院的第一批成员。虽然建起了抗震医院，但条件仍然十分艰苦，我们每天都只能吃"抗震汤"，平时吃"抗震汤1号"，其实就是白菜汤，星期天可以吃到"抗震汤2号"，就是汤里有两片肥肉，那时大家都盼望着星期天能吃到那两片肥肉。唐山到了10月份就开始下雪，很冷很冷，只能靠生火取暖，但是这很容易发生火灾。12月10日，抗震医院就发生了一场大火，把整个手术室都烧光了。

在抗震医院大家都十分团结，队员之间有的还擦出了爱情的火花。比如，大家比较熟悉的刘锦纷（**后来成为上海儿童医学中心院长**）、朱小平夫妇，前者是新华医院的医生，后者是仁济医院的护士，他们两位在抗震期间喜结连理后，将他们的儿子取名为刘震元，成为一段佳话。

在唐山开展医疗救援期间，我们在一定程度上帮助当地解决了医疗物资匮乏和医疗水平落后的现状，医疗队员们也和唐山人民结下了深厚的友谊。

比如医疗队的潘家琛老师为当地多个兔唇的孩子做了手术，同时带教出了当地的一些医生；苏肇伉老师是抗震医院成立后的第一批成员，他在当地做了很多例心脏手术，包括分离了一对连体婴儿；又如仁济医院心内科专家黄定久老师，由于唐山天气冷，心脏病人就多，包括部队在内，经常请我们去会诊，黄定久出去会诊通常是我和他一起去的，包括很多偏远的部队医院；还有瑞金医院骨科的张沪生医生，1996 年组织回访唐山的时候，他在那里碰到了一个病情比较严重的病人，张沪生建议患者到上海治疗。后来病人在上海治疗期间，张医生经常自己烧了饭菜送到病房，病人出院结账的时候缺了 800元也是张医生为其垫付的。

我真心希望将来医学院不要忘记当时在唐山参加抗震医疗救援的同志们，他们是真正的英雄，在那么艰苦的条件下无怨无悔、无私奉献，展现了上海医生的风采，展现了医学院的风采。特别是第一批去的队员是没有任何补贴的，直到成立抗震医院后，才有每天一角七分的补贴。时至今日，他们中的很多人已经离世，如果需要，我可以协助学校把当时所有队员的名单整理齐。

四

1976 年 7 月 28 日，那一天对于 40 年前遭受毁灭性地震的唐山人来说是永世难忘的，对于 40 年前奔赴灾区抗震救灾的医疗队队员们来说也是刻骨铭心的。我珍藏了很多当年的照片，每张照片都是一段回忆，每张照片都是一段故事。

仁济医院的黄定久同志和他当年在唐山治愈病人的合影，拍摄于唐山地震 20 周年之际，也就是 1996 年回唐山义诊时。照片是很有意义的。

我记得当时很难开展医疗救助，抗震医院成立后，医疗条件还是非常简陋，医疗用品、医疗设施都跟不上。当时对于有呼吸困难症状的病人，没有呼吸机来作辅助治疗。我们就想了办法，用水壶把水烧开，通过一段竹管连接水壶壶口和病人呼吸道，利用水蒸气起到喷雾滋润的作用。我们就是在这种极其困难的条件下自创了许多新的医疗器械，并取名为"抗震牌""先锋牌"等等。

黄定久医生与当年被救的市民重逢　　　　　　　土法上马蒸汽喷雾呼吸机
（上海交通大学档案馆提供）

　　1976 年 8 月中旬，我记得很清楚，唐山地震后因为天气炎热发生了瘟疫，医疗队员中也有很多人在腹泻。但是，为了把有限的医疗资源都用在病人身上，我们医务人员自己只能忍着。我是学中医的，知道中药里面的马齿苋对于治疗痢疾是很有疗效的，我就带了学生每天到外面采马齿苋，最远的要跑十几里路，采回来后煎煮汤水给队员服用。当时我们采药回来后正在河水里清洗马齿苋，恰逢二医的慰问团带了摄影组在拍摄资料，就留下了这张珍贵的彩色相片。照片中的小伙子就是我，边上的几位同志来自各医院的医疗队，最左边一位就是后来的仁济医院儿科主任曹兰芳老师。

　　就像我前面提到的，当年有位小女孩是我亲自送上火车的，1996 年 7 月 10 日再去唐山义诊时，我在当地截瘫病人医院又遇到了她，并和她合影留念。当年的小女孩在接受截瘫治疗后，成为一名铅球残障运动员，曾在亚洲残奥会和中国残奥会上获奖。我曾在 1998 年 3 月 23 日写信给我女儿，并用这张照片里的故事勉励她。我说："爸爸给你的礼物虽然不是贵重的艺术品，但它的价值是无法估量的，它是人生价值的精神之所在，爸爸也希望你继续做个对社会有用的人！"

唐山地震 20 周年，与被救助的李冬梅合影

徐建中（左二）带领学生采草药，在河边洗草药（徐建中提供）

唐山地震 20 周年之际，我们去唐山义诊，当时的唐山市委书记、市长和人大常委会主任等都出席了，数以万计的唐山市民从四面八方赶来。全国有一百多家新闻媒体跟踪采访，整个唐山都轰动了。正如唐山市委书记所说的：上海医疗队的唐山之行，特别是与唐山同行一起举行的此次唐山义诊活动，其规模和反响是空前的，义诊的意义已经远远超过了它治疗疾病的范畴。那次义诊我们去了 40 人，其中 17 人参加过 1976 年的抗震救灾。

参加唐山抗震救援是我非常重要的一段人生经历，一份宝贵的人生财富。为什么呢？在我至今六十多年的人生中，有两段经历是刻骨铭心的，一段是去江西插队落户，另外一段就是在唐山。虽然只在江西待了两年时间，但我是在江西入的党，我对江西有着深厚的感情。而唐山的经历给我的震撼更甚，在那里，我经历了每天面对生死之战，经历了三天三夜不曾合眼、一周只睡八个小时的磨炼，或许只有在战场上才会有这种状况，但我在唐山确确实实是经历了这一切。在唐山期间，我目睹许多人在遭遇灾难后，将生的机会优先让给比他年轻的人，让给妇孺儿童，唐山人民在灾难面前所表现出来的镇定和人性的光辉也深深触动了我们医疗队员。也因为有了这段独特的经历，有了这种生与死的感悟，有了这种为了治病救人克服千难万阻的精神的感染，所以从唐山回上海后，我对待工作、生活和学习，都认认真真，不管吃什么苦都能承受。我在担任学校工会副主席期间，以个人自身的努力协调奔走，想方设法帮助学校许多职工的孩子解决了中小学入学困难问题，家长们都对我表示感谢，但我从来没有收受过他们一分钱。2013 年退休后，我在上海老年大学任职，也是每天提前三刻钟就到学校做好当天的准备工作。我觉得这都是因为有唐山精神在鞭策我，它激励我脚踏实地为群众做实事，唐山抗震救灾的经历确实带给我不一样的人生。

多难兴邦：大灾难下的救援

——范关荣口述

口述者：范关荣

采访者：薛锦慧（上海交通大学仁济医院临床医学院 2012 级临
床八年制学生）

孙宝航行（上海交通大学仁济医院临床医学院 2013 级
临床五年制学生）

时　　间：2016 年 5 月 13 日

地　　点：上海市黄浦区新天地

范关荣接受访谈合影

范关荣，1947年生，中共党员，主任医师。历任仁济医院麻醉科医师、胸心外科医师，仁济医院副院长、党委副书记、院长，上海第二医科大学副校长、校长等职。唐山大地震发生后，作为第一批上海医疗队队员，赶赴唐山参与抗震救灾。

一

1976年唐山大地震发生时，我29岁，已在医院做住院医生六年。当时医院里有一支训练有素、装备成箱医疗器械的野战医疗队。我作为野战医疗队员，经常与大家一起到野外训练，搭建临时手术帐篷；有时也去农村，参加医疗队，为农民服务。参与抗震救灾，对我们医务人员来说是义不容辞的。

地震是7月28日凌晨3点多发生的，当时大多数人还在睡梦中。从广播中获知唐山发生地震后，大家克服种种困难，踊跃报名参加救援。当时家父偏瘫在床，需要有人来照顾，但是家里人还是很支持我。除了医院的医生和护士，很多刚刚毕业的医学院学生也积极报名参加抗灾。就这样，我们医院迅速组成了一支约50人的医疗队。

队伍在出发之前做了充分的准备，主要准备的是医疗药品和设备，野战医疗队所用的医疗器械在这时刚好派上了用场，但是药品是消耗品，需求量很大，因此当时每个人都要背很大很重的包，为的是能多装一些药品；此外还有一些简单的生活用品和少量干粮。当时灾区附近交通都断了，物资都是空投的，较为匮乏，所以大家尽量把能带的东西都带过去。

7月30日一早，我们先到达天津杨村军用机场。由于地震，到唐山的铁轨已毁坏，火车通不了，我们只能等着坐军用飞机去。我们在军用机场等了几个小时，当时听说唐山那边水有污染，便带了些淡水过去。等飞机来了，大家便一起上军用飞机前往唐山，每架飞机大约可载90人。

从飞机上下来，我们看到来自全国各地的救灾物资，满满地堆在唐山机场；我们还遇到来自全国各地的医疗队，大家目标一致，齐心抗震救灾。之后，我们坐上部队卡车，穿过市区，到达唐山郊区的丰润县，就此驻扎下来，被称为"丰润医疗队"。当时上海第二医学院是一个中队部，每一个附属医院是一个小队部。

我清楚地记得经过唐山市区时看到的景象：城市一片废墟，满目疮痍，几乎所有的房子都倒了，没有一栋是完整的，只剩下断壁残垣，余震也还在继续；路边随处可以看到从废墟中挖出来的尸体，并排放在那里，空气里充斥着尸体腐烂的味道；但整个城市很寂静，没有听到一丝哭声，大家都在镇静地应对灾难。

在灾区，冲在第一线实施救援的是解放军战士。大地震之后，下了一场大暴雨，加上正值夏天，很潮热，寄生虫、苍蝇、蚊子、细菌大量繁殖，容易传播疾病，解放军每天喷药消毒，以防出现传染病。当时遇难者的尸体也已经开始腐烂。解放军一边抢救那些埋在废墟之下的幸存者，运送伤员，一边还要处理遇难者的尸体。因为不能把那么多尸体都火化，便将其放进塑料袋，然后挖大坑埋掉。

<h1 style="text-align:center">二</h1>

　　因为伤员较多，我们几乎是一到达便开展抢救工作。我们搭建了医疗帐篷、临时手术室和医疗队员的生活帐篷。由于创伤病人多，我们每天都要做手术，日夜不停，大家轮流交替，休息的时间很少，几乎是 24 小时待命。

　　我们队伍中有普外科、骨科、泌尿科、妇产科、内科等各临床专业的医生。对于膀胱破裂的患者，大家便紧急做膀胱修补手术。一些病人由于重物落下压在腰椎上，造成瘫痪，不能通过短时间的急救处理好，我们就着手进行固定，然后把他们转送到后方进一步医治。队伍中的内科医生除了帮忙照看病人，还安抚一些精神病患者。在经历了这么大的灾难之后，一些人在心理上也受到了很大的刺激和打击，我们适当用一些镇静药物，并适时给予安慰，希望帮助他们减轻痛苦。

上海第二医学院第一批医疗队

救治过程中，那些开放性骨折的病人给我的印象最为深刻。手术室里每天都可以看见各样的骨折，有的手臂骨折，有的腿脚骨折。由于病人在医疗队到达之前没有接受什么治疗，加上天很热很潮湿，两天下来，伤口都感染了，如果再不及时接受治疗的话，易患上败血症，危及性命，因此需要迅速截肢。但是在截肢之前，我们遇到了一大难题，8月份苍蝇特别多，开放性骨折患者的骨髓腔里有很多蛆，一条条白白的蛆从里面爬出来。大家在上海很少见到这些蛆，一开始也不知道该怎么处理，用一般的消毒液很难杀死它们，但又不能一条条捡出来。

　　后来有人想起在抗美援朝时，志愿军用汽油杀蛆，因为汽油可以使蛋白凝固，从而使蛆死亡。于是我们就把汽油浇到伤口上，果然有效，而且病人也没有特别强烈的痛感。在处理好感染伤口后，我们便迅速实施截肢手术。

医疗队在路边为伤员处理伤情

当时的环境非常恶劣，大家用帐篷搭建临时手术室，用床板做手术台。余震不断，遇到余震厉害的时候，我们就稍微暂停一下手术，等余震缓和些再继续手术，毫不懈怠。有时候在路边遇到了没能及时转运到手术室的患者，大家便就地铺好席子进行紧急处理。由于地震后断电，我们只能在几个大手电筒的光照下进行手术。我当时是一名麻醉科医生，遇到一位髋关节脱位的病人，在困难的条件下，我就在平地上铺一块消毒巾，消毒后打腰麻，然后将病人的腿放在肩上调节平面，麻醉完成后，由骨科医生复位。这也是一种创新。对病人进行伤口处理后，就送进病房。

病房的条件也很简陋，临时病房是用芦苇搭建的，所谓的病床就是铺在地上的席子。病房不大，病人很多，病人就一个紧挨着一个躺在上面。我们的目标就是紧急处理这些伤员，等到病人病情稳定后，再由解放军战士用军用卡车帮助他们转移。卡车里，危重的病人睡在担架上，较轻的病人则坐着，一批批被运到石家庄等地，继续接受治疗。大家齐心协力共同救助，一批批病人转危为安。

三

那时我们医疗队的生活条件也十分艰苦。大家一个挨一个住在帐篷里，起初吃的是粗粮、萝卜干和酱菜等，偶尔吃到压缩饼干，感觉挺好吃。由于尸体腐烂，河水、井水都受到不同程度的污染，有一种臭臭的味道，但当时也顾不上了。因为吃的、喝的都不太卫生，很多同志都得了菌痢，但大家还是坚持工作，没有丝毫懈怠。8月的唐山十分炎热，我们没有条件洗澡，都是趁休息时到河里简单擦擦身子，也很开心。虽然生活艰辛，但是我们没有一个人有怨言，都以病人为重，努力救助伤员，因为救死扶伤是我们的职责。

当时"文革"还没有结束，我们在救助工作之余，每周还坚持政治学习。9月9日毛主席逝世后，我们在电视前看追悼会的实况。我们一边救助伤员，一边也关心着国家的命运。

在参加救援的两个月内，我们医院的小队部至少做了 100 台病人的外伤处理手术，把重症伤员一批一批送出去。对还留在当地可以自理的伤员，我们就进行一些常规的医疗诊治。在紧急救援结束，局面暂时稳定下来之后，我们第一批的医疗队员就在 9 月底陆续回上海，余下的医疗任务由第二批医疗队员承担。他们在丰润县新建了一所医院（**丰润抗震医院**），帮助唐山地区重新建立医疗体系。唐山人民因此对上海人民的感激之情，直到今天还可以深切体会到。

四

虽然过去了很久，但是唐山大地震的救援经历刻骨铭心，让我终生难忘。当时我们国家物质基础比较差，在那样的情况下，全国人民齐心协力、团结一致、克服困难，能够战胜那次自然灾害，是一个奇迹。

那两个月，唐山人民的坚强给我留下了深刻印象。唐山人民几乎每家每户都经受了巨大灾难，有的甚至是全家遇难，这使唐山人民身心受到了极大的创伤，但是他们还是坚强地挺了下来。在承受巨大心理痛苦的情况下，他们没有哭泣，依然坚强，积极配合医务人员。有时候药品不够只能进行局部麻醉，他们都咬住牙挺过去，不会大哭大闹。这是非常不容易的。他们很多人当时已经一无所有，但他们有着一颗坚强的心。

在大地震艰苦的环境中，我感受至深的还有创新精神。医疗有的时候需要灵活和因地制宜。在医疗器材和药物都极其匮乏时，大家就会一起想法子来解决，比如用汽油杀蛆，用肩膀抬高病人的腿来调节麻醉平面，用手电筒照明进行手术等，这些现在看起来不可思议，在当时却都是救命的办法。在那时的条件下，各临床专业就不能分得太细，医护人员得什么都会，得处理各种常见病。当下医学专科分得越来越细，但也不应忽视医生系统性、整体性诊疗病人的能力的培养。

那次的救援经历，对我自身来讲也是一种学习和考验。虽然条件艰苦，但很多看似不可能的任务我们都完成了。它对当时年轻的我来说，是一次生动教育，也是一次考验和锻炼，对我的一生起着促进和激励作用。

在这里播撒爱，在这里收获爱

——刘锦纷口述

口述者：刘锦纷

采访者：夏　琳（上海交通大学医学院附属上海儿童医学中心党
　　　　　　　办副主任）

　　　　刘　祯（上海交通大学医学院附属上海儿童医学中心党
　　　　　　　办人员）

时　间：2016 年 5 月 31 日

地　点：上海儿童医学中心心脏中心嘉宾接待室

刘锦纷教授在监护室看望新生儿

刘锦纷，二级教授，中共党员，小儿心胸外科主任医师，博士生导师。享受国务院特殊津贴。曾任新华医院副院长、上海儿童医学中心院长，现任上海市小儿先心病研究所所长、世界儿科与先心病协会管委会委员、美国胸外科学会会员、中华小儿外科学会常委兼心胸外科学组组长、上海小儿外科学会副主委等职。1976 年唐山大地震，参加第二批医疗队赴灾区救援，后又在丰润县抗震医院工作。

第一次去：卫生列车上转运伤员

1976 年，我 24 岁。我是 1975 年毕业的，1976 年刚好正式参加工作满一年，是新华医院儿外科的住院医生，刚会开些小肠气之类的小手术。7 月底突如其来的唐山大地震震动了全国人民的心。上海作为支援城市，在第一时间就派出了救灾医疗队。徐志伟医生（那时候他好像还是学生）作为第一批救灾医疗队去了，我是第二批，参与组建抗震医院。

我前后参与过两批当地救治。第一次是在 1976 年 8 月初，我们在震后一周左右到达唐山。第一次的工作是在当时叫卫生列车的火车上工作，主要工作就是将当地的伤员转运到全国各地去，有点相当于 120 救护员的角色。那时候中央有个要求：大城市派医疗队去灾区；小城市接收救治伤员，因为当时唐山的医疗条件有限，很多重病人不可能在当地救治，所以能转运出来的话，尽量输送到全国各地，分散当地的医疗压力。我记得那个时候，我到过陕西省兴平县，还有沿路到过很多地方，安徽等很多地方也都接收伤员。我们列车上有很多截瘫的病人。当时天挺热了，因为当地条件不行，如果伤员留在当地可能会产生一些传染病，所以都要赶紧运送出来。

来到唐山时的所见，让我毕生难忘。我第一次踏上唐山的土地是随着卫生列车到达唐山火车站，那时是震后唐山刚刚通车。当时规定我们不能走远，因为我们卫生列车上的医务人员要随时接送伤员，一有伤员送来，我们马上就要接上车。所以我们就在车站周围看看——几乎所有的房子都已经不成形，墙上的照片东倒西歪；漂白粉的味道也特别厉害，因为天气已经很热了，担心有传染病，所以到处撒满了漂白粉，我们走路就好像走在沙堆里一样……那时的唐山，可谓满目疮痍。

我们一共在卫生列车上待了十天，这十天都是在车厢里度过的。列车共20节，每节四个人——两个乘务员，两个医务人员。那时候上海市卫生系统派了20支医疗队，还有上海铁路局的乘务员。每个车厢四个人一个小组，倒班。我和我们新华医院的老院长张一楚医生分在一组，我们那里有很多重症病人，最重的病人就在我们那节车厢里。我们的任务就是把他们安全地送达接收的医院。

当时列车上我们都准备好氧气，甚至开刀包，以便缝合伤口。我们基本上还是以换药为主。因为地震以后，大多数被压的病人中，四肢受伤导致瘫痪的比较多，有些伤员腿腐烂了，我们就为他们换药。由于天气热，那种伤口每次纱布一打开，很臭。那个时候条件还是相对比较简陋，资源也非常紧张。每当停靠到沿途的哪个车站了，我们就利用人家给火车加水的水龙头，赶紧冲一冲，洗漱一下。

第二次去：农田里建起抗震医院

十天的卫生列车工作结束过后，我们便回上海了。回到上海后我们时刻待命，随时准备再去前线。我们再次去唐山是 9 月份，本来我们可能早些去的，因为毛主席逝世了，我们就推迟出发了。9 月 18 日开的毛主席追悼会，大概在 9 月 20 日，我第二次启程赴唐山。

这次的任务更明确了。苏肇伉、徐志伟所在的第一批医疗队是 7 月底去的唐山，那会儿还是夏天，他们通过搭帐篷开展救援。后来决定要在那里盖医院了，就要我们第二批去。其实那时候我们党委书记王立一开始不答应我去，他说："你们年轻人还都没什么专长，你们去了，能够一个人顶几个人么？顶不了的。"后来我们就直接找他，说："我们年纪轻，经验不足，但我们体力好，精力比较旺盛，可以做很多事情。"后来也证明是这样，很多新的东西，比如说烧伤，我根本不会，但我到北京去学，学了以后，那些烧伤小孩的处理就是我们自己来做了。

8 月底 9 月初时，指挥部决定在当地建造四个抗震医院：二医系统负责一个；上医系统负责一个；中医药大学负责一个；上海市卫生局系统（**六院、市一、市六等**）负责一个。一共四个医院，分布在不同地方。我们负责的是在丰润县。

当时我们还是叫第二医学院，后来叫二医大。那时候我们医学院去的人蛮多的，当时的二医有四个附属医院——九院、仁济、新华和瑞金。每个附属医院派了大概 20 名医护人员，还有行政人员、学院的老师、搞宣传的，包括后勤等等，四个附属医院总共派出了一百人左右。唐山当地的医务人员都已经受伤了，有的甚至被压死了，整个医务系统瘫痪了，所以我们整个抗震医院基本上以上海去的医生、护士为主，甚至每一个医院还派一名食堂师傅随队给医疗队提供服务。我记得新华医院当时是点心做得非常好的季师傅跟着我们一起去的。医院的后勤管理是由当地人接手的。

我们的抗震医院建在唐山的周围郊区。我们在郊区田里的简易房里组建起了医院，还弄了块牌子叫"丰润抗震医院"。

当时我们抗震医院的科室没有分那么细，就分了外科病房、内科病房。不过我们医疗队的组织还是很完善的，有瑞金医院的普外科医生、伤骨科医生；有仁济医院的泌尿科医生、脑外科医生；有虹口区中心医院的医生；还有我们新华医院的普外科医生，我是作为新华医院的儿外科医生去的。我当时在外科病房，从小孩看到成人，什么毛病都有。

简易棚中开展工作

刚开始，医疗物资真的非常少。开刀间的消毒隔离环境可不像我们现在这样好。我们开玩笑说，开刀间里的护士除了要传递器械外，还要负责赶苍蝇，因为手术室里的那些沾血纱布等污物，苍蝇很喜欢叮。当时要做到完全隔离、完全消毒是不可能的。在那些简易棚里搭了台，手术做好之后，我们就用最土的办法进行消毒——条件还是相对比较艰苦的。

我那时才大学毕业一年，是名住院医生。我值班时，如果接收了处理不了的病人，便会马上到宿舍里去叫高年资医生帮忙，因为我们医院里专科医生都有。有一件事情我印象特别深，那年冬天有一个精神不好的病人因为走失了，后来脚冻伤了，必须截肢。像这种情况，我们在上海的时候显然没碰到过。我们小儿外科哪能做这种手术呢？我们赶紧请瑞金医院的骨科医生来帮我们，带着我们一起做。做一些胃的手术时，成人普外科医生主刀，我们小儿外科医生就做助手，做小孩子手术时就反过来。到后来我们连一些心脏手术都做。那时候仁济医院去了一位很大牌的胸外科医生冯卓荣，他现在过世了，他的医术在当时是我们国内很顶尖的。我那时候因为已经明确要往小儿心血管方向发展，所以在当时很简单的条件下，他还带着我做过心包炎、二尖瓣狭窄这种手术。开这种刀，我们现在在上海很容易，可以通过降温毯降温等措施进行手术，但当时我们就用兽医站给马测体温的温度表测量，直到降温后再进行心脏手术。

虽然条件简陋，但是对我们年轻医生来说，这是很好的锻炼机会，因为什么都要自己学着做。那个时候其实已经不分什么专科了，就分内科外科。有相应的病人来，就以相应的专科医生为主，我们其他的做辅助。那时候我们有几个年轻的医生，一个是我，一个是单根法，后来新华医院的副院长，他是新华普外科的。年轻外科医生就我们两个，一有什么事，就"召之即来"，因为大家都住在宿舍，晚上抢救病人大家能随叫随到。所以组建抗震医院期间的工作其实对我们年轻人来说是非常大的锻炼。

患难与共，和谐医患

后来我们就等于是正规医院了，当地人都知道我们上海医疗队在那里有抗震医院。于是当地人原来准备出去（离开唐山）治疗的，后来都到我们医院来治疗了，他们对上海的医疗队特别信任。那些老乡特别淳朴，他们都觉得：只要是上海来的医疗队，本事都是大得不得了。再以后，我们就进行常规手术，包括胃癌、甲状腺以及小儿外科等类的手术。

虽然医疗条件还是非常艰苦，但当时的医患关系非常和谐，相互之间非常信任。那边的老百姓对上海大夫崇拜得不得了。也有可能是地震了以后，当地老百姓对死亡看得淡了，常开玩笑说，他们最怕几个东西：一个是预制板，因为地震时很多人被这个压死；第二就是塑料袋，因为当初解放军去救灾时，很多尸体就装在塑料袋里面，而这些塑料袋都是浅埋的。第二年春天我们又重新把这些塑料袋挖出来。他们对这些特别害怕，有心理阴影，对手术什么他们反而不太恐惧。我们术前跟他们家属谈及胃癌，家属就说"已经算命很大了，这手术结果都是听天由命了"。他们完全信任我们医生。

那会儿余震还持续不断，最厉害的一次，大家在宿舍里晃动得特别厉害。我们都很担心病房里的伤员，所以我们在宿舍里的人都赶到病房里去。因为有的伤员对地震非常敏感，一看震了就很害怕。我们跟他说简易房是竹竿搭的，上面是席棚，即使塌了也不要紧。可他们不相信，还是拔了输液的东西就往外跑，我们还要安抚他们。

所以我们那时候不单单是做医疗，还要做些心理上的辅导，虽然也不太懂心理上的那些专业知识。北方的那些老百姓非常淳朴，我们深有体会。在大城市的话，我们这些刚毕业的年轻医生，人们看病一般都不屑找我们。如果两个医生看诊，一个老医生，一个年轻医生，人们肯定是找老医生，从来不会跑来找年轻医生看的。但我们到了唐山以后，当地百姓却把我们看得像救世主一样。

到了冬天，我们简易房里特别容易发生火灾。因为唐山属于北方，要取暖嘛，生火炉一不小心就容易着火，所以烧伤的病人特别多。领导还专门派我到北京去学烧伤护理，学了十天左右。虽然时间非常短，但我学得非常用心，我当时的想法就是：病人信任我们医生，所以我就特别想把事情干好，也很努力去做。儿童植皮术，我就是那个时候学会的，还学会了给小孩换药，自己动脑筋给小孩做烧伤的架子等等。

饶有兴致，苦中作乐

当时的生活条件确实比较差，我们开玩笑说，我们每天吃的就是"抗震汤"——大白菜汤。北方冬天大白菜多嘛。唐山靠近山海关、秦皇岛、北戴河那些地方，能够吃到些毛蚶，算是荤的菜；还有很多咸鱼。有时候吃晚饭，每个人一碗大白菜汤、一条咸鱼。我们开完刀后，就吃压缩饼干，刚开始还觉得可以，因为压缩饼干有很多种类，有些比较好的是罐头装的。晚上有时候我们做完手术没啥东西吃，基本上都是靠压缩饼干来对付。但饼干实在太干，以致到后来我们一看到饼干就怕了。我们苦中作乐，饶有兴致地给大白菜"抗震汤"编号：1号、2号。如果汤里有些油水的话那好一些，如果还有肉片的话那更好了。先去打饭的回来跟大家说"今天是抗震2号喔"！那大家就知道了，汤里面有肉丝的！

唐山苹果特别多，所以我们每天苹果 TID（一日三次）：早晨起来上班之前先啃个苹果，中午抗震汤吃完以后再吃个，每个人的帐篷边都挂满苹果。苹果又便宜又特别好。还有就是毛蚶多。谁出夜班，谁就回宿舍负责洗毛蚶。我们新华医院，男同志一间宿舍，女同志一间宿舍，大家都很团结，无论谁收到上海寄来的东西，都一起分享。那时候五官科的刘主任，他太太（**也是我们新华医院的**）给他寄些月饼之类的，只要一有东西寄来，大家就分享，特别亲切。年轻人还喜欢运动嘛，我们就在宿舍前面的平地上搞了一个排球场，大家一起运动，各个医院之间还搞比赛。

那时候，我们对于地震已经很习惯了。余震经常有，大的余震我们都碰到过好几次，五点几级、六点几级的，人都在房子里晃。后来我们都习以为常了，因为知道简易房即使塌了也没什么事，所以我们都不大害怕，就是知道"哦，又震了又震了"。毛主席刚刚逝世那会儿，我们每天早上要学习《毛选》第五卷，那时候都是大家安静的时候，特别容易感受到震感，所以感觉每天早晨余震特别多。

在给当地百姓看病的过程中，也发生了好些有意思的事。北方人管医生叫大夫；打针的时候，如果成功了，他们唐山人叫"中"（**第二声，表示好的、可以的意思**），我们医生说"没肿啊，挺好的嘛！"还有就是，他们伤口疼的时候说"大夫，tei 疼，tei 疼"，于是我们就给他检查腿怎么样，其实他说的是"忒疼，太疼了的意思"。知道了以后，我们都笑了，后来和他们一起开玩笑，彼此就熟悉了。

缘来你也在这里

1996 年唐山地震 20 周年纪念，我回了趟唐山，很多媒体，包括中央电视台，都做了节目。他们一直说我是"唐山恋"，以为我娶了个唐山当地的姑娘。但其实是误会，我确实是唐山恋，不过我娶的是上海医疗队的姑娘——我的爱人，朱晓萍。

说起我们的相识，既是缘分，也是必然。那会儿大家住的宿舍：第一排是男同志宿舍，第二排是女同志宿舍还有后勤，再后面是食堂之类的。房子很简易，地方很小，所以大家天天都在一起。我和我爱人认识，主要还是因为她是手术室的护士，我是外科医生，我们是在手术台上结的缘。我们一起去做手术，来来回回也就认识了，那时候我们还会一起学《毛选》。当时一些老的医生和护士都很热情，他们会把年轻人撮合在一起：一方面因为当时大家宿舍都比较近，一方面又经常同台手术，所以特别有默契。那时候有种说法：我们二医系统里面，瑞金的医生比较牛，仁济的护士比较牛。组建抗震医院的十个月，也给了我们充分了解和熟悉的时间。

我们是认识五年以后结婚的，昨天是我们结婚 35 周年，我才知道原来 35 周年是叫"珊瑚婚"。我们是 1981 年的 5 月 30 日结婚的，认识是在 1976 年的 10 月左右，到了唐山以后才认识。当时因为某些错综复杂的因素，我们没有马上明确关系。尽管大家都觉得很合适，但那时候是"文化大革命"后期，还是比较"左"的，其中很重要的一个原因：朱老师的爸爸是"右派"，尽管是摘帽的"右派"；我那时是新华医院所谓的重点培养对象，所以我们两个能不能明确，组织还要去调查的。所以我们 1977 年回来，大家还是心照不宣，没有很明确。我们真正很明确是到 1978 年，仁济医院麻醉科的同事以及新华医院蒋慧芬（**原来做过新华医院党委副书记**）都觉得我们应该可以结婚了。

1978 年那时候，我是住院医生，老丁（**丁文祥教授**）就说："小刘，你现在是好好学本事的时候，不能过早结婚，五年后再结婚。"于是我就答应了这个五年的要求，所以我是基本上快到住院总医师的时候（**住院医生已经做了第五年**）才结婚的，那时候已经是 1981 年了。现在想想也是很感谢他的。那时候我天天在医院里，我和朱老师基本上是两到三个礼拜见一次面，即使都在上海也这样。我们后来讲给儿子听，他都不相信。那时候看书都是很卖力的，平时住宿舍碰到急诊手术，只要有机会，我们都会自觉去。所以我们第一年到唐山去时，大家都惊叹：怎么上海医生本事那么大？！实际上这和我们当时的培养方式有很大关系。

抹不去的回忆

1996 年唐山地震 20 周年纪念活动邀请了上海医疗队的代表一起去参加，我有幸是其中之一。那年我们再次回去的时候，当地医护人员也好，行政干部也好，包括老百姓，对上海医疗队的印象是非常好的。唐山人民对这段经历是很难忘、很感激的。我们那时候做了个电视节目叫《抹不去的回忆——20 年的回顾》，请大家轮流讲 20 年前的经历。那时候，整个唐山的市委市政府都很重视，临走前给每人送了一块手表，是很好的梅花表。20 年前送一块全自动梅花表很了不起了，我这块手表一直戴到现在。

也是那次活动，有个我当年救的小病人来看我，小孩都长大成人了，很激动的。他拿着一篮子的大果子（**类似上海的炸油条**）来，跪下来就说："我就认得你！刘医生，你当时给我治疗的。"我也是很激动，这些老乡真的是非常淳朴。

我儿子是叫"震元"，因为我跟他妈妈是唐山地震结的缘，1982 年我儿子出生，我们俩就商量给他取了这个名字，取这个谐音。"震"是地震的震，"元"是出生在元月。儿子的名字也算是延续了这样一种唐山情缘。我有这个想法很久了：有机会一定要带着孩子和爱人一起再回去看看。

难忘的记忆

——姜佩珠口述

口述者：姜佩珠

采访者：盛玉金（上海市第六人民医院院史编撰办公室主任）

　　　　殷　俊（上海市第六人民医院党委办公室人员）

　　　　江荣坤（上海市第六人民医院院史编撰办公室人员）

时　　间：2016 年 5 月 16 日

地　　点：上海市第六人民医院教学楼 502 会议室

　　姜佩珠，1948 年生。1970 至 2008 年在上海市第六人民医院骨科工作，主任医师。曾任中华医学会上海分会显微外科学会委员兼秘书，上海市创伤骨科临床医学中心、上海市第六人民医院骨科修复重建外科主任。1976 年 8 月参加第二批唐山抗震救灾医疗队，1976 年 9 月至 1977 年 6 月参加唐山第一抗震医院工作。

　　1976 年唐山大地震时，我 28 岁，那是从上海第一医学院（现复旦大学医学院）毕业后到上海第六人民医院骨科工作的第六个年头，我和全国各个行业的许多人一样，参加了唐山的抗震救灾工作，在唐山度过了一年时间。虽然 40 年过去了，有许多记忆已变得模糊不清（因本人没有写日记的习惯，没有留下有关当时情况的资料），但一些情景和经历深深地印在了我的脑海里……唐山的经历，是我一生中很宝贵的财富。

　　唐山大地震发生后，当地人民伤亡惨重，经济损失也巨大，在《唐山大地震》的电影里，我们能够真切感受到。地震过后，人民子弟兵冲在最前线，全国各地组织了医疗队，分期分批参加抗震救灾。

　　我参加的第二批上海医疗队，工作地点在唐山丰润县。医疗队中还有我院的泌尿科乔勇和麻醉科程敏两位医师，其余大部分是精神病分院的医生和护士。丰润县在唐山市以北，由于当地大部分是平房，人员又分散，所以伤亡情况比市中心要好许多，仅仅是一部分房屋倒塌。我们每天的任务，是在所管的范围内巡诊、给药、换药，为当地伤病员提供医疗服务。大约三周后任务结束了，我们回到上海。

因有几天假，当时我爱人又在苏州工作，所以我去了苏州。假期还未结束，我收到医院给我的电报，大意是因唐山要筹建抗震医院，希望我能参加组建抗震医院工作。虽然当时我儿子才22个月大，夫妻双方的老人又都不在身边，如我长期离家，确实有很多困难，但是我爱人很支持我，我们在认识上达成了一致。想到唐山发生大地震，"一方有难，八方支援"，全国人民向唐山人民伸出了援手；我们都是党员，又是医务工作者，更应该为灾区人民服务。能够参加抗震医院工作，这是医院和科室领导对我的信任，非常光荣。我们抓紧将儿子安排进了我爱人单位的托儿所，白天放托儿所，晚上则由他带着住单位的宿舍（**因为在苏州自己没有房子**）。

我回到上海后收拾好行李，加入了我们六院的医疗队。当时我们骨科有三位医护人员参加——唐仁忠医生、朱仁芳护士和我。我们所在的唐山第一抗震医院位于唐山缸窑，人员主要由市一、市六、胸科、一妇婴等医院的医务人员及后勤人员组成，我们外科片的工宣队张师傅、李师傅作为领导也一起参加了，当时负责我院医疗队的是周永昌主任。

在抗震医院将近一年中，无论工作条件还是生活条件都比较艰苦。一排排由泥墙、油毛毡屋顶搭建的平房就是我们的手术室、病房、门急诊室、宿舍。睡的床大部分是在长条凳上搁木板而成，沿墙放置。每间5—6人，房间的中央砌了一个取暖的炉子，冬天就靠这个取暖了。吃的菜也很简单，品种很少，吃得最多的是大白菜。

由于唐山的医院大部分在地震中被毁，当地医务人员基本每家都有伤亡，所以难以很快正常开展医疗工作，医疗任务便落在了抗震医院身上。我们不仅要接收外地转来的地震中的伤病员，还要处理门、急诊病人，每天的工作量不小。当时余震频繁，发生余震时，先是听到远处传来像汽车发动的声音，接着地面就晃动了。因为住的是抗震房，每天又忙于工作，所以对这些余震，时间一长就习以为常了。

一年中，唐山人民热爱生活、乐观坚强的精神给我留下了深刻印象，影响了我以后的人生。每当我生活、工作中遇到困难、挫折时，我学会了用坚强和努力去应对。

地震几个月后，转到外地治疗的病人陆续回来了。怎样让这些病人尽快康复？我希望能为这些病人做点工作。但是条件有限，没有理疗科，也没有功能康复设备。我除了根据每个病人的具体病情，向他们传授锻炼的方法和要点，并用手法帮他们锻炼外，自己又学了"练功十八法"，将那些可以做操的病人组织起来，每天一起做"练功十八法"，医患之间一起聊天交流、互相关心、互相帮助。

1976年底，18岁女工小王右腕因机器割伤完全断离，送至第一抗震医院急诊救治。虽然那时我参加工作时间不长，但是骨科主任陈中伟对我们要求严格，我们刚进医院不久，他就安排我们那一批刚参加工作的住院医生进行

1976年8月，上海市第六人民医院与原上海市精神病分院
混合组建的上海市第二批赴唐山医疗队返沪后合影留念

1976 年秋，第一抗震医院部分医疗队员参观沙石峪

三周显微镜下大白鼠血管吻合训练，在能熟练使用显微镜及血管吻合通畅率高的情况下，才允许进入临床断肢（指）再植工作。所以，我在上海工作时就接过断肢（指），有一定的基础。当时抗震医院的手术条件与上海的条件不能相比。虽然缝合血管的线从上海带去了，但没有手术显微镜，这意味着手术最关键的血管吻合只能在肉眼下进行了，这就增加了手术的难度与风险。记得和我一起去的唐仁忠医生是我的上级医生，虽然他主要是搞创伤骨科，不搞显微外科，但是他非常支持我。我当时考虑最多的是：这位 18 岁的姑娘如果没有了右手，她今后该怎么生活？怎么工作？所以我一定要努力将她的右手接上！唐医生和我一起实施了手术，手术很顺利，吻合血管的过程也没有反复。手术后，虽没有专门的断肢病房供她恢复，庆幸的是在那个严寒的冬天，在以朱仁芳为首的护士们的精心护理下，病人平稳地度过了术后吻合血管最容易发生痉挛、栓塞的两周。伤口拆线、断肢再植存活，我们和病人一起在病房里留影庆祝。这张珍贵的照片，我一直保存着，看到照片，我总想：作为医生，通过自己的努力工作给病人带去温暖，这样的人生是有

意义的。在以后的几十年工作中，尽管自己能力有限，但我时刻提醒自己要将病人的利益和需要放在首位，成为一名受病人欢迎的医生。一年后，我们完成了任务，在和另一批医疗队交接班后回到了上海。

在后来的岁月里，只要是与唐山相关的消息，我们都格外关注。庆幸的是，在党中央和政府的关怀下，在全国人民，特别是英雄的唐山人民的努力下，一个美丽的新唐山已经拔地而起。

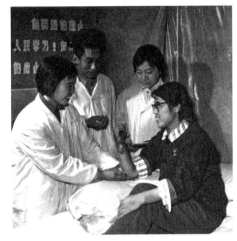

1976 年年底，医护人员与断腕再植患者在第一抗震医院病房内，左起姜佩珠、唐仁忠、朱仁芳、患者小王

剪掉辫子上唐山

——戚兆建、徐月英口述

口述者：戚兆建　徐月英

采访者：何星海（上海中医药大学副校长）

　　　　刘红菊（上海中医药大学党史校史办公室副编审）

　　　　季　伟（上海中医药大学团委专职团干部）

　　　　飞文婷（上海中医药大学在校生）

　　　　顾　懿（上海中医药大学在校生）

时　　间：2016 年 1 月 8 日

地　　点：上海中医药大学行政楼接待室

第一排左一徐月英，左二戚兆建

戚兆建，1949 年生。1968 年参加工作。1973 年由部队复员至上海中医学院担任武装干事，历任党委校长办公室机要秘书、工会办公室主任、工会常务副主席、组织统战部部长、中药学院党总支书记等职。1976 年唐山地震时，作为第二批医疗救援队政工组的人员赶赴唐山。

徐月英，1950 年生于上海。1968 年参加工作。1972 年于龙华医院医训班毕业后，分配至上海中医学院团委工作，曾任上海中医药大学团委副书记、组织统战部副部长。1976 年唐山地震时，作为第二批抗震救灾医疗队员赶赴唐山，为政工组人员。

准备与出发

1976 年唐山地震的那年，我在上海中医学院党委武装部工作，而徐月英老师当时在团委任职。7 月 28 日我们通过新闻媒体得知唐山发生了 7.8 级地震，根据市委的要求，上海要在第一时间组织抗震救灾医疗队支援灾区。作为医学院校的职工，我们的第一反应就是：只要国家需要，一声召唤，我们义不容辞。

我记得接到通知是在1976年8月1日，通知说学校将和第二军医大学共同组成一支医疗队伍，赶赴唐山灾区展开救援，希望职工踊跃报名。接到通知后，我们没有多想，直接报了名。

记得一开始徐月英老师并没有被同意参加救援队，毕竟她是一位女同志，组织上考虑到女同志到那种环境不太合适。但徐老师态度十分坚决，第二天就把当时留的两条大辫子剪掉了。（徐月英："对，因为当时学校方面考虑我是一位女同志，说女同志去那边洗头、洗澡等生活方面都十分不方便。那我就想，既然长发是阻止我去的一个理由，我就把头发剪短，也表明我的决心。当时报名参加抗震救灾医疗队时，我们的思想都很纯洁，就是作为青年党员，在党和国家需要时，在危难面前，应冲在前面；另外我们虽作为政工人员随队去，但自己也是学护理专业的，在当时的环境中还能派上用场，总之就想多出点力。"）

在徐老师的努力争取下，她也成为一名救援队队员。

出发前，我们被告知除了个人的行李外，每人只能带六个大蒜头、半斤榨菜。六个大蒜头有消毒杀菌的功能，而半斤榨菜就是用来在路上就着冷馒头一起吃的。

就这样，8月4日，我们上路了。作为第二批前往唐山的救援队，对即将要面对的挑战虽然一无所知，但我们毫不惧怕，每个人都斗志昂扬，用最佳的状态去面对未知的前方，因为我们心中一直秉承着一种信念：我们是共产党员，在国家需要的时候必须挺身而出，这是一个共产党员的责任和义务。由于地震的强度比较大，前往地震地区的铁路、公路都遭到了严重破坏，路况较差，我们乘坐的火车走走停停，越到北面越难行走。车行时稍有些凉快，车停时汗流浃背。虽然火车上有一定的储粮，但根本不够，而我们又是轻装出发，也没有带任何食物，只好忍饥挨饿；又是炎炎夏日，火车上用水也无法正常供应，所以除了要忍受饥饿，还要忍受着没有水带来的痛苦。遇到了这样的困难，队伍中没有一个人抱怨，没有一个人说出后悔之类的话，此时每个人心中想的不是自己的饥渴，而是想能尽快赶到灾区，能为灾区人民做些什么，想到的是灾区人民的安危。当一个人心系天下时，又怎么可能在乎眼前自己的饥渴呢？

火车走走停停，大概走了两天，终于在第三天的清晨4时到达了河北的丰润火车站。丰润距离唐山市中心只有二十多公里，当时也是地震的重灾区之一（*后来重建时，丰润被划归入唐山*）。我们在丰润马上转乘解放军的卡车前往唐山北面的迁西县。前往迁西的那一个多小时，真的是让我们终生难忘。卡车是敞篷的，没有顶篷，虽说是夏天，但北方的天气早晚温差很大，卡车在公路上奔驰，车速也快，风不断地从我们身上吹过。再加上我们刚刚从火车上下来，火车上又闷又热，所以大家都穿得十分单薄；坐上卡车后，天气凉，再加上有风吹过，忽然有种从夏天进入严冬的感觉，太冷了。可时间又不允许我们停车取暖，而且我们也没带厚衣服。冷风飕飕，冻得每个人都瑟瑟发抖，我们用车上仅有的军用帆布盖在身上也无济于事。不容多想，大家只能抱团取暖。我们不再分男女，大家挤在一起，那时温暖的不单单是我们的身体，更是我们的心：在这样艰苦的环境中，有这样一群人愿意和我一起并肩作战，不分彼此，为共同的目标，一起克服困难。时隔40年，回忆当年那一幕，我仍能感觉到那种内心的温暖——这是我们一辈子永恒的回忆。

救援

经过几天的颠簸，我们终于到达了救援目的地——迁西县，我们在迁西的一所中学操场上"安营扎寨"。我们到那里时，已经有很多老百姓被暂时安置在临时支起的简易帐篷里了。我们的救援对象就是这些经历过大地震劫难的当地百姓，他们大部分是不同程度的受伤者。1976年国家正处在"文化大革命"时期，遇到如此强烈的地震，作为第二批救援队伍，匆匆出发，初来乍到，所以救援工作相对无序，没有固定的医疗场所。我们分成救援小组，组织巡视各顶帐篷，开展救援，安抚伤者，送医治疗。当时我们的生活环境和当地老百姓一样，睡在简易帐篷里。简易的厕所和所住的帐篷、厨房相距很近；又加上天气炎热，地震发生后，蚊蝇乱飞，当时的消毒措施也没做到位，我们的许多队员都在工作中被传染，腹泻不止，一边吊针，一边工作，但没有一名队员停下自己手上的工作，我们对当地百姓的帮助没有间断过。我在唐山的时候，并没有出现腹泻等不适症状，颇有些暗自庆幸；谁知回到上海的第二天，我也因细菌感染腹泻了七天，整个人瘦了十来斤。

我们每天吃的就是米糊、苞米、稀饭和馒头，加上自己带来的咸菜，有时也发一些解放军吃的压缩饼干，当时觉得压缩饼干怎么那么好吃！从来没吃到过这么美味的食物！徐月英老师还特地省下了几块，让我带回上海给她的姐姐尝尝。徐老师很小时父母就亡故了，一直由姐姐照顾长大，姐妹情深。多年以后，提起这件事，徐老师的姐姐看到她去唐山时人非常消瘦的照片，打趣地说道："一定是我没有把这个妹妹照顾好，让她吃到压缩饼干都那么高兴。"其实，现在仔细回想起来，并不是压缩饼干多好吃，而是因为持续处在高强度的工作状态下，我们吃不饱饭，而吃了压缩饼干比起喝米糊相对不容易饿罢了。

我们还在帐篷里接生过一个婴儿，那种喜悦与在医院里接生是完全不同的。当时整个环境因为地震变得毫无生机，满目废墟，整天面对伤残病人以及死亡，活着的人内心是悲凉的、低落的。而这婴儿的一声啼哭，就像是从乌云密布的天空中突然射出的一缕阳光，瞬时照亮了大地，照亮了我们的内心，好像有一股神奇的魔力，立刻扫清了我们身上所有的疲惫，我们精神也为之一振，内心充满了希望，虽然地震打乱了原有的生活，但内心有憧憬，眼下的艰苦也就不觉得了。这一声啼哭也让我们由衷地生出一种骄傲：能来这里工作是一件多么有意义的事情啊！

我们所属的救援队有三十多人，大家的工作状态是不分上下班，有工作就上，不论脏活、累活，大家都抢着干，团结一心。若没有安排救援工作，我们就去帮助解放军搬运物资。救援队中的女同志个个吃苦耐劳，和我们男同志完成同样的工作，搬运同样重的物资，绝不是大家心目中的上海娇小姐的形象。

一般在一次大的地震之后，余震会不断，一有余震就会下雨，往往都是瓢泼大雨。因为我们住的是临时搭建的简易帐篷，雨水就会不断地积在帐篷顶，如果不及时排水，会有把帐篷压倒的可能性。所以在大雨倾盆的夜里，我们就分头，脚踩积水，出去巡视灾民所住的每一顶帐篷，用竹竿把灾民帐篷上的积水弄下来，让灾区百姓能安稳睡觉。这样的工作看似简单但十分耗费体力，我们每晚要巡视好几次。而像徐老师这些女同志也不例外，大家都积极地投入工作。救援队就像一个大家庭，就是一个整体，大家共同面对困难，有工作一起分担。我们彼此帮助，没有人退缩，没有人抱怨，我们似乎融为了一体，三十几个人的思想凝聚成一个共同的信念，那就是——尽自己最大的努力，尽可能多地帮助有需要的人。

其实在救援工作中，给我们最大支持的不单单是队员之间的相互鼓励和陪伴，更多的是唐山众多坚强的民众。我们来到迁西后，看到的是一片惨象：坍塌的房屋中遇难者尸体随处可见，天气炎热，尸体必须尽快掩埋，灾难突发，管理相对较为无序。临时发现的尸体只能就地掩埋，从迁西到唐山机场的公路两旁的空地，几乎都成了临时"墓地"。唐山路南、路北有一条河，地震发生后变成了一条"黑河"，河里散发的恶臭扑鼻而来，令人无法忍受。我们有时可以看到解放军用挖掘机清理倒塌的房屋，挖起的却是一具具因为时间太长已经腐烂的尸体。但就算在这样的情形下，我们从没有听见幸存者的哭诉，没有人哭泣，也没有人抱怨。

幸存者与解放军救援队员一起默默地抢救、劳动，表情平静，话语不多。但我们知道在这平静的背后是何等悲伤，我不敢想象一觉醒来我的家人都已经离我而去的感觉。我也许会痛苦，也许会抱怨世间的不公。但是当时的唐山人民没有，在这样大的灾难来临后，他们选择面对而不是逃避，不是陷入巨大的悲恸中无法自拔，不是怨天尤人。他们选择一起携手度过灾难，相信党，相信政府为他们派来的救援队。

唐山人民都如此勇敢，我们又有什么理由退缩呢？我们必须和他们一起共进退。在大难面前，唐山人民表现出从未有过的团结，这大概就是我们一直说的民族精神。面对困难决不低头！大灾又有什么，周恩来总理曾经说过：再小的困难乘以九亿，都会变得无比困难；但再大的困难除以九亿，都会变得微不足道——唐山人民的团结就是对这句话最好的诠释。在救援过程中，我们遇到过很多困难，比如吃不饱；再比如没有足够的药材，医疗器材过于简陋；再比如因为条件太差，队员们不幸细菌感染、腹泻不止等等，但这些和唐山人民当时的经历相比，又算得了什么。每当在工作中遇到困难，我都会想想那些坚强的唐山人民，他们对我们如此信任，我们又怎能辜负他们呢！

感想和反思

其实我在唐山参加救援的时间并不长，根据医疗队的安排，有部分队员因工作需要，要提前回上海，部分队员继续留在唐山。我们于 8 月 24 日回到上海。在我们返回来不久，医疗队在迁西东矿建立了一个临时医院，那时救援才真正进入有序的阶段。现在能看到的很多老照片，其实都是建立医院以后拍摄的。参加完这次救援任务以后，我们就再也没有回到过唐山，只有几次出差路过唐山。当火车缓慢进站时，看见不远处的唐山地震纪念馆，当时的一幕幕场景，瞬间充满脑海，不能自已，竟忘了身在何处、何时，直到广播声响起，我才反应过来。我平时很少看电影的，2010 年冯小刚导演的《唐山大地震》上映，我专门去电影院观看了。我感觉，其实真正的现场比电影里所拍的更为惨烈、悲壮。

那次经历，对我们后来的工作、生活产生了很大的影响——遇到困难时，我学会平静对待，将困难当作挑战；遇到实在迈不过去的坎，我就想想唐山人民，想想他们面对困难的勇气和态度。虽然与他们只相处了十多天，但是他们的精神支持我们走过了 40 个年头，是他们教会我们在困难面前不轻易低头，是他们用行动告诉我，遇事哭泣与抱怨没有任何帮助。

当然，这次经历对我们更深的影响，就是更加相信我们的党，坚信中国共产党的领导。最近几年，我们的党出现了一些问题，导致有人怀疑、质疑党的领导。作为一名老党员，我确信我们党有及时纠正错误的能力，因为中国共产党是经历过大风大浪的党，无论是以前的革命战争、社会主义建设的各个阶段，还是唐山地震，以及后来其他地区地震组织的救援，都表明中国共产党是一个伟大的党，在它的领导下，全国人民表现出前所未有的团结精神和应急能力。即便当时国家正处于特殊时期，我们国家仍独立完成了灾后的救援和重建工作，这样的党，这样的政府，还有什么理由让我不去信任呢！

作为医学生，无论是我们上海中医药大学的学生，还是其他学校的医学生，都要努力学习专业知识。医者仁心，这是医学生的基本素养；还要有一颗不言败的心，毕竟学医是一条十分辛苦的道路——但我们要坚持，在面对困难时不沮丧、不抱怨，用平静的心去迎接挑战。我们永远无法预知下一秒将会面对什么问题，但我们可以决定用什么样的心态去面对。

（最后，徐月英老师与大家分享了她发布的一条微信：40 年前，国家有一场大灾难——唐山大地震，当时我们毫不犹豫地奔赴抗震救灾的第一线；40 年后的今天，学校没有忘记我们曾经做过的努力，回顾总结这段历史，是对我们的肯定。时间飞逝，当年的小姑娘现在已经步入老年了。那一段记忆深深地镌刻在我的心上。十几天，却给我带来 40 年甚至更长的影响。我们希望把这样的影响传递下去，让更多的人知道"真正的"唐山大地震。）

去唐山救援是我们应该做的

——李春郊口述

口述者：李春郊

采访者：徐建中（上海交通大学医学院原退休党总支书记）

陈　铿（上海交通大学医学院老干部工作办公室主任）

叶福林（上海交通大学医学院党校副校长）

袁春萍（上海交通大学医学院退管会办公室科员）

时　间：2016 年 5 月 25 日

地　点：第九人民医院老年科病房

李春郊在纪念抗战胜利 70 周年座谈会上发言

李春郊，1929 年生，山东广饶人。1945 年 8 月参加革命，1947 年 6 月加入中国共产党，1990 年 6 月离休，时任第九人民医院党委书记。1976 年 9 月，作为第二批上海医疗队队员赴唐山救援，是丰润抗震医院首任院长兼党总支书记。

唐山发生地震时，我是二医的宣传部副部长。我去找学校党委书记左英，说我有地方和部队医院的工作经验，可以到唐山发挥作用。后来领导就派我过去了，由我担任抗震医院院长兼党总支书记。

到唐山后的第一感受就是伤亡惨重，新中国成立后第一次在这种人口密集的地方发生地震，伤亡特别惨重，房子被夷为平地。我们去时已是第二批，重伤员都已被转运出去，留下的病人还有很多，大多是骨折的和砸伤的，真的很惨。

我们是在 9 月 9 日毛主席逝世当天到达唐山的，得闻噩耗，我们痛哭流涕，一整天都没有吃东西，就只是哭，一直哭到 11 点左右，都不睡觉。我们抗震救灾的队伍举办了一个送别毛主席的悼念仪式。那天我们新老队伍交接，有很多工作，我还要听他们的汇报，就这样度过了悲伤痛苦的一天，我后来饿着肚子就睡着了。

我作为抗震医院的主要领导，主要要做好以下几项工作。首要工作就是搞好团结。当时抗震医院有员工一百五十多人，我们去了大概一百人，当地还配了一些做卫生工作的、做饭的人。做好抗震救灾，我自己的体会，就是首先要做好团结互助工作。我们虽然都来自上海，但来自六个单位，除了二医校本部和四家附属医院，还有虹口区中心医院的医护人员。只有搞好团结，才能搞好工作，不然医护人员来自四面八方，互不熟悉，没有在一起合作过，在手术台上也互不熟悉，操作过程也不一样，就不利于救护工作的开展。

还有一个主要工作，就是动员同志们怎么去面对生活中碰到的困难，面对灾区的生活，怎么过艰苦生活。解决好这些问题，也是我的主要任务之一。我给同志们作政治报告，动员大家学习当年红军爬雪山过草地的精神，红军战士们在那么艰苦的条件下都挺过来了。我要使大家在思想上和行动上都接受当时的艰苦条件，认真完成这次抗震救灾任务，这个很重要。比如说，当时有的年轻队员从没有到过北京，因为唐山离北京不是很远，就想抽空去北京看看。我就做他们的工作，让他们明白我们是来抗震救援的，不是来旅游的，让他们安心工作。

到唐山后，我最大的体会有几个：一个是党中央调度及时。唐山大地震是新中国成立后发生的最严重的一次自然灾害，伤亡惨重。但党中央调度及时，大量的重伤员都被解放军转送到了其他城市。我们到的时候，重伤员都转走了，救援已经进入第二阶段了，我们救治的大多是一些慢性疾病患者或是康复患者。在这次灾难中，解放军功劳很大，他们第一时间赶到唐山救援。没有解放军的急救，唐山死亡的人还会更多。他们的及时救灾，也为我们的救援工作打下了基础。这是我的第一点感受。第二点感受是，唐山遭遇了这样的灾害，我们为他们服务是应该的。唐山是一个工业城市，是一个以煤炭、钢铁、机械为中心的城市，结果几秒钟就被毁了。我们参加抗震救灾，救援是一个过程，我们接受锻炼也是一个过程。为什么这么说呢？我们那时吃得很差，主要是没菜吃。我们吃的都是受过冻的大白菜，苦；喝的是"抗震1号""抗震2号"两种汤。我们的救援人员生活是很艰苦的，当然比第一批好一些，他们更艰苦。第 批去的时候，他们吃的都是压缩饼干，我们去的时候可以吃窝窝头、馒头，但菜是稀缺的。我那时候去天津找熟人买咸菜，去了两次。没有菜吃不下去啊！虽然生活艰苦，但当地同志对我们还是很好的。我们那时候是24小时服务制，什么时候来病人了，我们就要去服务。但这些都是应该做的。

唐山救援的喜乐和遗憾
——庄留琪口述

口述者：庄留琪

采访者：史心怡（国际和平妇幼保健院党办人员）

　　　　蒋一萍（实习生）

时　　间：2016 年 5 月 20 日

地　　点：国际和平妇幼保健院 7 号楼教室

庄留琪， 1932 年生，中共党员，主任医师。《生殖医学》《生殖与避孕》
《实用妇产科杂志》等编委。曾担任国际和平妇幼保健院院长、上海市计划生
育技术指导所所长、上海医科大学兼职教授等职。曾参加第三批上海医疗
队，赴唐山参与第二抗震医院组建妇产科工作。

　　我 1932 年出生，1976 年唐山大地震时 44 岁，在保健院工作了十余年，
属于高年资的主治医师。在保健院前两批救援队去了之后，指挥部紧接着要
求全国为唐山组建四个抗震医院，让我们在第二抗震医院组建妇产科。我有
幸被任命为我院第三批医疗队的队长，同时也深感责任重大。当时队里的其
他妇产科医生中，只有王玉屏已从事妇产科医师工作约三年，俞丽萍临床工
作仅开展了一年，谢素云学的是中医。幸好有二军大的戎霖医生和我一起带
教，分别培养了丁美芳、周惠文等计划生育医疗工作者。

　　我们本来是准备 9 月初去的，但因为毛主席逝世，我们是等到追悼会开
好以后再去的，好像是中旬了。我们准备了一只大木箱子，里面是必需的医
疗器械，妇产科需要的东西基本上全部带了。第一、第二批因为时间紧张，
准备得很仓促；我们有时间，所以东西准备得齐全。第一批、第二批救援队
说去的时候路上都是尸体，我们去的时候已经看不到了。

　　抗震医院建在一排排的简易房里，我们去的时候，简易房已经搭好了。

简易房大概有一个棚子那么大，床可以放两排，最多的时候有三十几张床。一头是待产室，另一头是产房。其实也不是待产室，是我们在产房外面做了个办公室，但那里没有地方坐，连个矮凳都没有。后来我们用自己打被子铺盖的绳子做成凳子，吃饭就坐在绳子上。简易房里除了用铺板搭起的病床外，没有桌椅板凳，更没有橱柜之类的用具。我们和二军大的医学生们一起捡来周围倒塌房子的窗框、木条、木板等，做成橱柜、桌凳等用具。

在唐山的工作很忙，吃好饭又战斗了，没有停下来的时候。地震导致的危重产妇很多，如严重子痫、产后出血、早产、死胎等。地震使家庭成员发生了很大变化，要求终止妊娠的多，要求复孕的也多，有些病例是在上海看不到的。形势逼人，要求迅速培养人才为唐山人民服务，同时也是我们自身经受锻炼、积累经验的好时机。

一开始，我们的伙食比较差。白米饭是不大有的，一直是高粱饭。每天的主食是高粱饭、窝窝头和小米等粗粮。初次尝试还可以，几个月下来，连我这个很不挑食的人都感到难以下咽，但没有同志诉苦。后来条件慢慢好了，有生梨、苹果吃了。中医学院负责的后勤队为大家去秦皇岛买来又大又嫩的鸭梨和苹果，大大补充和调节了饮食营养的不足。到后来产妇也少了，

国际和平妇幼保健院部分医疗队员在第二抗震医院门前合影

我们也轻松了很多。

我们的宿舍有两片特别好的"火墙"。

"火墙"就是在两片墙中烧火，大冷天冻不着，室内温度均匀，温而不燥，清洁无烟，是特别好的取暖工具。"火墙"还可以用来烘制食品。1977年的夏天我们已经能吃到西瓜，我们把西瓜子洗干净，烘干，自制成酱油瓜子；后来把好的胎盘洗净，烘干，做成胎盘粉等，很受人欢迎。可惜，今后火墙将进入历史陈列馆了。

当时有好几个病例都是上海没有遇到过的，我到现在还是印象深刻，有经验也有教训。

开滦煤矿参观（中间为庄留琪）

定期病史讨论，左四为庄留琪

刚去唐山不久，我遇到一位急诊孕妇，抽筋抽得很厉害，在上海没有碰到过。她反复连续抽搐、昏迷、紫绀，我们想是严重子痫吗？但是用上安定、硫酸镁根本不起作用，全体队员都严阵以待，最后在麻醉科协助下用静脉麻醉才缓解了抽搐，控制后赶紧把这个小孩用产钳分离出来，终于挽回了母子生命。能抢救过来我们也特别高兴，为唐山人民做了点事，心里都有极大的幸福感。也是在那个时候，我感到大城市里的医疗知识也远不能适应特殊环境的需要。

地震结束后经常有余震，有一天晚上，一位临产的孕妇产程延长，宫口停滞，头盆不称，需要进行剖宫产术。孕妇已经躺在简易手术台上。消毒后我们都穿上了手术衣，突然发生了强烈的余震，悬挂的电灯泡来回晃动至少有45度。孕妇半抬起头了，责任感使我的心急速跳动，双手不自觉地伸到了孕妇的腹部上说"不怕——不怕——镇静"。幸好只有一分钟左右，震感就过去了，不然还不知道会怎样。事后我想想如果屋顶真的塌下来，我还会学习英雄来救护产妇吗？我也不知道，当时都凭着本能做事，什么都没想。

还有一个病例让我印象很深，是一位46岁的孕妇，她的22岁的女儿陪她来的。她那次怀孕七个多月，地震后胎动消失已久，时有腹部隐痛，无阴道出血；检查子宫底脐上三指，外形规则，无压痛，多次听诊，未及胎心。我们诊断为死胎，计划用催产素引产。第二天，我们在查房，那位孕妇已开始静滴小剂量催产素引产。十分钟不到，那孕妇突然大叫腹痛，我回头看到她脸色苍白，心想"完了，完了，一定是催产素导致子宫破裂了"。我们都快吓死了，因为以前没有B超，全靠手摸，摸出来这个子宫外形都是很正常的。经腹部检查，子宫外形消失，胎儿肢体明显可及，产妇很快进入休克，子宫破裂无疑，急需输血、剖腹手术抢救；没有血怎么办？幸亏她女儿也来了，输了200cc的血。在二军大麻醉科医生的大力协助下，应用中药麻醉，在休克情况下急速剖腹手术，取出胎儿。剖腹后一看，子宫缩在盆腔内，底部全层裂开，原来是一例完全性植入胎盘，宫底部几乎全被胎盘侵入，没有肌层，就像柯应夔编写的《病理产科学》上一幅典型的植入胎盘的照片。这样的情况我们也从未看到过，只在教科书上看到过。这位孕妇也命大，之后血压上升，整个人稳定了。大家舒了口气，感到特别高兴。

我从中得到了很多宝贵的经验与教训：死胎的原因事先没有更全面地考虑和分析，应用宫缩剂时的观察不够严密。这次教训使我们在以后的催产素引产时列入了"有人观察、调节滴速"的常规。我也感到，目前，我们虽有

国际和平妇幼保健院部分医疗队员在抗震简易房前合影

了 B 超等先进辅助手段，但仍需要更多的责任感和临床经验。

地震让很多家庭失去了孩子，曾经绝育的妇女纷纷要求复孕，十分令人同情。其中有一例输卵管吻合术后，按当时常规，输卵管内留置硬膜外导管，另一端从腹部伤口引出，一周后应予拔除。但在拔除时发现导管很紧，让我紧张万分，经抽拉多次才抽出，估计发生了感染，并有粘连。不知这位病员以后的情况怎样。这次病例给我深刻教训：吻合术后最好不留置导管，用导管也要用新导管，同时必须严格防控感染。

一位第一胎孕妇，预产期尚有一个月左右，阴道反复出血，量时多时少，多时也没有超过月经量，当时没有 B 超等辅助手段，只能从临床上诊断，还不能肯定是否前置胎盘。而王玉屏曾提醒我要剖腹产，我认为离预产期还有三周多，早产儿也难护理，就让她住院观察，几天后血止出院。在她出院后不久的一个凌晨，产房夜班护士急匆匆地告知，正在进行的剖腹产出血很多，产妇那天晚上因大量出血急症来院，诊为前置胎盘而行急症剖腹产术。我们赶到手术室时，胎儿、胎盘已经娩出，胎盘附着在子宫下端前壁，导致子宫下端收缩不良，出血不止，术时出血很多，产妇已进入休克，需要大量鲜血，但缺少血源。虽经数小时抢救，终因供血不足、不及时而进入不可逆休克而死亡。婴儿很好，在院内住了两个多月，活泼可爱，可怜出生就没有了妈妈。虽说当时没有 B 超可以协助诊断，手术也不是由我施行，而且是宫缩不良、血源不足而死亡，但我至今不能安心，如果前次住院时能早些处理、早些备血，出血量可能会少些，也许可以避免母亲的死亡。每当想起，我总是内疚，深感遗憾。

在医疗队不到一年的时间里，我深深体会到妇产科医生的经验是无数产妇和病员为我们付出的学费，教训来自产妇和病员的鲜血和生命。医生的知识、考虑和分析不全面或有任何的疏忽，都将给产妇或病员带来不幸！我们应积累经验，吸取教训，增长才干，才能更好地为她们服务。

临别唐山前夕，我们申请到有名的开滦煤矿参观，获得同意。我们头戴矿井帽、脚蹬长筒靴，到了井下两千多米的巷道，纵横交错似网，主巷道高达几米，灯光如同白昼，支巷道到采煤区不计其数；很多支巷道一片漆黑，井水都达脚踝。带我们参观的领队嘱咐我们要紧紧跟上，谁要是掉了队，准是无法出巷道的。巷道弯弯曲曲，忽上忽下，忽宽忽窄，我靠着头上矿灯的闪闪亮光，紧张地跟着急速前进。不巧，左脚踩空，滑入了一口窨井，胫骨前撞得好痛，身旁的谁拉了我一把，我也顾不得痛，赶紧站起来紧跟着队伍前进，活像探险！到达采煤区，地盘渐渐狭小，空气闷热，煤钻头开启处，乌黑锃亮的大煤块纷纷落地，也有很多煤粉飞扬。采煤的工人师傅真正辛苦啊！开滦煤矿的煤又黑又轻，是顶级的煤，据说日本人特别想要我们开滦煤矿的煤（*我捡了一块大大的，后来带回了家，一直保存了二十几年还未风化*）。从井下上来后几天，发现我整个小腿包括膝盖全是青块，整整两个多星期。这一生也就那一次，难得有见识和回味，值得！

在唐山的十个月，在二军大和中医学院的大力支持和帮助下，我们有经验，有教训，锻炼了自己，培养了人才。大家团结、友爱，互助成风。在实践中，丁美芳、周惠文、俞丽萍和当地的刘致君大夫等都在成长。

回来后，二十多年再也没去过唐山，只在电视里看过唐山现在的发展。我们渴望再去唐山，看看重建后的新唐山，看看唐山人民。院领导给了我们很大支持，2006 年，唐山大地震 30 周年时，我们昔日的抗震队员 11 人代表

1977 年元旦前夕，国妇婴第三批医疗队员表演《我们心中的红太阳》舞蹈

了几十位抗震救援队员，带着全院同志们的祝福和深情厚意，于 2006 年 9 月
18 日重返唐山。我们参观了唐山市妇幼保健院，这是河北省最大的一所市级
妇幼保健院，也是一所三级甲等妇幼保健院，担负着全市妇幼保健、医疗、
科研培训、计划生育、健康教育、信息管理六大职能。看到唐山现在的发
展，我们十分欣慰！祝愿唐山越来越好！

医患相互信任的年代

——钮善福、黄卫民等口述

口述者：钮善福　黄卫民　陈仙度　侯玲毅　郭利华
采访者：钱益民（复旦大学校史研究室副研究馆员）
　　　　焦子仪（复旦大学本科生）
　　　　蔡巧婷（复旦大学本科生）
时　　间：2016 年 4 月 26 日下午
地　　点：复旦大学附属中山医院行政楼 808 室

访谈人员合影　左起：焦子仪、钱益民、
钮善福、侯玲毅、黄卫民、陈仙度、郭利华

钮善福，1927年生，主任医师、教授、博士生导师，1961年至今在复旦大学附属中山医院肺科工作，曾任上海医科大学呼吸病研究所所长、肺病学教研室和肺科主任、上海市医学会理事和上海市肺科学会主任委员。唐山大地震发生后，作为第二批上海医疗队队员，在河北玉田抗震医院（又名为玉田临时医院）参与医疗救援。

黄卫民，1952年生，主治医师，1971年进黄浦区中心医院工作，直至2012年退休，曾任黄浦区中心医院外科党支部书记、外科行政主任、院医教部主任。唐山大地震首批上海医疗队队员，1976年参加上海第一医学院组建的河北玉田抗震医院外科工作一年。

陈仙度，1952年生，主治医师，1971年进黄浦区中心医院，2007年退休，曾任黄浦区中心医院内科党支部书记。1976年参加上海第一医学院组建的河北玉田抗震医院内科工作一年。

侯玲毅，1954年生，主治医师，1972年进黄浦区中心医院，2009年退休。曾任心电、超声综合科行政主任。1976年参加上海第一医学院组建的河北玉田抗震医院放射科工作一年。

郭利华，1952年生，主治医师，1971年进黄浦中心医院，2007年退休，曾任中医科行政主任。1976年参加上海第一医学院组建的河北玉田抗震医院内科工作一年。

我们是第二批上海医疗队成员

我们是上海第二批赴唐山抗震救灾的医疗队，1976 年 9 月 16 日到达玉田抗震（临时）医院，和同年 7 月出发的第一批医疗队换班。我们在那里服务了将近一年，1977 年 6 月份回上海。

当时是上海卫生局让上海医学院做好准备，钮善福医生当时是玉田抗震医院内科组长，正当壮年，是医生们的中坚之一，带着我们这些青年医生。1974 年不少青年医生按照毛主席的指示，下乡巡回医疗，插秧种菜，和赤脚医生同吃同住。1976 年刚刚回来，听到唐山出事了，需要救援，大家都主动报名。当时父母反对我们刚下乡回来又去唐山，但是我们还是坚持要去。

当时唐山的情况已经稳定。医院通知我们也不像通知第一批那么急，他们一接到通知马上就要走，我们是有时间回家准备的。我们记得很清楚，毛主席去世后的 1976 年 9 月 18 日，天安门广场开追悼会。我们是开完追悼会后晚上坐火车走的，先到天津杨村飞机场，再乘飞机到唐山，到唐山以后再到丰南，最后去了玉田。

我们到的时候，第一批医疗队还有几个人留在那里，他们在第一批医疗队撤返前一个多月到玉田，大概是 8 月 20 日。他们建立了玉田临时医院，为我们第二批上海医疗队来玉田办院，打下了一定的基础。

为什么医院选址不是唐山也不是丰南，而在玉田呢？因为唐山、丰南地震最厉害，河北省委和上海市委考虑到，医疗队进去以后，如果再发生地震，当地医疗力量势必跟不上，需要在合适地点组建新的预备医疗机构，以备后患。另外从地理上看，玉田位于唐山、北京、天津三地的中心，不论哪个地方出问题，玉田的医疗队都可以最快速度赶到，实施救援。此外，把医院设立在玉田还可以兼顾唐山、丰南两个重灾区。我们去玉田小院，就是基于这个策略决定的。

第一批去的是静安区卫生局、黄浦区卫生局、上海第一医学院组建的八个医疗队共150人。在完成前阶段抢救伤员的任务后，医生们分别从遵化、迁西、丰南转移到玉田，筹建临时医院。

我们到玉田时，已经是上午9点多。第一批医生当天11点左右要回上海，我们就在那一个多小时内交接班。当时玉田抗震医院里病人已经很多，我们人地生疏，只知道尽快把病人全部接过来，除此之外，什么都无暇顾及。医院由上海第一医学院、华山医院、中山医院、五官科医院、儿科医院、黄浦区中心医院的医护人员组成，到了以后分护理、后勤、医生三大组。医生怎么分科？动刀是外科，不动刀就是内科，就只分大外科大内科。也不设门诊，病人送过来不像外科就送内科，内科一检查是外科就送过去。一切都随病人需要，医生分配调度也很合理，看有哪里帮得上就跟上来。人力调度上发挥了最高效率。

医院里物资虽然不够，但是基本医疗设施也都有了，是第一批医疗队员前期准备的。玉田抗震医院建在一个中学里，只有空旷的22幢简易房子，其他设备一无所有，用水要到外面去拎，一下雨室外几寸厚的泥浆，室内水流遍地。医疗器械和药品也不足，在抗震救灾初期，医疗队抢救伤员随身带的少量器械，在丰南时已感到不能满足抢救需要，更不适应办医院的需要，药品也大部分留给丰南等重灾区。

第一批医疗队从丰南过来的时候，设备、医疗器械都用得差不多了。所以第二批去的时候，医疗设备都是准备好带过去的，比如中山医院、华山医院、五官科医院、儿科医院带了高压消毒锅、手术床、心电图机、麻醉机之类的大件设备。当地的医院还有一些，其他地方也支援一点。所以我们第二批医生到玉田时，医疗设备和基本药物之类，基本都有了。

余震不断中的 24 小时值班生活

玉田抗震医院最初只是个简易棚，第一批人去的前两个星期，就在中学的足球场搭建手术室和宿舍。足球场西边搭起男宿舍，东边搭起女宿舍和手术室。手术室除了急诊不接其他病人。

我们住宿的条件已经比第一批医疗队员好许多。毛竹搭起来的临时房墙面是空的，窗户就拿塑料纸钉一钉。墙面要走烧火的管道，女宿舍里有张床后面就是烟囱，睡这张床的女医生就开玩笑："烟囱倒了，你们记得把我扒出来啊！"

余震不断，我们到了没几天就震过一次。余震破坏力很大，内科病房里氧气瓶在地上跳个不停。氧气瓶一旦爆炸，那可要出大事了。我们一开始都没想到这层。那次余震以后，我们就把抗震台上的氧气瓶扎紧。家里人知道我们在唐山，都很担心我们的安全。大家就轮流打电话给家里报平安，都说"我好好的，不要担心"。医院里就一部电话，手摇式的，大家排队打电话，所以话不能多说。

很多人说，地震时什么都不要拿，如果要拿就拿热水瓶。因为地震以后缺水，没有热水瓶就没有开水喝，很难受，所以热水瓶成为很珍惜的生活必需品。唐山一到晚上就很冷，我们蜷缩在被窝里还是冻得不行，所以有时候晚上发生余震，大家也不愿跑出来。有一次余震，一屋里四个人就跑出来一个，在外面喊："出来啊！出来啊！"可里面人不管，接着睡。频繁的余震，我们慢慢习惯了，并不感到害怕。

现在回想起来，我们当时都不觉得苦，回忆起来也很有意思。我们读书时也吃过很多苦，有睡在猪圈旁的经历，大粪也挑过，生活环境恶劣难不倒我们。当时的想法很单纯，唐山发生毁灭性的大地震，中国出了这么大的事情，我们应该积极响应党的号召，没有二话。去了以后，我们总归是要尽最大的努力，所以一天到晚都在玉田抗震医院里面。

我们这批人都勤勤恳恳，为唐山人民抗震救灾出力，为当地病人服务，哪一科有什么问题，大家都蛮主动的，有事情都是叫得应的，大家都好商量。有什么重急诊，半夜里有什么重任，拉线广播一喊，大家就跑过去了。当时是 24 小时值班制，我们到底接诊了多少人？看了哪些病？准确的数字蛮难讲，也从没有仔细研究过。我们只知道重诊急诊随叫随到，一呼百应。

玉田一年所学顶得上平常十年

在玉田我们见到了很多病种，学到了很多，很长见识，很多经历在上海是不可能有的。

我们去的时候，地震已经过去两个月，地震抢救阶段已经结束，进入常规医疗阶段，接诊的大多是当地医院看不好的疑难杂症，以及地震引起的后遗症，此外，还有狂犬病、破伤风、白血病、肺结核、脑结核等等。为何有不少白血病？有人分析认为是受地震后地光影响之故。很多病例至今仍历历在目，这些都构成抗震医疗救护的珍贵记忆，值得今天总结和分析。

我们见到一个四十多岁的女病人，是一群人在玉米地里巡逻时候发现的，一只脚没了，送到医院时耳朵里都是血水，还有蛆从耳朵里爬出来。当时天气炎热，病人身上味道很重。中山医院的几个护士不怕脏、不怕臭，给她清洗后，给她用抗菌素，立即开展抢救。人是一度被救过来，但是伤得太重，医院条件又差，三天后，她还是死了。

有一个金黄色葡萄球菌感染引起的血性脓胸女病人，经过打洞、减压、切开、引流，咳出来一大盆痰，痊愈了。当地人不穿内衣，只在外面裹一件厚棉袄，用绳子一扎。这个病人送来时棉袄黑得发亮。当地人身体素质倒是很好，生了病也熬得住，可能跟他们吃杂粮有关。

还有个三四岁的小男孩，赤脚医生给他打预防脑膜炎的疫苗，剂量过大，结果导致急性肾衰竭，小孩子尿闭，引发呼吸问题。磺胺的剂量太大，对肾的损害太严重。由于没有血透设备，这个小孩一天后就死了，如果在上海可能还有救。

一天马车送来一个二十几岁的年轻人，瘦得皮包骨头，唯独肚子很大，一碰身体，发出咣嘟咣嘟的声响。我们诊断为十二指肠溃疡畸形。外科会诊后，决定给他开刀，治好了。两个月后他和家人们一起来答谢我们。小伙子长胖了，我们几乎都认不出来。看到他们一家人开心得不得了，我们也很欣慰。

一个年轻女孩，想买一条裤子，家里人不给钱，她就喝农药自杀。家人用马车赶了三天三夜送过来。送到时女孩已经呼吸困难，浑身大汗淋漓，是很严重的中毒，竟然也被我们抢救过来。

还有不少很严重的病人，都抢救成功了。我们开始都很奇怪，怎么有这么多震区的重病人？后来才知道他们都不是震区来的，而是从很远的地方特地慕名赶过来的。当地人特别相信上海医生，一听说上海医生来了，周围城市或者边远农村，凡是家里有病人的，都想送过来。有开着拖拉机来的，也有赶着马车来的。当地医院在地震时都震没了，所以玉田抗震医院事实上承担着当地的常态医疗任务。

我们那一批去的人，除了钮医生这样的中年医生，大多是二十几岁的年轻医生，黄浦区的、二医的都有，去了一年学到很多东西。对我们几位年轻医生来说，这一年学到的东西，是我们在平常的医院里十年都学不到的。

像黄卫民医生，在玉田抗震医院跟着中山医院的任长裕医生做手术。任医生问他，学外科多少年了，他说四年。任医生就说，"我考你三关，第一关我带你开刀，第二关你带我开刀，第三关我看你开刀"。那过三关要多久呢？任医生说，那得由他说了算。实践证明，不到一个月，开刀开到第三个病人的时候，黄卫民就开始自己主刀了。从实习医生跟着高年资医生开刀，到自己动手开刀，在平常要经过漫长的时间，但在玉田抗震医院，这中间的跨度不到一个月就完成了。

医生间良性竞争使病人得益

当时医生间也形成良性竞争。就这样简陋的设备和条件，我们什么复杂的手术都得做，必须做。开脑、开胸、开心脏，都开。今天你中山医院来的医生开一个心脏，明天我华山医院来的医生开个脑袋。大家就像在比赛一样，暗暗较劲，得益的是病人。

我们几位来自黄浦区中心医院的年轻医生，职业生涯后来都是科主任、主治医师，回想起来，这与唐山这一段经历是分不开的。因为有任长裕、钮善福等高年资有经验的医生带教，与他们 24 小时生活工作在一起，互相非常了解，有问题随时向他们请教，后者毫无保留地传授，加上在极短的时间内接触大量重症患者，有大量的动手实践机会，所以年轻医生的医疗技术得到很大提升。

任长裕医生收治过一个风湿性心脏病伴二尖瓣狭窄的病人，他在手术台上用器械一分离开患者的二尖瓣，病人的脸色立刻变好了，浑身舒适了许多。现在任长裕医生都快 90 岁了。

有个男病人送过来已经休克，家属说是肚子痛，当时也没有仪器，内科找不出原因，医生就用听筒，敲敲手指，从声音来判断病情，医学上叫"叩诊"。一听，诊断为麻痹性肠梗阻，就送到外科。下午送过来，晚上就开刀。把病人的肠子全拿出来，也没找到梗阻所在。于是紧急叫任长裕医生过来接诊，任医生招呼我们过去看，学着怎么处理。我们记得很清楚，病人的肠子就像洋泡泡一样。任长裕主任用"扭转"的外科方法处理了一遍，回去后病人就好了。家人不久送来一封表扬信。他们觉得任医生很神奇：什么设备也没有，就是凭叩诊，就得出准确的病因，而且用最简单的外科方法治好了病，真不愧是上海来的高明医生。

钮善福医生水平也很高，有一次医院来了个自发性气胸的病人，拍片子后，我们说插管。钮医生一看，说不插管，马上进行手术，然后打洞、引流。第二天，放射科再次给病人拍片，发现病人的气胸吸收了，病人就给治好了。

外科还收治过一个交通事故受害者。这个人的身份很特殊，他是毛主席纪念堂工程建设指挥部的人，开着轿车途中发生车祸，方向盘压在他肚子上，从脾脏到胃、肝脏、胆囊、胰腺全断掉，是撞击下活生生地断掉。玉田抗震医院所有外科医生全体出动，花了很大力气，竟然把他救活了。这个病人如果今天在上海也不一定能救活，但是在玉田被救活了。到现在我们都觉得是奇迹。病人后来都开玩笑说："你们简直是神仙啊！"我们得到什么益处呢？当时毛主席纪念堂还没有对外开放，我们被允许进去参观。

做医生的，尤其是外科医生，没有比手术成功、患者被抢救回来更开心的事了。

玉田生活花絮

考虑到有急诊病人随时被送过来，玉田抗震医院的医生不允许出院门。医院建在学校里，就是不能出校门，我们每天就只能在足球场上活动，大家都住在这一个大院子里面，一半医院，一半宿舍，没有什么八小时工作制，有需要，喇叭一叫就来了，大家相互之间感情都很好。

我们和当地的医务人员关系也很好。当地的医院人员、卫校的同学都来进修，像玉田县人民医院，从业务院长到各科室主任，都分批到医院轮训。上海的医生在当地威信很高，没有架子，主动去接病人，都不收钱的。这在现在很难想象。

当地饮食和上海差别很大，当地人照顾我们，自己就吃小米，把好的都拿出来，怕我们吃不惯，整天都是面条、烙饼，在当时已经非常好了。

当地领导对医疗队也给予特别照顾，过年时候给我们放假，让当地的医生上班。我们大年三十聚在一起看电视。那一年，马季演相声，我们就在一个棚里看，不少当地人也在医院里和我们一起看，看得很高兴。当时还组织了联欢晚会。临走时我们在凤凰山拍了张照，回上海后倒是再也没有聚过。

我们一生中再也没有遇到这样的经历。

玉田抗震医院建立起基于信任的医患关系

那时候的领导是工宣队，是工人，医疗知识并不懂，组织领导医疗完全是靠下面医疗队医生的觉悟和自觉性。那时候大家真的是拼命。病人和病人家属对医生都特别信任，医生说东，病人家属没有说西的，哪怕是病人死了也会给医院送表扬信，含着眼泪向医生道谢，他们都相信医生尽力了，因为他们眼睁睁地看着医生的实际行动。像急诊，医生都是站立在门口，病人一到就主动出去迎接；只要一看和自己科室有关，马上就接过去诊疗。不存在今天有的病人家属吵吵闹闹的现象。

我们今天回顾唐山医疗救灾，第一，不能把这些功劳归于工宣队领导。当时是"文化大革命"时期，很多方面都很混乱，你不能说那时候领导有方。第二，医务人员最宝贵的精神是什么？是救死扶伤、无私奉献的白求恩精神。第三，中山、华山的那些老前辈，如果手里没有过硬的本领，就算有这么多的机会，能看好那么多病人吗？不可能。所以，医生手上要有过硬的本领。

玉田抗震医院救活了那么多人，不是凭一股热情就能做到的。你光凭笑脸可以看好病吗？你的笑脸可以解除病人的痛苦吗？不行，还是要靠手上的功夫。为什么说玉田抗震医院做得好，因为领班的这些医生愿意做，愿意把功夫献出来。

我们前面说，中山、华山形成了良性竞争，不管怎么样竞争，医生要有真本事，没有本事和谁竞争？光是嘴巴说"我要为灾区人民服务"，没有用的，病人和家属看得出你有没有本事。

抗震救灾40年的时候到底要纪念什么？不是统计抢救了多少病人，这意义不大，而是要通过纪念来看救灾这件事说明了什么，它对后人有什么警示、启示。

40 年过去了，历史不可能重来。时代不同了，现在的救灾条件再也不像当年那么简陋。但是严谨的态度不能丢，医生救死扶伤的本质不能丢。尽管条件差，环境差，没有很好的报酬，但是玉田抗震医院救了很多人，建立了一种基于信任的医患间的关系，这是值得今天的医生和患者学习的。病人生病了，他们是在无助的情况下来求助医生；医生要有担当，没有必要害怕承担责任。无论什么时候，再高明的医生，都有看不好的病，这是客观事实。

现在社会上有一个很坏的现象，颠覆了医务人员以前坚持的一句话——"只要有 1％的希望，医务人员会尽 100％的努力来抢救"。现在，哪个医生敢这样讲？有风险的不敢讲，没有风险的也不敢讲了。

一个学校也好，一个医院也罢，都是有灵魂的。祖宗留下的灵魂，不管医院怎么变，条件是好是坏，这个灵魂不该变。什么样的风格做什么样的事情，我们一看就知道：这是上医出来的，这是二医出来的……像外科医生，一看你动手，就知道你是哪里毕业的。这说明，学校是有教学传统的，这种传统现在还能看出来，说明这个灵魂还在。

搞医的，真的不能来半点假的，不能有虚荣心，不能来假的。上医的灵魂是什么？是做事情不后退、不吹，是实干，是过硬的技术。无论什么时候，医生的灵魂不能丢。

附：

一名呼吸科医生的地震救援思考

钮善福

1956 年进上一医（上海第一医学院）读书期间，开门办学，我参与上海郊县寄生虫病预防，"大跃进"时抢收稻谷，从清晨到太阳落山。工作后，我参与青浦练塘乡"小四清"工作，与贫下中农同吃同住同劳动，睡在猪圈，也挑过大粪，还参与下乡小分队，在上海焦化厂炼焦高温车间及有毒有害车间开展职业病防治。

唐山发生毁灭性的大地震，中国出了这么大事情，应积极响应党的号召。我从事呼吸衰竭病人抢救，应为灾区人民服务，尽自己应尽的责任和义务。

我们是上海第二批奔赴唐山抗震救灾的医疗队，于1976年9月到达玉田抗震医院，接替第一批医疗队工作，在那里为灾区人民服务了十多个月。

为什么抗震医院选址在玉田，不是唐山也不是丰南呢？因为唐山、丰南两地是地震中心，房屋几乎全部倒塌，河北省委和上海市委考虑到医疗队过去后，如果再发生强地震，那当地医疗队又跟不上了，而玉田处在唐山、北京、天津三地的中心位置，不论何处出现问题，医疗队都可尽快赶去救援。医院设在玉田就可以兼顾唐山、丰南两个重灾区，我们去的时候就是这个策略。所以第一批医疗队通过十多天的出色而艰苦的工作，完成了抗震救灾抢救和运送伤病员的任务后，就逐步转移到玉田筹办临时医院，为第二批医疗队来玉田抗震医院打下基础。

玉田抗震医院由上海第一医学院及其附属医院（中山、华山、五官科、小儿科）和黄浦区中心医院组成，带去了高压消毒锅、手术床、心电图机、麻醉和呼吸机等医疗设备和药物，加上当地医院和其他地区支援了一点，所以我们比第一批医疗队随身带的有限的医疗设备和药物条件要好得多了，基本上能满足临床需要。

玉田抗震医院：从非常时期救援到常态救援的过渡

玉田抗震医院是处在非常时期救援到常态救援的过渡阶段。当时离地震过去已近两个月，接诊病人一般是地震引起的后遗症，如骨折或外伤病人尚未痊愈、破伤风等病人；急诊大多是一些玉田、南丰、丰润等附近医院没能看好的疑难杂症和重症病人。因为是24小时值班制，我们一天到晚都在医院。

我们这批人大家都是勤勤恳恳的，为唐山抗震救灾出力，为当地老百姓病人服务，都是很积极的，有事都叫得应的。一科有什么问题，一起讨论一下，很多就处理了，大家都比较方便。有什么重急诊，白天喇叭一响，晚上拍拍门，一叫就过去了。急诊了多少病人，看了多少病人，准确的数字蛮难讲，总之重症急诊随叫随到，都得看，大家都一呼百应。

有一位住院病人，刚送到内科病房办公室外走廊时，护送者发现病人神志不清，呼吸微弱，处休克状态。心脏科杨一峰医生和我很快赶到，予以抗休克补液纠正酸中毒，气管插管作简易呼吸器辅助呼吸，胸片显示多发性肺脓疡，经抗菌素治疗后好转出院。

一些常见病，如慢性支气管炎、肺气肿、肺心病病人，因急性加重发生呼吸衰竭，经过氧疗、呼吸兴奋剂、抗菌素等治疗好转，有的一开始无改善，经气管插管机械通气氧疗后得救了。

有一位慢阻肺病人哮喘发作，因肺大疱破裂引起高压性气胸，纵膈气肿，导致颈部胸部面部皮下气肿，眼睛也睁不开，经胸腔插管水封瓶排气，吸高浓度氧等治疗，取得了很好的效果。

当地的肺结核、结核性胸膜炎、结核性脑膜炎比上海多得多，经过及时诊断予以抗结核治疗，或抽出胸腔积液，逐渐好起来。有的结核性胸膜炎因未及时抗结核治疗，变为结核性脓胸，予以抗结核，并经多次反复抽脓液，注入生理盐水稀释冲洗，使得脓腔缩小，病情好转出院。

有一次我们医疗队有一位药剂师患阑尾炎，做腰麻，打好麻药后，刚开刀时，发现血呈紫色，再一看呼吸也没了，喇叭里叫"呼吸科医生快来"。我奔过去了，到时已经及时气管插管人工辅助呼吸，抢救了过来，手术成功了。这是由于她背部长了疖子，腰麻位置较高，麻药影响呼吸中枢导致。如呼吸停止超过5分钟，会引起心脏停搏，这就麻烦了。

从资料上看，唐山的房子结构不行。有的没有钢筋水泥，有的没有承重墙，大地震一发生就一下子塌下，就连唐山机场的指挥所也垮了，唐山近

96% 的建筑都塌了。除了当场被压死外，当地人伤残最多的是头颅外伤、骨折、胸腹部外伤导致的脏器挤压伤。所以地震救援最重要的就是快，赶在黄金 72 小时前，更关键的是在 24 小时内进行，越快越好。由于唐山大地震，通信、交通、电、水都阻断，等到医疗队到达时已经过了最佳抢救时间，所以死亡 24 万多，致残 8 万，这是毁灭性的，灾情太严重了。

从唐山地震救援看呼吸科医生的作用

呼吸科在地震救援中起什么作用呢？如上所言，像头颅外伤引起出血、颅内高压、脑水肿等，若得不到及时手术，会影响呼吸中枢和心血管中枢，发生呼吸心脏停搏；骨折，尤其是长骨骨折，会引起骨髓里脂肪进入血管，造成肺栓塞、肺出血、肺水肿，严重缺氧，造成呼吸困难；胸腹部挤压伤会造成肋骨骨折、肺挫伤、肺出血、肺水肿以及可发生肝脾肾损伤；因外伤发生细菌感染，导致败血症，引起全身性炎症综合征，急性肺损伤，发生呼吸衰竭。这些都需要及时进行无创或有创（气管插管或切开）机械通气氧疗抢救。

回忆"文革"期间我在闵行中心医院参加过的一次抢救脑外伤会诊，脑外科认为病人呼吸不行才做头颅手术。我提出，等到病人呼吸不好时再手术就来不及了。1986 年抢救一位因广泛心梗引起严重肺水肿的病人时，在高浓度氧疗仍严重缺氧得不到改善的时候，我认为需要机械通气氧疗，如不改善缺氧，心脏无氧供也会停止跳动。

当时心脏科医生不发言，华山医院史玉泉教授支持我。第二天病人病情加重，后经气管切开机械通气氧疗后，情况改善。虽然病人抢救成功，但遗憾的是病人变成了植物人。所以从那时起，对心源性肺水肿导致严重缺氧呼吸困难的病人，就做机械通气氧疗指征，再加上强心利尿，会取得较好疗效。

从 1963 年起，我就跟随李华德教授从事临床呼吸生理（肺呼吸功能）慢性支气管炎、肺气肿肺心病呼吸衰竭抢救，与工厂和研究所研制出肺功能测定仪、人工简易呼吸器和定容型（SCI、SCII、SCIII型）呼吸机，承担国家"七五"肺心病呼吸衰竭抢救和缓解期治疗，"八五""发展非创伤性机械通气治疗呼吸衰竭"及卫生部"九五"重点项目"呼吸衰竭治疗新技术研究"，如从呼吸兴奋剂加橡胶气囊面罩，经口气管插管和气管切开，再到经鼻气管插管，使得慢阻肺、呼吸衰竭机械通气的病死率从65%分别降到了25%和19%。

我经过八年努力，与研究所和厂家研制出符合国人面部特征、密闭性和依从性较好的硅胶面膜口鼻面罩，使得慢阻肺呼吸衰竭死亡率进一步降至9.1%，为救治呼吸衰竭病人争取了时间，减少了有创（气管插管和切开）的痛苦，缩短了住院时间。面罩机械通气，克服了有创机械通气易引起的呼吸道细菌感染性肺炎，从而显著提高了呼衰治疗的社会效益和经济效益。

2003年SARS流行期间，我抢救了上海8例输入性病人，7例进行面罩机械通气氧疗，仅2例死亡。上海无发生继发性病例，医务人员零感染，从而在全国大大促进了面罩机械通气氧疗急慢性呼吸衰竭的推广应用；现改为双层面膜面罩，其密闭性、依从性、有效性得到更进一步的提高。上世纪90年代，唐山市中医医院任凤蕴院长叫我去抢救一位肺心病呼衰老干部。病人病情稳定后，我去参观了唐山大地震纪念馆和重建后的新唐山。当时考虑如再发生大地震怎么办？为什么要在老唐山的基础上重建？关键在于重建时考虑到新城市已避开地震带和煤矿带。

现在我们已经知道，唐山大地震发生不到三周，上海市就派出以上海城市规划设计院为主的15位同志，通过一百天的艰苦现场调查，研究制定出重建唐山的总体规划，并经国家基本建设委员会批准后实施。所以新唐山都是按原规定的设计方案实施的。

重建的唐山市还获得联合国颁发的"联合国人居奖"光荣称号。

地震救灾的启示：一要快二要创新

2008 年 5 月 12 日汶川发生大地震，上海亦有震感。当日党中央、国务院一声令下，全国军民很快投入到抗震救灾中。好些志愿者奔赴汶川。香港地区、台湾地区也组织医疗队，海外华侨也积极响应。四川成都很快派出第一批医疗队，其中华西医院当日接诊 285 人，前后共接诊 2702 名病人，其中住院 1831 人、手术 1358 人、危重 115 人，死亡率仅 1.69%，这次充分说明时间就是生命。还有好些病人空运转送到外地，亦有到上海一些三甲医院（中山、华东、瑞金、仁济、上海市儿童医院等）。我曾去仁济医院参加一位有创机械通气氧疗病人会诊。市儿童医院一位病人因外伤继发感染发生呼吸衰竭，给予面罩机械通气氧疗后好转出院。在全国支援下，汶川很快重建家园，甚至已经成为旅游胜地。近年来国家派出解放军工程兵、医疗队去海地、尼泊尔等国家抗震救灾，出色完成救援任务，为中国争光，增进中国与这些国家人民的友谊，这充分体现了中国特色社会主义制度的优越性。

参与多次救灾给我的启示：一是救灾要快，尤其是呼吸科医生，更要快；二是要创新，紧急情况倒逼医生创新。我从事的呼吸机研制与参加唐山地震救援有关。

改革开放以来，在中国共产党正确领导下，中国创造了人类社会发展史上惊天动地的奇迹。在短短 30 年里摆脱贫困，我国跃升为世界第二大经济体，全面迈向现代化，中国特色社会主义焕发出新的蓬勃生机。国家把研制高性能无创呼吸机列入"十三五"规划的 100 项重大科研项目。虽然我已于去年退休，但事业尚未完成，我愿继续研制高性能无创呼吸机，救治急慢性呼吸衰竭病人，抢救病人生命，为病人活得更有生活质量出一份力。

唐山救援的忧与乐
——刘福官口述

口述者：刘福官

采访者：江　云（上海中医药大学附属曙光医院人力资源部副主任）

朱文轶（上海中医药大学附属曙光医院人力资源部科员）

时　间：2016 年 1 月 25 日

地　点：上海中医药大学附属曙光医院西院门诊 6 楼

刘福官，1948年生。1973年9月参加工作。主任医师，曾担任曙光医院耳鼻咽喉科主任。1976年赴唐山参加唐山大地震医疗救援工作，为曙光医院第三批赴唐山医疗队队长。

1976年是一个不平常的年份，周恩来、朱德、毛泽东三位伟人去世；同年10月，党中央一举粉碎了臭名昭著的"四人帮"。同样震惊世界的，还有发生在那一年7月28日凌晨的唐山大地震，它几乎毁灭了整个唐山市。1976年9月底，我作为第三批赴唐山抗震救灾医疗队员，带着上海人民的嘱托，告别了同事、亲人和刚刚十个月大的儿子，赴唐山灾区。记得当大客车把我们从唐山林西矿古冶车站接到当时的医疗点——林西矿广场的简易帐篷时，已是下午。简单的交接仪式后，我还没有听明白该咋办、住什么地方、行李放哪儿，就有人来说："有病人来看病，哪位医生去……"我们还愣着，以为应该有"值班医生去……"匆忙中，我们便真正开始了抗震救灾的医疗工作。

过"三关"

　　来到唐山,首先要过地震关。我们每个医疗队员来唐山都是抗震救灾的,但什么是地震,地震的威力有多大,会造成什么样的破坏,来唐山之前仅从书上学过。我知道中国古代有一位科学家叫张衡,发明了地动仪,据说可预测地震发生的方位,但这种认识只停留在书本上。来到灾区,我目睹了整个唐山市被破坏的景象:道路开裂,桥梁倒塌,房屋毁坏和大量人员的伤亡,方知地震是什么。那时余震经常发生,我们所遇到的真正有破坏力的7级左右的余震有两次:一次是1976年11月初,发生在晚上9时左右,我们正在宿舍中唠家常,突然有人说"地震了!"我们随即看抗震房房梁是不是会塌下来。只见房梁在无规律地扭动,不时发出"吱吱"声。不知什么时候地震停了,有人看表,发现地震持续四十多秒。这时屋外传来惊吓声,我们出去一看,有几位女士只穿着睡衣裤站在屋外寒风中,冻得直哆嗦。那天晚上气温在摄氏零下十几度。半小时以后,医院一下子来了四十多位伤员,都是一些因余震吓坏了在慌乱中摔伤的人。第二次是在1977年3月。我们当时正在参观现代化采煤作业区,据说是国内最先进的、从国外进口的全自动作业器械。我们正行进在巷道中,只听到"轰隆隆"一声巨响。我们都惊觉地脱口而出:"地震了!"但陪同我们的矿领导却轻描淡写地说:"不是的。是煤矿车相撞发出的声音。没事的。"但同时却加快了行进的速度。等我们下午3点回到队部时,值班的同事告知,中午他们在空地上打羽毛球,只觉得地面像波浪一样起伏运动,人都站不住,一想到我们都在矿井下,真不知咋办,会不会有事。看到我们回队,许多人都问一句话:"都回来了?"我们很奇怪。当大家告诉我们中午又发生了强烈的地震时,想起矿下的那一声巨响,好险!那次到矿下的人员成了第一批也是最后一批下矿参观者,毕竟下次地震会在什么时候发生尚有许多不可知性。当然我们比起那些采"黑金"的工人不知要安全多少!随着时间的过去,我们都慢慢习惯了大震三六九、小震日日有的日子，也真正了解了地震的"内涵"。

　　到唐山灾区后的第二关是生活关。灾区断电、断水、通信不畅、交通不便的情况，到我们第三批医疗队去的时候已有所恢复，不过因余震不断，断电、断水等还时有发生。每当晚上断电时，漆黑一片，病房中仅靠几只大马灯、手电以及火烛照明。宿舍中则只有火烛，还需非常小心，不能多点，因为一是要防火，据说曾有一家兄弟医院一宿舍发生火灾，七间房在八分钟内迅即化为灰烬！二是要节约，因为下次还要用。好在大家在一起，光线不亮，黑暗中闲聊也颇有趣。生活中缺水，牙不能刷，脸不能洗，洗澡更不用想。幸好大家有准备，都一一熬过来了。不过有一件事却是有口难言。尽管当时领导非常照顾我们，尽量多给大米，少搭配杂粮如小米、高粱、玉米等，不过小米粥大家只能喝半碗（**尽管大家都很喜欢**），因为下半碗中沙石太多直损牙；高粱米很黏，玉米窝窝头很好看，金黄金黄的，但是一旦冷了硬如石块；而整个冬天的菜大部分是咖喱土豆块和大白菜，和高粱米饭一起吃，日子久了是"易进难出"。久而久之，大家对咖喱土豆产生了抵抗，一个冬季下来，我们真正体会到了"后门"之难，都觉得火辣辣的。到了1977年3月，我们把剩下的大白菜喂猪时，猪都不愿吃，拱几下就走了！

唐山大地震纪念杯

第三关是医疗关。虽说离开上海时，大家有准备：即便条件艰苦，还不是一样开处方拿药治病？！但是到了之后才知道，除了我们自己带的药品、器械，唐山几乎什么都没有，因为开滦煤矿总医院在地震中几乎全毁了，医疗人员伤亡严重。我们在自然光下看病，在帐篷中做针拨白内障手术，在太阳光下拔龋齿，在病房地铺上为病人做气管切开术，在简易手术室中为外伤病员接骨、清创，克服了一个又一个在上海时难以想象的困难，努力工作，用我们每一份力量，减轻唐山人民的痛苦。记得有一次抢救一个四个月大的患儿，我们集中了医疗队中的儿科、外科、呼吸科、耳鼻喉科的大夫进行会诊，讨论救治方案。患儿得的是抱着能呼吸、放下即发生呼吸不畅、继而面色青紫的"怪病"，由于患儿母亲不能讲清病史，大家心里急，又无从下手。我跟在李主任身后，听他分析病情，在基本确定患儿无先天性疾病的可能后，李主任决定给患儿做喉、食管镜检查，以排除最常见的异物梗阻的可能。当麻醉喉镜轻抬起环状软骨时，见食管第一狭窄有一淡红色、略硬的物体。李主任用异物钳轻轻取出后一看，原来是一粒硕大的花生米，可能是误吃了四岁大的姐姐吃的花生米。患儿顿时呼吸通畅，那时已是第二天凌晨2点了。看着患儿母亲千恩万谢，大家都有一份战胜困难后的喜悦，疲劳也顿时减轻了许多。在整整九个月的工作中，这样夜以继日工作的日子不知有多少。我们常听到灾区人民说这样一句话："你们上海大夫说咋办就咋办。"这是对我们医疗队员莫大的信任，也是对我们努力工作最好的回报。

向解放军学习，为灾区人民服务

第二抗震医院是由上海中医药大学的前身——上海中医学院的三所附属医院和第二军医大学两所附属医院的医疗队组建的。在当时的条件下，解放军的工作作风，给我留下很深的印象。刚到唐山时，抗震医院正在规划，我们只能在帐篷中工作。我接待的第一位病员咽喉疼痛。我习惯地拿起额镜开灯做检查，可要电没电，要灯没灯，正一筹莫展时，长海医院的李兆基主任

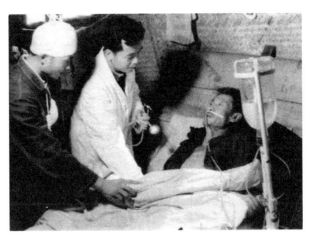

就把病人请到帐篷边缘，娴熟地用自然光拿额镜进行检查，非常麻利地处理好病员，他这种无声的行动深深地教育了我：解放军的作风是看得到、摸得着的，就在身边。我默默地记住了一条宗旨：一定要好好工作，为唐山的重建、为灾区人民的健康作贡献。由于当时生活水平不高，卫生条件差，来医疗队的患者，患牙龈脓肿、严重龋齿者不少，但我们队中没有口腔科医生；为了解除他们的痛苦，我和上海的医院联系，请求领导寄去有关口腔疾患治疗的专业书刊，我一边学习，一边治病。据记录，我们光拔龋齿就有一千多颗。看到当地儿童患唇裂较多，在李兆基主任的支持下，我开展唇裂矫治修补术，先后为四十多位患儿成功进行手术。我们手术室的护士开玩笑地称我为"豁嘴刘"。灾区的老年人中，白内障患者不少，我就当朱炜敏医师的助手，一起进行针拨白内障手术。那时我、朱医师和二军大的两位主任，既要看门诊，又要管二十多张病床，常常是吃了中饭做手术，做好手术看门诊，晚饭之后再要手术，晚上还要看急诊。工作辛苦自然不用说，但苦中也有乐，尤其是病人康复出院说一声"谢谢上海大夫"时，我们心中充满了喜悦。

当我们在援建唐山的上海第七建筑公司领导的支持下，到他们的基地洗了去唐山后的第一次澡时，我们真像是过节一样高兴。而每当有上海家乡来的慰问团来慰问时，大家都欢欣鼓舞，慰问团带去了上海人民的问候、医院领导的关怀以及许许多多的生活用品。虽说当时的副食品不充裕，要计划供应，但是亲人们还是想尽办法多买一点、多寄一点给我们；不过，更多、更主要的是支援灾区人民的医疗用品。

花果山

当时灾区都是震后留下的断壁残垣，因为我们处在煤矿区，地上到处可以见到碎散的煤块，就是流淌的溪水也染上了黑色。到了冬天，我们在抗震房中靠简易的"地炉子"烧煤泥取暖，那是用砖垒的，其下向外开有一方口，其后上部约离地面一米高接火墙，然后在屋外有一烟囱管。唐山的冬天要比上海冷很多，记得最冷的一天是零下19℃。冬季每一处屋外均有几个不断冒黑烟的烟囱，走在路上抬头望天空，晴天黑蒙蒙，阴天蒙蒙黑。我们喜欢穿的白衬衫，不到一小时就"领、袖"全黑。虽说当时事实是这样，但不能随便讲。

最值得我们回忆的是在矿区前面隔马路相望的一处小山坡上，有一片不大的果园，约有十几亩，我们医疗队员喜欢称它为"花果山"。尤其在第二年春天来临时，果树萌芽、长叶、开花，成了我们的休闲乐园。城市中长大的医疗队员，对花果山的果树究竟是什么树，有一种向往。大家众说纷纭，尤其是那一群护士，叽叽喳喳，这个说要是桃树，桃花粉红一片，很是美；那个说如果是梨树，梨花一片白，洁白无瑕。大家都盼望着谜底揭开的那一刻。随着春天的到来，果树终于露出了它真实的面貌——是粉红的桃花。花蕾逐渐萌发，随之长出几片绿叶，真像人间仙境、世外桃源。这是唐山人民给我们的奖励！记得当时我们队里的几位年龄较长的医师，他们喜欢早起，常在天刚亮时就三三两两地来到花果山，在树丛中漫步，呼吸真正的新鲜空气。而当我们这些年轻人匆匆来到时，他们往往要离开了。不知不觉中，园中始终保持着不多不少的人流。有时我们实在起得太晚，就会在中午或晚上去一次。去花果山游园、赏花，是繁忙工作之余最美好的享受。每天我们碰面或吃早餐、午餐时，都会问候一声对方："花果山去过了吗？"花果山是一片洁净的果园，是唐山人民重建家园的希望，也是我们医疗队的乐土！

那些"最"

最特别、最欢乐的是春节。1977年的春节，我们是在远离家乡的灾区抗震救灾房内过的。医院的同事聚集在一起，吃着最简单的食品，却都说着欢乐的故事。令人难以忘却的是儿科王志源医生说的"奶奶"叫法。苏州吴语称"好婆"，说话时人略向前倾，轻声细语，最有亲切感；上海浦东本地人则叫"阿奶"，那是短音，干脆，头略向前，表示间接亲热；北方叫"奶奶"是拖着长长的尾音，似乎二者有着千丝万缕的联系；宁波人称呼"阿娘"，势头向后，提声而出，那是因为宁波人吃太多咸鱼咸蟹所致。几声奶奶讲得大家欢乐无限，使我们在异乡享受了一顿文化大餐。

1976年，曙光医院医疗队在唐山抗震棚前

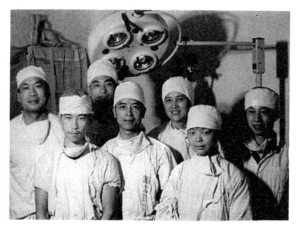

曙光医院的医生刚进行完手术，在手术室合影

曙光医疗队队员在抗震棚中

　　最记不起的是休假日。抗震救灾工作，从一下车到居住地开始，每一位救灾队员都牢记着家乡人民的嘱托，努力工作，从不计较有没有休息。不分昼夜，只要是为唐山灾区的伤病员服务，大家都细心诊疗。一般情况下，如坚持1—2周，可能大家都能做到，但要持续九月余，二百七十多个日子，我想能忘我地工作，应是难能可贵的。我最记不得的就是自己的休息天。

　　最盼望的事。在灾区工作忙碌，生活艰苦，我心里早有准备，虽说当地有关部门对我们医疗队照顾有加，但毕竟物资有限。好在大家的心里是充实的，心情是快乐的，因为我们的背后，有着家乡亲人的支持和组织的关怀。日子久了，大家还是盼望着组织和家乡亲人慰问团的到来。因为他们可以为我们带来亲人的问候，同时还将带来可贵的副食品。那时买肉还要肉票，因此即使是一小块肉，两三包卷子面，也是很贵重的物品。

最高兴的事。救灾工作夜以继日，病人一拨又一拨，虽然辛苦，可高兴的事还真不少，我们还逐渐学会找乐子，以丰富我们的业余生活，如讲个笑话、猜个谜语等等。要说最高兴的事，莫过于看好一个伤病员、做好一个手术后，病人康复离院时说的一句"谢谢上海大夫"，我们听到之后心里甜甜的。

最伟大的力量。我们刚来到灾区看到处处都是倒塌的厂房、民居和开裂了的公路，着实感到了地震的破坏力；在接着经受了两次较大余震后，感受更深，地震时地动山摇，人站在地上犹如在船上一般摇晃——但更感受到中国共产党的力量和党领导下的人的力量，战胜困难，重建家园的力量更强大。1977年春天来临时，我们的国家在中国共产党的领导下，也迎来了一个时代的春天。

唐山大地震过去40年了，40年的历史仿佛只在一瞬间。40年前的抗震救灾工作历历在目，九个月的工作磨炼了我。每当回忆起当时的情景，我感到有一种力量、一种精神在激励着我们每个参加抗震救灾的医护人员。

九个月后，我回到了上海亲人身边，看到已学会走路、学会说话的儿子，我感慨万端。当我的儿子看到他妈妈指着照片告诉他这是爸爸时，他却看着站在他面前的这个陌生男人，迟迟不肯开口；足足相视了大约五分钟，在他妈妈的催促下，他才小声地叫了声"爸爸"。一声爸爸，叫得我热泪盈眶。

九个月的磨炼，我收获的精神财富是难以计量的，它使我在以后的工作中一直受益。

一场没有硝烟的战争

——单友根口述

口述者：单友根

采访者：杨秋蒙（上海瑞金医院伤骨科研究所副所长、院志办副
主任）

唐文佳（上海瑞金医院党委办公室科员）

时　　间：2016 年 4 月 20 日

地　　点：瑞金医院工会俱乐部

单友根，1950年生，高级政工师。曾任上海交通大学医学院附属瑞金医院党委委员、工会主席。1977年6月，参加第三批上海第二医学院抗震救灾赴丰润医疗队，并担任队长。

1977年6月，我参加了第三批赴唐山抗震救灾医疗队。我们第三批医疗队一共有八十余人，由当时二医大系统的几家医院组成，我院有近二十人参加，包括戚文航、黄绍光、沈才伟、蔡惠敏、郑振中、李亚东、班秋云等。

当时我年仅27岁，在医院团委工作，担任团委副书记的职务。当党委发出抗震救灾的号召后，我立即向组织报名，毛遂自荐。踊跃报名的职工很多很多，大家都争着为灾区人民奉献爱心，为灾区重建献一份力量。当时的党委领导在得知我报名后，立即与我谈话，给予我充分的肯定和殷切的期望。最终，我被医院选定为领队，参加了第三批医疗队，同时，还担任了河北省丰润抗震医院的党总支委员、机关支部的书记。作为领队，我在大部队之前率先出发，于1977年6月下旬到达河北省丰润县，与仍在当地服务的第二批医疗队进行交接。

初到唐山，虽然相距地震发生已隔了十个多月，但情况仍惨不忍睹，一片断壁残垣中，横七竖八地立着一些电线杆子，废墟上搭建的抗震棚，正在无声地呻吟，那是比一场生灵涂炭的战役来得更为凄惨的场景。

河北是大陆性气候，早晚凉爽而中午炎热，烈日当空时常可达到38℃的高温。在太阳的炙烤下，还未来得及深埋的尸体开始慢慢腐烂、变质，整个城市内弥漫着阵阵臭味。为了防止疫情大面积暴发，天空中时有飞机喷洒消毒药水，尸臭味加上消毒水的味道，共同构成当时独有的"唐山气味"。

第二医学院组建的抗震医院设在丰润县，离唐山市十几里路程，全称是"河北省丰润抗震医院"。我们住的房子叫"抗震房"，外部用毛竹做房屋的屋架，再糊上泥巴防寒；屋顶上是油毛毡再铺些草用来防水；房屋内部，为了防止墙倒伤人，砖墙只砌了1.2米，上面再用竹帘作分隔墙，两只长凳上放一块板就是床。由于竹的韧性和弹性，地动它也动，所以不容易塌下来。

抗震棚的简易是如今无法想象的，透着风雨，冬冷夏热；没有地板，地上就是泥地，晚上蚯蚓会爬进鞋子，小草也会渐渐长出来。最可怕的是食堂里的饭筐，黑黑的一片，仔细一看原来是苍蝇覆盖在上面，每次吃饭，都需要专人在旁边赶苍蝇，这样才能露出底下白色的饭。如此差的卫生条件，我们当然都极其不适应，得痢疾拉肚子的医务人员很多，但是大家总算是渡过了这些难关。

饮食方面，条件也相当艰苦。由于物资匮乏，我们的食物基本以馒头和白菜粉丝汤为主，几乎天天都吃，大家都亲切地称之为"抗震汤"，直到多

1977年，单友根在唐山丰润抗震医院

年后的今天，我仍然十分怀念这特殊的"美食"。当时还从上海运来粮食给我们补给，但医务人员们都舍不得吃，把它们留给了伤员。这种精神和情感，至今让人感怀。

当时余震不断，一般都在 6 级以下，偶尔也有 6 级以上 7 级以下的，我们靠电话或广播的预报获知消息。刚开始得知晚上有地震时，大家心里难免有些紧张，一些年轻女同志由于害怕，会忍不住哭鼻子，久久不肯回去睡觉，怕真的发生地震了逃不出来。于是，大家就一起聚集在空旷的地方，男同志们自告奋勇轮流站岗，为女同志们壮胆；有时因为有余震，有的同志即使在睡梦中，也会因震感而突然逃到室外，吓出一身冷汗。一段时间以后，大家对地震有了经验，再加上党组织每天和队员们谈心，做心理疏导工作，向他们耐心解释抗震房的安全性……渐渐地，队员们不再感到害怕了，还有同志打趣说，每每余震时，就当是儿时睡在摇篮中，不再紧张了。

第三批医疗队的主要任务是为地震受伤病人做愈后处理，如截肢、植皮、伤口治疗、帮助功能恢复等，同时也参与防疫工作，以及突发事件的抢救和当地医疗力量的培训等。因为是上海医疗队，所以慕名而来的病人也特别多。在那里听到最多的是广播喇叭里传来的抢救病人需要某种血型的声音，看到最多的是医务人员卷袖无偿献血的身影。而老百姓也都相当纯朴，对医疗队员千恩万谢，把我们都看成是党派来救治他们的好医生。在灾区，每个队员救死扶伤的天性都被激发出来了，觉得确实应该尽自己的一份力量。

大灾之后必有大疫，我们面临的也是这样的情况。当时的唐山缺医少药，重病人又很多，条件也很差。检查的仪器简陋不堪，心脏科能用的仪器也就只有 X 光机和心电图机，以及一些尿粪等的常规检查设备。所以，医生必须依靠自己的专业知识和经验来为病人诊断、下结论、作处理。这对医疗队是很大的考验，在这个过程中，大家成长了不少。

抵达灾区后不久，我还听到一个非常感人甚至令人震撼的故事：地震中有一家医院被埋在地底，人们在挖掘时把医院的药房挖出来了，发现里面有四位遇难者。这四人都是药剂科的工作人员，他们并没有受外伤，而是活活饿死的。有一本他们接力写下的日记记载了他们最后的日子。地震发生后，他们虽被埋在地下，但由于有葡萄糖维持生命，他们并没有失去信心。外面的人听不见地底下呼救的声音，可他们却能听到外面的大喇叭在广播，全国各地的医疗队来支援唐山了，四人为此感到欢欣鼓舞，认定自己有救，于是在黑暗中坚持记日记。一天一天过去了，第一个人饿死了，第二个人接着记，接着他也死了，就第三位、第四位接下去，直到生命结束也没有放弃希望，这给我留下了非常深刻的印象。

作为领队，我的工作首先是做好队员的思想工作，关心大家的所思所想，细心观察每一个人的情绪波动，并适时与他们谈心、交流。碰到有心结打不开的同志，还要想尽办法为他解开心忧。例如，有位同志因一直未收到恋人的来信，整天魂不守舍，每天都盼着邮差送信到基地，影响了正常的医疗工作。我看在眼里，急在心里。当时正值周日，邮局不送信，看到该同志的焦虑模样，我和另一位同志一起骑"老坦克"去十几里外的邮局帮他取信。果然功夫不负有心人，那天"鸿雁传书"真的到了，我兴奋地举着信回来"报喜"，感觉比自己收到信还高兴。那位同志接到信后喜极而泣，又哭又笑的样子，让我至今忍俊不禁——这就是我们的同志，有血有肉，勇敢坚强却又不失真性情的人民卫士。从这件事中，我也深深体会到，看似简单的收发信工作，在当时那个通信极不发达的年代，对于远离故乡的人们来说，是多么重要的精神支柱，正所谓"烽火连三月，家书抵万金"！

同时，为了丰富大家的精神生活，保持思想上的先进性和团结性，我还经常组织队员们举行各种报告会、学《毛选》心得交流会、赛诗会、跑步比赛及义务劳动等活动，使年轻同志们在繁忙的医疗工作之余，有学习、娱乐和锻炼身体的机会，也为更好地服务灾区人民打下基础。

其次，做好服务和协调工作也是我责无旁贷的，例如关心队员们的饮食起居、在有限的条件下为大家做好生活保障等。同时，还要做好各方面的协调工作，包括和当地医院、当地老百姓以及当地政府部门等进行协调，尽最

1978 年，中共丰润县委赠送的抗震纪念杯

大努力，确保医疗队有序地工作。

　　虽然大家住的是抗震房，吃的是抗震汤，但是都情绪高涨、团结一致、齐心协力，大家只有一个信念——努力把党的温暖、上海人民的关怀送到灾区人民的心坎里。在当时余震不断、瘟疫随时可能出现的情况下，我们更深切地领悟到医务人员"救死扶伤、舍己为人"的奉献精神，体会到中华民族"一方有难、八方支援"的大团结精神。

　　如果说，抗震救灾是一场没有硝烟的战争，那么，唐山则是一个没有硝烟的战场，我们每一位赴唐山医疗队的队员都是这场特殊战争、这个特殊战场上的勇士。

唐山抗震救灾二三事
——诸葛立荣等口述

口 述 者：诸葛立荣

参与回忆：李亚东

采 访 者：周澄蓓（上海交通大学仁济临床医学院 2011 级临床
　　　　　八年制学生）

　　　　　黄家语（上海交通大学仁济临床医学院 2012 级临床
　　　　　八年制学生）

时　　间：2016 年 5 月 13 日

地　　点：上海交通大学医学院东四楼 111 室

左起：周澄蓓，诸葛立荣，李亚东，黄家语

诸葛立荣，1950年生，先后担任上海交通大学医学院附属仁济医院团委副书记，工会副主席，后勤党支部书记，总务处副处长、处长，副院长，上海市卫生局规划建设处处长，以及上海申康医院发展中心副主任。唐山大地震时，曾作为第三批医疗队员赶赴唐山。

李亚东，1950年生，曾任上海交通大学医学院附属瑞金医院工会办公室主任，工会副主席兼妇女委员会常务副主任、纪委专职副书记。唐山大地震时，曾作为第三批医疗队员赶赴唐山。

1976年7月28日唐山大地震发生时，我26岁，在上海交通大学医学院附属仁济医院（时为第三人民医院）工作，担任普外科医生。李亚东也是1950年出生，唐山大地震发生时，她在上海交通大学医学院（时为上海市第二医学院）附属瑞金医院工作，是内科三病区的副护士长。我们从小就是同学，一起经历过知识青年上山下乡。当时，我们并不是恋爱关系，直到在上海参加工作三年后，经过家里长辈的介绍，我们走到了一起。

唐山大地震发生后，我第一时间递交了前往唐山抗震救灾前线的申请，然而，第一、第二批申请都没被批准。1977 年 6 月，我接到了仁济医院批准我参加第三批赴唐山抗震救灾医疗队的通知。我非常激动，终于能到救灾第一线去了！我马上将这个消息告诉女友李亚东，她也刚接到医院通知她参加医疗队的消息！我们都在唐山市丰润县抗震医院工作！出发前，我俩觉得我们的恋爱关系必须向组织汇报。她汇报后，瑞金医院仍旧同意她参加医疗队，一周后就出发。我向仁济医院汇报后，领导认为主动汇报非常好，同意我前往唐山救灾，希望我们注意影响。1977 年 6 月 23 日，李亚东作为第三批医疗队的先遣人员前往唐山；同年 7 月 7 日，我与第三批医疗队的大部队一起前往唐山。

前往唐山震区救灾时，我和李亚东都 27 岁了，我们原来准备那年年底在上海结婚。平时她住瑞金医院宿舍，我住在仁济医院宿舍，我们工作十分忙碌，不能经常见面，于是我们选择先把感情生活放在一边。那个时候没有家的概念，病房就是我们的家。开始恋爱的那几年，我们约会时都去看演出。记得有一次，我们约好晚上在淮海路碰头去看话剧。当天我为一台大手术做助手，一直到晚上 10 点多都没有能下台。她便在淮海路上一直等我到深夜，最后我也没能赶去与她见面，觉得十分愧疚。

1978 年 1 月，二医领导来慰问医疗队员（仁济医院集体）

到了唐山，我们倒是常常"见面"了。刚去的几个月里，她在丰润医院内科病区担任护士长，尽管我们的宿舍都在同一排抗震棚里，天天路上都能见到对方，但我俩从不说话，不影响工作，而且两人都更加勉励自己努力工作，为医院争光，为医疗队添彩。因此，除了领导，医疗队里的成员都不知道我们是一对情侣。我们远远地看看对方，默默地关心着对方，时刻注意听对方的消息，也就觉得心满意足了。

由于抗震医院卫生条件较差，厕所都是"茅坑"，苍蝇很多，饮食不卫生，李亚东得了严重菌痢。那天，我听说她病倒了，克制不住关心，跑去看她，这样一来，大家才了解我俩的关系。在丰润医院工作期间，她在医疗队表现非常好，在医疗队任务结束前，被评为医院抗震救灾先进个人和丰润地区抗震救灾先进个人。以前我们对对方的了解仅限于日常生活，到了唐山，我们一起工作，对彼此的工作也更加了解了，我们对彼此的认识更加深刻，越来越欣赏对方的人品。唐山大地震的工作经历，不仅仅对我们个人有重大意义，也加深了我们双方的感情。这段经历，让我们的爱情进一步升华，我们不仅仅是单纯地谈情说爱，更认定对方是值得相伴一生的人。回沪后，我们举办了本该一年前就举办的婚礼。结婚25年后的2004年，我们俩还被评为二医"2002—2003年度比翼双飞模范佳侣"。唐山大地震的救援工作，让

诸葛立荣与李亚东结婚照

我们在家庭关系处理上更加和谐，也让我们在政治上更加成熟了。回沪后，我们俩向党组织递交入党申请，我于1979年12月加入中国共产党，李亚东于1981年6月加入中国共产党。

第三批医疗队，由上海第二医学院本部、附属瑞金医院、附属仁济医院、附属新华医院以及第九人民医院联合组建。我们仁济医院有医生、护士和医技人员共29人。

丰润抗震医院距离唐山市区约40公里，是在一片菜地上临时搭建的。房屋是一排排军营式的临时建筑，前面是病房，中间是行政办公区，最后是宿舍区。每间病房都是芦苇油毛毡棚顶、竹帘泥巴墙，病房没门，只挂了一条白色布帘，设施非常简陋。

在丰润医院的九个月，工作和生活环境都比较艰苦，物资极其匮乏，副食品供应短缺。我们那时吃得最多的是大白菜、茄子做成的"抗震汤"，每个月只能吃上两次肉。有人开玩笑说："白菜，白菜，一菜抵百菜。"因为卫生条件较差，苍蝇很多，一些医务人员患了菌痢。而由于人手短缺，我们工

诸葛立荣与李亚东在北京参观

作十分繁忙。震区人民生活都非常艰苦，他们吃小米、吃棒子面，却供给我们米饭，我们备受感动。在目睹了唐山经历的如战争般沉重的劫难后，我们感到这点艰苦算不了什么，大家都立志把救灾工作作为对自己的锻炼和考验，我们内心有强烈的责任感与使命感，努力为灾区人民多作贡献。

作为先遣队员和护士长，李亚东一到震区就投入了紧张的工作。在非常简陋的医疗条件下，她需要迅速熟悉所在病区的护理环境与常规工作，并做好迎接第三批医疗队员的准备。拥有相对丰富医护知识与经验的她，十分关心护理人员的生活，常常稳定年轻护理人员的情绪，被亲切地称为"大姐姐"。

外科急诊病人有用卡车送来的，也有用马车拉来的，病症主要是急腹症和交通事故脑外伤等。门诊中较多是地震中尿道损伤、尿道狭窄、高位截瘫的患者，胃癌、甲状腺瘤等慢性病人也不少。我记得有位胸部外伤冠状动脉破裂出血的病人，病情严重，由方立德医生主刀、刘国华等医生做助手、麻醉科蔡惠明医生等一起相互积极配合，全力以赴，最终抢救成功。有一次，仁济医院胸外科著名专家冯卓荣医生专程来到丰润医院，为一位风湿性心脏病二尖瓣狭窄病人进行手术。

外科病区几乎不分急诊、门诊与病房，我们都在外科病房内接诊和处理。大家吃住都在医院后排的宿舍，晚上值班遇到急诊手术，都是随叫随到。只要院内有需要抢救的重危病人，外科病区的每位医护人员都会主动加班，不计报酬，配合抢救和辅助工作。遇到需急诊手术或择期手术时，各专业的医护人员都会相互支持。

丰润医院虽然简陋，医患之间却情深义重，关系非常和谐。那时唐山仍然余震不断，用竹排糊泥土砌成的病房常"咔咔"作响。有一次余震很强烈，李亚东正在病房内工作，她帮助能活动的病人撤离到了病房外面。然而，病房里还有许多不能自主移动的病人，包括她在内的医务人员，都置个人安危于度外，本能地跑到这些不能移动的重病病人身边，极力安抚。"我是医务人员，我要保护我的病人。"这是我们那时唯一的信念。送到丰润医院的大部分病人都在救治下好转，但还是有些病情严重的患者离开了人世。有病人去世后，家属们仍然送来锦旗表示感谢。他们在医院里、在太平间办手续时，都忍住眼泪，直至离开医院才发泄悲恸。当地百姓说，这是对医疗队工作表达尊重的方式，不给医务人员增添负担。这让我们十分感动。

丰润医院的九十多位医疗队员中，有四分之三是28岁以下的年轻人。除了救灾医疗工作之外，其他时间都待在医院内，队员之间交流少，生活比较单调，又经常发生短暂的余震，时间长了，不少年轻护理人员开始想家，甚至哭泣，情绪低落。党总支感到要把青年医务人员的工作和生活活跃起来，决定成立医院临时团总支，开展适合青年人的有益活动，我被党总支宣布兼任临时团总支书记。

为此，在医疗工作之余，党总支委员单友根和我组织临时团总支委员们一起研究讨论，很快在业余时间开展了丰富多彩的活动。最让大家难以忘怀的是"赛歌、赛诗会"。说是团员青年活动，但中年的医疗队员都来了，党总支书记朱济中、院长魏原樾都来参加。大家积极准备合唱、舞蹈、诗歌朗诵等节目，在会上尽情展示。李莎莎老师至今还能念出当年迎春赛诗会上的诗句："年年过元旦，岁岁不一般。朝朝离上海，耿耿在唐山。悠悠还乡水，巍巍披霞山。处处歌声起，高高红旗展。"青年护士翟仁娣芭蕾舞跳得很好，当时没有芭蕾服和芭蕾舞鞋，但她跳舞的积极性很高。晚会上，她光脚为大家表演芭蕾，医务人员、附近的群众都来观看，引起了不小的轰动。多次活动之后，医院年轻队员的情绪明显转好，队员之间的沟通也多了，队员们安心在灾区开展医疗救治工作，精神面貌焕然一新。这些活动不仅促进了医疗工作的开展，还增进了队员们之间的交流与友谊。回沪后，新华医院刘国华医生与护士陈美娟、仁济医院药剂科曹惠明与新华医院护士黄松元结为终生伴侣，成就了一段佳话。

我在丰润抗震医院的九个月中，共五次到北京出差，其中有两次是转送危重病员，一次是紧急采购医疗设备，至今印象深刻。

抗震医院手术室由于没有空调，冬天只能靠手术室的"火墙"取暖。余震造成"火墙"开裂,手术室麻醉机等设备因此被烧毁,必须立即去北京采购设备。院领导将这个采购任务交给了我,当时还是计划经济,采购很难,我带着抗震医院介绍信到了北京,找谁呢?我想到我曾两次去北京协和医院转送过危重病人,协和医院的医生听说是唐山救灾医疗队送来的病人,马上接收入院。因在半夜,医生还安排我在医院宿舍过夜。因此,我想仍旧到协和医院寻求帮助。我到协和医院办公室,首先作了自我介绍:"我是在唐山抗震救灾的上海医疗队员诸葛立荣,灾区急需购买麻醉机等设备,希望协和医院能帮忙联系。"这时,我遇到了协和医院一位和蔼可亲的女领导章央芬,她问我来自哪个医院,我说我是上海第二医学院附属仁济医院的,现在改名第三人民医院。她说:"我叫章央芬,原来就在上海二医工作,把设备采购清单交给我,我让医院负责设备采购的同志马上帮你与医疗器械采购供应站联系,你放心好了,争取三天内就办好。"她看我行色匆匆、风尘仆仆的,又问我,"你刚到吗?住宿还没落实吗?就住到我家里去,我给你个地址,东四南大街史家胡同×号。"就这样,当天晚上我就住到章院长家里。她家是一个四合院,她把她先生的办公室腾出来,为我加了一张折叠床。后来才知

1978 年 3 月 17 日,诸葛立荣等在唐山火车站告别返沪

1977 年 7 月，诸葛立荣在唐山丰润抗震医院

道，她原本是上海第二医学院的教务长，因她丈夫吴子悝调到北京当总后卫生部长，她也调到北京协和医院任副院长。很快，两天后手术室设备采购完成，我向章院长致谢后，乘火车回到丰润医院，顺利完成任务。这件事让我几十年来难以忘怀。北京同行如此热忱，尤其能允许我这个 28 岁的青年医生临时住到部长的家里，让我感动不已。这位慈祥热情的老领导对上海第二医学院的情谊多么深厚啊！

第三批抗震救灾医疗工作历时九个多月，于 1978 年 3 月 18 日顺利完成救灾任务，乘坐"周恩来号"牵引的专列回到上海。在即将结束抗震救灾医疗工作的前夕，在灾区领导的关心下，我们分批赴北京参观了毛主席纪念堂，瞻仰毛主席遗容，这在当时是很大的荣誉啊！这些经历激励我们回到医院后更加努力工作。当我们圆满完成任务回沪时，仁济医院领导到上海火车站来迎接医疗队队员，院党总支书记高晓东在汽车上就对我说："诸葛在唐山表现不错啊，休息完上班后到党办来一次，找你谈谈。"我们休息两周后就上班了，高晓东书记找我谈话，让我到医院团委工作，担任专职团委副书记，从此我的人生就往政工管理工作方面发展了。我在仁济医院先后担任总务科副科长、副处长、处长、副院长等职务；2001 年调至市卫生局担任规划建设处处长；2005 年在市级医院管办分离改革中，我被任命为上海申康医院发展中心副主任，连续 35 年在医疗卫生行政管理岗位上工作，直至退休。

1976 年的唐山是没有硝烟的战场，医疗队的队员是没有弹夹的勇士。那个年代的人与事都值得被铭记。

在唐山的日日夜夜

——班秋云口述

口述者：班秋云

采访者：丁　芸（上海瑞金医院党委宣传科科员）

　　　　周邦彦（上海瑞金医院党委宣传科科员）

时　间：2016 年 4 月 25 日

地　点：瑞金医院党办会议室

1977年6月21日中午，赴唐山医疗队先遣队集体留影

班秋云，1953年生，主管护师，1973年11月参加工作，2008年12月退休，曾任上海交通大学医学院附属瑞金医院骨科护士长。1977年7月参加第三批上海第二医学院抗震救灾赴丰润医疗队。

唐山，地震前原本并不熟悉的地名，并不了解的城市，但这几十年来我时常想起它。只要有关于唐山的电视新闻我就不再更换频道，只要有关于唐山的报刊新闻，我的目光就不再挪移，因为在唐山的日日夜夜给我留下了深刻印象。

1977年，刚在骨科工作了三年多的我接受了医院的派遣，作为第三批医疗队的成员到了地震灾区的第一线——唐山，历经九个多月的抗震救灾工作。

刚接到命令时，我感到紧张而光荣。那个时候医院医务人员经常要被派往各地开展医疗支援，而支援唐山则属于较为艰巨的任务！不仅因为唐山地震的惨烈程度震惊全国，更因为地震造成的破坏给救援带来了无法想象的困难。我所在的这批医疗队共有 10 人，来自不同科室，队员有内科的戚文航、肺科的黄绍光、传染科的秦乃熏、内科护士李亚东、儿外科的郑振中、骨科的沈才伟和周萍，以及五官科病区的沈凤鸣等。出征前，医院很重视，院领导和党委书记对队员们都十分关心。经过一段时间的准备，1977 年 7 月，我们医疗队一行人携带着药品、器械以及一些个人用品便启程出发了。出发当日，医院院长和党委书记都来送我们。

我们坐了十几个小时的火车后，终于到达唐山站。记得第一次到唐山市区时，我站在一座稍高的小桥上，一眼就能看到唐山市区的全貌，尽管已经有了足够的心理准备，但当置身于现场时，我还是被眼前的景象惊呆了：一片平地，唯有一座水塔耸立在那儿。我站在那里很久，没说话，那时我虽然只有 24 岁，见识不多，但我忽然体会到什么叫夷为平地，什么叫凄惨，什么叫灾难。

随后，我们一行又乘车到丰润抗震医院，前一批医疗队的两位我院骨科医生在当地接应了我们，他们是张沪生医生和杨福明医生，他们为我们介绍了当地的一些工作、生活情况。经过几天的交接，前一批医疗队便撤离了。

丰润县是唐山的郊区，损毁程度较唐山市区轻，还有房子。丰润抗震救灾医院是上海医疗队驻扎在唐山灾区的四个点之一，由第二医学院设立，二医系统的四家医院共同组建，设有很多科室。整个医院由一排排矮房组成，分为内、外科病房和生活区，因为是临时医院，所以周围都是泥泞地。我所在的骨科病区有 3 个医生和 4 个护士，共同负责三十多个床位的医疗工作。我们 4 个护士分别来自上海二医系统的 4 家不同附属医院：九院、仁济、新华和瑞金，我担任临时病区护士长。就这样，我们四个年纪轻轻的护士，凭着青年人的朝气和救死扶伤的信念，同心协力，互相帮助，扛起了整个病区的护理工作。

当时的唐山缺医少药，重病人又很多，条件艰苦且人员不足，这些都给救援工作带来了不小的阻碍，但这些阻碍不仅没有让我们泄气，反而使得我们更有干劲，工作更加积极。首先面临的是人员排班，虽然只有四个护士，却要翻三班，怎么办？于是大家团结一心，经常加班，谁也没有怨言。此外，条件简陋也给护理工作带来了许多不便。骨科治疗是一个需要很多器械才能完成的医疗项目，比如牵引，它是最普通、最常见、最需要的，但是这里没有，怎么办？于是我们开动脑筋，就地取材，土法上马，利用木桩铁锤自己做起了牵引架。我们将木桩钉在泥地下，然后再横一根木桩，做一个小滑轮，用一根绳子穿过去；又比如，那时候周围的卫生环境很差，苍蝇满天飞，手术室内也不例外。每次手术前，医生都要先到手术室去拍半小时的苍蝇，然后才进行手术，他们开玩笑，说唐山的苍蝇都是消过毒的。

儿外科及骨科四个护士（前排左起：周萍、沈才伟、郑振中、班秋云）

记得当时，冬天特别寒冷，气温只有零下10℃。大家住的都是抗震房，所有房屋都由下半部分的火墙和上半部分芦苇搭建而成，十分简易。火墙一烧，就热了，房间也就暖和了，上面则是芦席，我们大家十几个人住一个大房间。医院的房屋也是抗震房，办公室和治疗室连在一起，里面是值班室，值班室中间用布帘子隔开，里面睡一人，外面睡一人，睡的都是两只木凳几块板搭成的床。房间隔音效果很差，第一间说话隔两个房间都能听到。听说第一批去的时候，水很少，但到我们这批去，水已经不缺了。那个时候自来水就在门口，跨出一步就能打到水，但由于室外温度过低，打好一盆水端到屋内，尽管只是一步之遥，手和脸盆还是会立刻粘起来！这时手不能马上拿开，否则皮就掉下来了，要将手暖一暖，化一化，让其慢慢松开才行。饮食方面的供应是比较短缺的，但当地政府还是尽了最大努力，除了供应我们大米之外，尽量会保证菜的供应。那时我们每天都吃大白菜，吃豆腐脑已经算是伙食改善了，没有鱼吃，一到两个月吃一顿肉，到吃肉的那天，医生护士会很早开始排队。

虽然条件艰苦，但是与前两批相比，已经算是很稳定、很舒适的了。尤其是第一批医疗队成员，当时他们除了完成医疗工作外，还要帮助处理尸体，住的是帐篷，吃的是压缩饼干。因此到了我们这一批，我们从不提生活上的要求，大家也没什么计较，情绪依然高涨。

灾区人民很纯朴，十分配合医疗队的工作，对医生怀着深深的尊敬和感激之情。让我印象很深的是，震后一年，病房里有病人不幸去世了，我们很疑惑，家属怎么都不哭的？后来才知道，家属都很自觉地不在医生面前哭，他们都是在离开了医院、离开了医生才开始发泄，他们都说，医生已经尽了最大的努力帮我们治疗，也很辛苦，如果在医院哭的话对医生护士不礼貌。所以在一年的工作中，病人很配合，当然我们医疗队也很尽心尽力。

在唐山，我们碰到的第二大问题就是余震，虽然已是震后一年，但余震还是不断。遇到余震，我们医护人员不是往外跑，而是先往里跑。我记得有一次我上夜班，清晨4点钟，遇到一次明显的余震，房子摇晃得厉害。经历过那场可怕灾难后的病人和家属都如惊弓之鸟，一震就直往外跑，但在骨科病房的那些骨折和正做着牵引的病人，他们是不可能跑得动的。余震来了，尽管我们几个医护工作人员也十分紧张，但还是快步往病房里走，到一个个病人身边安抚："不要紧，不要紧!"有了安慰，病人的情绪都好多了。当时，为了灾区人民的安全和健康，许多医护人员都发扬了舍己救人的精神，除了抢救生命，别的都不会去多想，也没空去想，出现大的灾难，我们的第一反应就是要冲在前面，要先保障患者安全。

到了当地以后，我没有看到老百姓流离失所，但每个来看病的人几乎都有丧失亲人之痛。在我们病房的病人中，80％甚至90％患者家中都有人在地震中遇难，甚至自己就是家中唯一的幸存者，这些病人很沉默，不太说话，他们每个人或多或少都会有心理方面的问题。因此在平时工作中，我们的态度、讲的每一句话都很重要。平时在上班时，或是休息时，我们都会随时出现在病人旁边，尽可能多地和他们聊聊，化解他们心理上的压力。在这里，我还想讲一讲一位唐山地区的病人。我们虽然是第三批医疗队，但还有一个任务就是扫尾和移交工作。一年多后，震时受伤的病人大多已经痊愈，对剩下的病人，在离开前我们都要妥善安置。记得当时有一位老大爷还没有康复，需要继续治疗，医疗队决定随队将他带到上海的医院，但老大爷硬是不肯走，决意要留在当地治疗，他很感激地讲："上海医疗队为了唐山地区，那么多人放弃照顾家庭来为我们无偿服务，已经做了很多工作，不能再麻烦上海医疗队了。"他的话虽然质朴，却让我深刻感受到了恩义的力量以及上海和唐山人民之间患难与共的真情。

九个多月后，我们离开了唐山，上海的医疗队也差不多都撤走了，丰润抗震医院由当地人接管。40年过去了，我从未懊恼或后悔过在唐山的工作，相反，我很庆幸并感激医院给我这次锻炼的机会，这段支援唐山的经历让我在各个方面都成长了不少，对我后来的工作和生活影响很大。到那里去了以后，我就知道无论什么困难我都能克服!在条件差、物资十分缺乏的条件下，所有的困难都能通过思考、动手和学习来战胜!至今，这九个多月工作和生活的情景还历历在目，令我难忘终生。

无烟战场上的白衣战士

——朱济中等口述

口 述 者：朱济中

参与回忆：路满臣　单友根　诸葛立荣　李亚东

采 访 者：叶福林（上海交通大学医学院党校副校长）

　　　　　张宜岚（上海交通大学医学院档案馆老师）

　　　　　高　哲（上海交通大学医学院党校老师）

时　　间：2016 年 5 月 11 日

地　　点：上海交通大学医学院老干部会议室

左起：李亚东、诸葛立荣、朱济中、路满臣、单友根

朱济中，1937年生，中共党员，副研究员。1960年7月参加工作，历任上海第二医学院科研处副处长、研究生处处长、校长助理，上海市内分泌研究所副所长。大地震发生后，作为第三批上海医疗队党总支书记，赶赴唐山参与抗震救灾。

基本情况

1976年唐山大地震后，我作为上海第二医学院（以下简称"二医"）第三批医疗队成员赴唐山丰润县进行救援。当时我们第三批医疗队是接第二批的班去的，由二医的四个附属医院——瑞金医院、仁济医院、新华医院、第九人民医院和院本部后勤部门五部分组成。我们第三批医疗队共85人，由我担任丰润抗震医院党总支书记，由原九院副院长魏原樾同志担任院长，他年资较长，经验丰富，管理水平也较高。党总支委员由各附属医院领队等有关同志组成，丰润县委选派了王起同志担任抗震医院副院长，同时也参与党总支工作。在医学院党委和丰润县县委的领导下，医院党总支带领广大医务员工，把学习刚刚发行不久的《毛泽东选集》第五卷作为抓手，要求大家"向灾区人民学习，为灾区人民服务"，把抗震救灾的过程作为改造世界观的过程、为灾区人民作贡献的过程和树立正确人生观的过程，提高大家全心全意为灾区人民服务的自觉性。

我们第三批医疗队是1977年7月8日从上海出发的，7月9日到达丰润县，于1978年3月18日乘坐全国人大代表和政协委员到北京开"两会"的专列"周恩来号"返沪，历时近九个月。我们初到丰润县时，地面泡水，车子进不去，空气中弥漫着一股臭味。放眼望去，映入眼帘的是一排排军营式的抗震房，由芦苇秆糊上泥巴而成，房顶上再加一层油毛毡，条件非常简陋，漏风漏雨也是常有的事。抗震房的地面没有地板，只是稍微夯实的土地，墙角上边还长有青草，有的同志说"蚯蚓会爬到你的鞋子里去"。我们的抗震医院就是在这样简陋的环境中建成的，不时地还有余震。但比起余震，更令人担忧的是当地的卫生状况。当时的天气已经很热了，苍蝇非常多，甚至在伙房的饭筐上，就能见到一堆堆黑压压的苍蝇，必须把它们赶走后才能露出白色的米饭。医疗队在伙食上也是很艰苦的，主要就是大白菜、茄子和市场上能买到的一些蔬菜，混在一起煮成汤，命名为"抗震汤"，当时有句口头禅，"白菜、白菜，一菜抵百菜，吃了营养又健康"，大家听了都哈哈一笑而过，也算是在艰苦环境中的苦中作乐了。

九个月中，医院党总支团结一致，始终注重调动救护人员为灾区人民服务的积极性，书记和委员们经常针对存在的问题找队员们谈心，做了很多思想工作，每月形成工作小结。医疗队中，青年人的比例比较高，大约占总人数的三分之二，党总支对青年人的成长十分关心，重视发挥团总支的作用，对年轻干部在实践中培养，在培养中成长，并发动青年积极改进医疗条件和环境，完善规章制度。党总支平时还定期组织业务学习，包括常见病的诊断和防治知识，常规检测项目如心电图、血化验的知识普及，还举办了医学伦理学、心理学、医院管理等讲座。我当时印象很深，我们瑞金医院心内科的戚文航医生讲心电图，他说心电图就像是跳芭蕾舞，有时看到裙子，有时看到脚尖，有时看到手势，讲得非常生动形象。在三级医院里，医学分科越细越好，但到了当地，条件有限，我们希望医护人员能够全科。所以我们就组织一些普及性的知识讲座，让学科与学科之间相互有一些交叉，拓宽医务人员的知识面，更好地适应当地的医疗环境，发挥更大的作用。

我们第三批医疗队共有 85 人，其中医生 27 名，含瑞金医院 7 人、仁济医院 8 人、新华医院 6 人、九院 6 人；医务、卫技、药房、化验等医护人员48 名，含瑞金医院 9 人、仁济医院 14 人、新华医院 10 人、九院 15 人；行政人员 5 人，二医、瑞金、仁济、新华、九院各 1 人；后勤人员 5 人，由路满臣同志带队。我们的医疗队是一支年富力强的骨干力量，队伍学科分布比较齐全，内科包含心血管、消化和肾脏内科，外科包含普外、心胸、骨科、小儿外科，还设有产科、小儿科、神经内外科以及呼吸科、传染病科等。老路回忆说，一般医生是不打针的，但是小儿科特殊，小孩紧张，家长紧张，护士也紧张，新华医院小儿内科有一位 1960 届的医生，经验丰富，打头皮针一针见效。所以我觉得我们的医生在各个方面都考虑得挺周到。此外，卫技部门由药房、放射、化验、心电图、麻醉、手术等组成，麻雀虽小，五脏俱全。这得益于医学院和各个医院党委的重视和支持，在上海三甲医院医教研任务十分繁忙的情况下，还抽调了学科配备比较齐全的骨干力量，保证了医疗队完成当地的医疗任务，确实是不容易的。

思想政治工作方面

不同于第一、二批医疗队的队伍设置，我们的抗震医院除了设有临时党总支、团总支和行政组，还设有业务组，魏原樾院长这方面经验丰富，由他主持业务工作。当时强调突出政治，因此在政治思想工作方面，我们强调自始至终做好三个"始终坚持"。

第一，"始终坚持"突出一个"灾"字，强调一切从灾情实际情况出发，包括我们的医疗、生活条件，不能把上海的一套诊治方法生搬硬套到丰润去，因为灾区供应条件有困难，包括试剂、放射科片子以及居住条件、医疗环境等等，很多地方发挥不出作用。所以我们对自己也严格要求，思考怎么更好地服务于病人，为灾区人民做出贡献。

平时，我们的主要学习内容，一是强调学习《毛泽东选集》中的《为人民服务》等经典著作，这是不可缺少的；二是国家领导人对抗震救灾的指示、讲话和卫生工作四大方针；三是第一、二批医疗队的经验，值得我们学习和继承发扬。此外，批判"四人帮"反革命集团的言论也大大激发了大家的革命热情和为灾区人民服务的积极性，增强和提高了服务意识。丰润县县委的领导较早地分批安排我们医疗队队员赴北京，参观毛主席纪念堂，瞻仰毛主席遗容，这在当时对我们来说是非常高的荣誉，也激励大家回来之后更

路满臣在丰润抗震医院

加努力学习，枳极工作，更好地为灾区人民服务。

在为灾区人民服务的过程中，我们的队员遇到了种种困难，但都依靠自身所学和团结协作得以克服。例如心血管内科，检查手段只有 X 光和心电图，其他科仅有血尿常规检查，条件十分有限。戚文航医生说："在抗震医院，医生只能通过自己所学的专业知识和经验，来为病人作诊断、下结论、作处理，这对我来说是非常大的考验，在这样的艰苦条件下，我成长了不少。"我觉得他的话很确切，这是专业医生和全科医生的差别所在，要在这非常简陋的医疗条件和环境下下结论，只能根据平常所学的知识，甚至大学内科基础知识都要应用上去，所以说这也是考验我们知识掌握得牢不牢固、能不能联系实际诊断治疗疾病的机会。又比如，骨科病房的沈才伟医生在手术过程中突然停电，手术台上一片漆黑，他就发动大家同时用几只手电筒聚光照明，使手术继续进行。在这么暗的环境下进行手术，对医生的要求更加高，需要全神贯注，不能因为光线暗淡而给病人带来更大的伤害。在大家的共同努力下，手术室平安无事，这都归功于我们医生的责任心。

一次，九院的中医医师徐成荣，收治了一位患三叉神经痛的老干部，他患病多年，辗转北京、天津多家大医院治疗，效果都不理想。经常疼痛难忍，背上了沉重包袱，一度有轻生念头。徐医生接诊后，用针灸疗法，治疗了一个阶段，疼痛症状明显改善，得到了满意的疗效。出院后，病人带着全家老少，坐着用毛驴拖的木板车，敲锣打鼓地来医院送锦旗，对上海医疗队表示深切感谢。这就是用一根针解决了病患困难的故事。

还有一个例子，新华医院放射科技术员刘润荣，在给病人拍 X 光片时，由于检查部位拍不到，他不顾可能受到更多辐射的危险，居然把 X 光机的球管抱在自己的胸口给病人拍，这一举动让在场的医务人员都非常感动。当时，为了灾区人民的安全和健康，许多医护人员都发扬了舍己救人的无私精神，我们这一支队伍抗震救灾的思想也被牢固地树立了起来。

第二个"始终坚持"，是坚持发挥党组织的政治核心作用和领导干部的先锋模范作用。魏原樾同志是位有几十年领导经验的老院长，积极贯彻党的卫生工作方针政策，工作能力强，是全院年龄最大的一位领导，在医院行政工作上挑大梁。他平日和党总支书记及委员们一起，每天坚持晨练。一次在慢跑时不慎扭伤了脚踝，肿胀明显，疼痛难忍，但是他轻伤不下火线，拄着拐杖到办公室、到病房第一线，一天都没有休息，像没发生过事一样坚持工作，他的以身作则和身先士卒对大家的鼓舞非常大。我们党总支委员分管宣传工作的单友根同志（**瑞金医院领队**），积极实干，乐于帮助队员解决困难，是干部培养的好苗子。

他充分利用黑板报、广播等宣传工具，及时报道医疗队中的好人好事、先进事迹，营造出良好的氛围。1977 年年底，他患了病毒性心肌炎，但他看到抗震救灾的任务比较重，主动放弃休息，克服困难，坚持工作。还有后勤组组长路满臣同志，为队员的伙食日夜操劳，他深知"民以食为天"的重要性，一直为队员考虑如何改善"抗震汤"。10 月中旬，当地天气还是比较热，抗震医院的传染性肝炎正有蔓延之势。院领导非常重视，后勤组煮了中药汤剂预防，医院领导们站在宿舍与病房的过道上，将装中药汤的杯子送到队员手中。得益于及时有效的预防，最终病情总算没有流行开来，虚惊一场。

由于条件有限，丰润县当地没有中心血站，没有固定的血源。我们医院有个广播，每次因抢救病人或手术需要，只要广播喇叭一喊，总有十余名队员奔到广播室争先恐后地要求义务献血，二医来实习的大学生也都主动积极地挽起袖子要求献血。有一次深夜来了一位危急病人，需要输血。当晚行政值班的单友根和后勤组的李剑峰、朱伟伟三人在伸手不见五指的黑夜里，循着坑坑洼洼的道路，走了一个多小时，找到输血队长家里，带了当地献血员回到医院，及时解决了血源问题。正是大家团结一致，心往一处想，坚持"一切为了灾区人民，为了灾区人民的一切"，做了大量的工作，得到了丰润县委和当地人民的一致好评。

古人说，"烽火连三月，家书抵万金"。上世纪 70 年代，主要还是靠写信来向家人通报医疗队的情况。我们所处的丰润医院距离县城有十几里路，靠邮递员骑自行车给我们送信，但每逢周日是不送信的。医疗队里的年轻人比较多，有的对象在上海，还有中年人对家里父母亲的身体情况十分记挂，有时候一天也等不及。我们看在眼里，急在心里，单友根同志就和政工组的金兰花一起，每周日借个自行车，骑十几里的路程到县城去取信，把信拿回来，再发到队员们手中。大家及时收到家信，都非常高兴。这也是我们为稳定年轻同志情绪，以便开展抗震救灾的一个小小的举措。

说到医疗队的年轻人，就要说到我们的青年工作。我们队伍中的年轻人多，一开始大家不熟悉，又没有交流，每天的生活就是工作，然后在宿舍里待着。那个时候余震比较多，余震一来，房间里灯光闪烁，屋子也"嘎嘎"作响，有的护士小姑娘都哭了，想回去了。到后来冬天的时候，零下15℃，室外都结冰了，有时"哗——"地冰就裂开，面对这种状况，我们好多年轻的队员都很紧张，情绪也比较低落。党总支针对这一情况，就考虑成立一个临时团总支，把青年工作做起来，充分发挥共青团的助手作用。团总支书记诸葛立荣，曾连续三次报名要求参加抗震救灾医疗队，工作热情主动，有闯劲。团总支组织晨跑、接力赛、赛诗会、赛歌会等活动，丰富了大家的业余生活。令大家印象深刻的是由医院党总支和团总支一起组织的一次大型节日文艺晚会，当地派了专业演员来表演，我们队伍里有位仁济医院的妇产科护士表演芭蕾独舞，那时没有芭蕾舞鞋，她就用脚尖踮起来跳，引起很大的轰动，获得全场热烈的掌声。那场晚会的参加人员除了医疗队队员外，还有附近的病员和家属等，人群挤满了整个操场，热闹非凡，大家的精神面貌和积极性有了很大的改变。另外值得一提的是由团总支组织的赛歌会、赛诗会，大家在工作之余，都积极准备排练节目。其中有一首诗，大家至今仍记忆深刻：

年年过元旦，岁岁不一般。

朝朝离上海，耿耿在唐山。

悠悠还乡水，巍巍披霞山。

处处歌声起，高高红旗展。

经过一系列文体活动，党总支和团总支共同把青年人调动、活跃起来了，大家通过交流，彼此熟悉，慢慢产生共鸣，青年人的情绪、精神状态马上不一样了，整个队伍明显稳定下来，工作的积极性更高了，在队员中也涌现出一批好人好事和先进事迹。

第三个"始终坚持"，是坚持发扬团队精神，团结协作，拧成一股绳，做好服务工作。我们医疗队由四个附属医院的医务人员组成，大家的生活理念、行事风格不尽相同，加之又缺乏相互了解，要做到目标一致、步调一致，需要一定的熟悉和沟通的过程。以外科为例，开展一台手术，至少需要四人组成：一位主刀、一名助手、一名手术护士和一名麻醉师，缺一不可。手术时必须协同作战，配合默契。若碰到专科手术病人，就要有其他专科或腹部外科医生协作配合。有一天晚上，医院来了一位严重胸部外伤导致冠状动脉破裂的病人，病情十分危急。当时以瑞金医院胸心外科方立德医师为主刀，新华医院小儿外科刘国华医生等人做助手，麻醉科蔡惠敏医生一起积极配合，全力以赴，用填充材料缝合破裂伤口，在简陋条件下成功完成手术，挽救了病人的生命。

瑞金医院内科病区的护士长李亚东，作为先遣队队员，1977 年 6 月 23 日出发来到丰润，提前两个星期熟悉所在病区护理环境和所需医务知识，并从思想上稳定新来的护士姐妹们的情绪。医疗队到达后，作为护士长，李亚东同志很照顾新人，由于房间有限，大家都挤在一起睡觉。抗震医院就是家，很快大家就拧成一股绳。后来时间长了，小护士们都有点想家，我们就开展丰富多彩的、有正能量的活动，定期组织学习活动来稳定队员们的情绪。有一次余震比较厉害，很多轻伤病员都逃到病房外去，但病房里还有一部分重伤病人无法起床，我们的医务人员都本能地马上跑到重病房，去关心留在病房里的病员，安抚他们。大家的第一反应就是我是医务人员，我有职责保护我的病人。党总支和团总支从思想上、生活上和各种细小方面关心我们基层的每一个医务人员，使队员们目标一致，更好地为唐山人民服务。

业务管理工作

在魏原樾院长的主持下，我们第三批医疗队建立了业务组，组长由资深护士长田瑞芳同志担任。业务组的主要任务是加强医疗业务的管理工作，第一要及时、便捷地接收门急诊病人，落实到接诊医生；第二要根据病情，特别是危重病人的需要，协调有关医务部门，组织会诊和抢救工作；第三要健全医务工作规章制度，使医务工作制度化，安排邀请外院专家以及外院邀请本院专家的会诊工作，共享医疗资源，并与后勤部门一起研究改善医务环境的措施。业务组还根据病种、病人数，划分内外科两大病区，内科以心内、消化内科、肾脏内科为主体，兼收神经内科、小儿内科、呼吸科和传染病科的病种；外科以腹部外科、骨科为主体，兼收胸心外科、神经外科、泌尿外科、小儿外科和妇产科的病种，以保证医疗渠道畅通，使灾区病人得到及时治疗。

路满臣（左）与当地参加抗震医院建设的
王起副院长合影　（路满臣提供）

正是由于医疗队队员的共同努力，我们得到了灾区人民的尊敬。比如有的病人因医治无效而病故，家属在病房料理后事时，都强忍悲恸，一声不哭。当离院手续办完一出医院后，他们就号啕大哭，发泄悲恸之情。后来，其他病人的家属说，之所以不哭，是灾区人民对上海医疗队的尊重。应当说，这种真诚的感情是我们为人民服务后，人民对我们医务人员无声的反馈和评价。

除了业务工作，医疗队努力克服困难，不断改善工作和生活条件，为医疗业务工作做好后勤保障。后勤伙食工作的首要任务是要吃得卫生，吃得健康。路满臣同志是后勤组组长，去唐山时我们大多二十几岁，他当时四十岁左右，奔走在唐山、北京、天津等地，解决各种后勤问题，非常忙碌。多亏了他，大多数医疗队员身体都没有出现问题，比较健康。记得医疗队刚到丰润抗震医院不久，有些队员吃了不洁食物后患了菌痢，拉肚子。党总支和后勤组非常重视，首先做好灭蝇工作，发动群众，包括病员家属，在伙房、病房拍打苍蝇，用纱布做好饭罩盖在饭筐上，并且做了许多灭蝇笼。后勤组的同志也积极开动脑筋，想办法改善伙食质量，特别是逢年过节时就去外地采购。在王起副院长的积极支持下，医院在国庆节供应了五香牛肉。为了过好春节，后勤组想尽一切办法，提前了好几个星期组织货源，派车去附近水库，拉回一些小鱼小虾；去海边拉回毛蚶，还买了羊、鸡等，烧制了七八个荤菜；还包了饺子，当时没有冰箱，就把饺子放在室外低温保存。除此之外，后勤组的同志们还翻山越岭去买水果，与玉田医疗队联系，买到了天津的蔬菜，储藏在地窖，一直吃到了来年春天。后勤组的辛勤付出，获得了队员们的一致好评。

后勤组的第二项任务就是逢雨查房，发现漏洞及时修缮。这里说的"查房"不是查病房，而是查宿舍。当时的抗震房结构简陋，透风漏雨也是难免的。由于宿舍屋顶的油毛毡洞非常小，天晴的时候很难发现，只能在下雨天记住漏水的位置，到天好时再请当地的水泥匠来修补，大家都觉得这是非常好的工作经验。除此之外，后勤组还为医疗队及时供应医疗材料、试剂等，及时维修医疗器械，保障医疗工作顺利展开。抗震医院 X 光片用量较大，有时要到县医院去借。为此，后勤组同志就去唐山市卫生局申请解决。又比如冬天时，医院手术室依靠火墙取暖。一次，医院受到余震影响，手术室的火墙开裂，造成了麻醉机等设备的损坏，经院领导和后勤组研究，把这个任务交给对仪器比较熟悉的外科医生诸葛立荣去北京办理。诸葛医生找到了北京协和医院，幸而得到二医原副院长、时任北京协和医科大学教务章央芬的帮助，两天后就完成了设备采购，抗震医院的手术室又正常运转起来了。这种一方有难八方支援的协作精神，不仅是对我们上海医疗队的支持，更是对抗震救灾的支持，是无私的社会主义精神。

1978 年 3 月，在医疗队完成任务，即将离开抗震医院时，不少队员议论着，"如果唐山是没有硝烟的战场，那么，我们每个医务人员都是不带枪的勇士。"可以说，这是对抗震救灾医疗队最真实的写照。在这片废墟上，我们医疗队队员们用青春和汗水，书写了医者仁心的崇高誓言。